生命科学の基礎
―生命の不思議を探る―

野島 博 著

東京化学同人

不思議

私は不思議でたまらない、
黒い雲からふる雨が、
銀にひかつてゐることが。

私は不思議でたまらない、
青い桑の葉食べてゐる、
蠶が白くなることが。

私は不思議でたまらない、
たれもいぢらぬ夕顔が、
ひとりでぱらりと開くのが。

私は不思議でたまらない、
誰にきいても笑つてて
あたりまへだ、といふことが。

金子みすゞ

序

「不思議」と思う気持ちがヒトの心に湧いてくるようになったのは，いつのことだろう．10万年前のヒトの遺跡から貝細工の装飾品が発見されたことは，「おしゃれ心」がすでにその頃までには芽生えていたことを教えてくれる．5万年前の遺跡からは，「死体を埋葬して花を供えた」証拠が見つかったことで，その頃すでに「なぜ死ぬのか？」という「不思議」な気持ちが生じていたと推測できる．パスカルが随想集で指摘したように，「自分が死ぬこと」を認識していることこそが人類の特徴であり，「生と死」の認識こそが文明を生む原動力となってきたのであるから，この遺跡の発見はヒトの心の歴史を思いめぐらすうえで重要な意義をもつ．おそらく，その頃にはすでに，さまざまな事柄に対して「不思議」と思う気持ちが生まれていたのではないか．「不思議こころ」を表現するのにぴったりのcuriosityという英単語で表現される概念は，日本語で「好奇心」と訳されてからは変質して広まったように感じる．原義は別に「奇なもの」を「好む」気持ちではない．ただ，「不思議」と思う心の動きを表現したものだ．切れ味は鋭すぎるが，「探究心」のほうが原義に近かろう．でも，もっと詩的な訳語がないものか．

エジプト文明を経てギリシャ文明に至って，「不思議」は「叡智（sophia）を愛する（philo）」フィロソフィア(philosophia)として見事な形をとった．宇宙は何でできているかについてまで，諸子百家による議論が沸いた．ところが西欧でのルネサンスを経てデカルトが『方法序説』を著したあたりから，「不思議」を探求する手法がphilosophyとscienceに枝分かれしていったように思われる．日本では，西欧ですでに分離しつつあったphilosophyとscienceという概念を，明治時代の初め頃「哲学」と「科学」という狭義の訳語で別個の概念として輸入してしまったため，二つともも本来のフィロソフィアから懸け離れた状態のまま今日に至っている．それにもまして日本人は，高校生のときに「文系」と「理系」に分類されてしまうという不幸により，philosophyとscienceが「文系」と「理系」に固有の分野として，水と油のように交じり合えないものとなって久しい．ギリシャ時代には，この二つは同じものであったのに…．

ところが最近になって「科学」が一人歩きすることの怖さを，人々はうすうすと感じ始めてきた．実際，現代の科学技術のレベルは，少し操作を間違えれば人類を滅亡させることになるかもしれないほど，さまざまな分野で途方もなく高まっているのだ．核戦争や大規模なバイオテロの恐怖はいうまでもなく，地球温暖化に象徴される地球規模の環境の悪化，クローン人間の誕生を可能にしたバイオ技術の間違った実用化による倫理・社会への悪影響，遺伝子組換え作物の繁茂による生態系の破壊，予測不能な危険が待っていそうなナノテクノロジー…．こうしている今でも，哲学も宗教も手に負えない勢いで，「科学」の一人歩きの速度は加速している．そんな時代に怖いのは，「科学」に対する「無知」である．このまま「科学」のみが進んでゆくと，知らない間に元に戻れない事態に陥る可能性が出てくるかもしれない．にもかかわらず，日本では科学政策でさえ「理系」の教育を満足に受けていない「文系」出身

者が大半を仕切っている現状と，初等教育の現場における「理系」教員の激減，および「科学」の内容をわずかしか教えない「ゆとり教育」の弊害が重なって，「科学」に対する「無知」の程度が悪化の一途をたどっている．このままでは危ない．

解決策はある．無知の程度を軽減すればよい．インターネットやマスメディアを通じた情報洪水にあふれかえっている現代においても，選抜されうる程度に必要な情報が詰まっていながら，一貫した思想に裏づけられ，しかも読者の興味を大いに喚起できる教科書はつくれないのか．本書はそのような夢を追って，無知軽減の一助となるべく，読み物風の形をとってまとめた教科書である．読者の対象は「文系」，「理系」の区別なく，高校生物の知識もまったく必要なくして，人類が今日までに「生命の不思議」に対してどこまで理解を深めたかを，実生活に必要な内容に焦点をあてて，12章に分けて解説した．

1章では，「我々はなぜ今この地球上にいるのだろう」という不思議について，地球上での生命発生から人類誕生までの生命の歴史を説いた．2章では，本書全体の理解を助けるための基礎知識として「細胞や遺伝」の不思議を解説した．3章では，何故（why）そして如何（how）にして生命は進化するのかについての謎が，どこまで解けてきたかを概説した．4章では，本書の理解を助けるため，生命の基本となっている細胞の基本構成と，生きている証である細胞増殖の仕組みについて説いた．5章では，生命の継続の基本となる生殖と誕生について，現在までに明らかにされたことを解説した．6章では，生きとし生けるものに必ず訪れる「老化と死」の謎について，最近までにわかってきた事実の概要を述べた．7章では，人々を苦しめているがんについて，現在までに達成された成果について概説しながら，がんを防ぐにはどのようにすればよいかについて解説した．8章では，ヒトを病原感染体から守っている免疫について軍隊になぞらえながらわかりやすく概要を述べた．9章では，最近の進展が著しいゲノム医学について述べるとともに，突如の勃発によって人々を恐怖に陥れる可能性のある感染症について概説した．10章では，DNA鑑定や遺伝子組換え作物などの先端バイオ技術を紹介した．11章では，ナノテクノロジーをはじめとした革新技術について概説した．そして最後の章である12章では，「我々はこれからどこへ向かって進むのだろう」という疑問について，地球温暖化やエネルギー革命なども踏まえながら概観した．

本書を書き終えて，生命について学ぶことは，ヒトである自分自身について学ぶことであり，狭義の「科学」の実践のみでなく，本来の意味での哲学（フィロソフィア）の実践でもあると昨今ますます思うようになってきた．その理由は，生命科学において得られてきた知見が年とともに深遠になってきて，哲学のテーマであった命題も科学で説くことが可能なレベルまで技術が発展してきたことにある．遠からず，「なぜヒトは対象を美しいと感じるのか」，「恋心とは何か」などの，心の動きが物質レベルで解き明かされてくるだろう．さまざまな生命の謎が分子レベルにまで詳細に解かれてくるにつれて，目に見える実体のみでなく，「目に見えない何か」が存在することにヒトはうすうす気づいてきた．生物を進化させる原動力となっている「何か」，脳の働きと感情の動きを支配する「何か」，生命を地球に生み出した「何か」，人類を破滅に導くかもしれない不気味な「何か」，⋯．それは宗教では「神」とよばれてきた

が，科学の言葉でそれを何と呼べばよいのか．この難問を解くのは，21世紀の科学者にとって野心的なテーマであり，「それは何か」という問題にまで探究心は向かうだろう．このような時代が真近に迫っているとき，この現状に無知であることは「理系」，「文系」に限らず，もったいないことである．是非とも本書を取掛かりにして，心をフィロソフィアに向けて開いて欲しいと願う．生命科学を学ぶことは，そのためのまたとない機会であると確信している．

　本書を執筆するにあたり東京化学同人の山田豊氏には大変お世話になった．思いもかけず遅々として進まなくなった筆を辛抱強く待っていただいたばかりでなく，荒削りの原稿を鋭い指摘によって大幅な改善にもち込んだ編集者としての手腕には脱帽するしかない．彼の指摘はあまりにも辛らつなものもあったので，その瞬間は心穏やかではなかったが，一晩ゆっくり考えて見ると，なるほどと思い直す場面が多々あった．彼なくしては，本書はきっとまとまりのないものになっていたであろう．ここに深く感謝したい．

　平成20年元旦

野　島　　博

目　　次

1章　人類はどうやって生まれたか ……………………………… 1
- 1・1　生命の起源 …………………………… 1
  - 1・1・1　ビッグバンから地球の誕生まで…1
  - 1・1・2　地球上での生命の誕生 ………… 3
  - 1・1・3　RNAワールド ………………… 3
- 1・2　微化石が語る黎明時代
       （冥王代から原生代中期まで）…… 4
  - 1・2・1　最古の生命の痕跡 ……………… 4
  - 1・2・2　シアノバクテリアの出現 ……… 5
  - 1・2・3　地球環境と生命の進化 ………… 6
- 1・3　カンブリア爆発前夜（原生代後期）…9
  - 1・3・1　微化石の多様性 ………………… 9
  - 1・3・2　エディアカラ生物群 …………… 9
- 1・4　カンブリア爆発 …………………… 10
- 1・5　その後の古生代の進化 …………… 11
- 1・6　中生代の進化 ……………………… 12
- 1・7　新生代の進化と人類の誕生 ……… 14
- 1・8　猿人・原人の誕生 ………………… 14
- 1・9　ホモ・サピエンスの誕生 ………… 16

2章　細胞の成り立ちと遺伝の仕組み ………………………… 19
- 2・1　細胞の成り立ち …………………… 19
- 2・2　細胞を構成する物質 ……………… 22
- 2・3　染色体とゲノム …………………… 24
- 2・4　遺伝子の発現：転写 ……………… 27
- 2・5　遺伝子の発現：翻訳 ……………… 29
- 2・6　分断された遺伝子 ………………… 30
- 2・7　エピジェネティクス ……………… 30
- 2・8　RNA干渉 …………………………… 31
- 2・9　タンパク質を産生しないmRNA …… 34

3章　進化の理論 ……………………………………………………… 37
- 3・1　ダーウィンの進化論 ……………… 37
- 3・2　用不用説と獲得形質の遺伝 ……… 38
- 3・3　総合説（ネオ・ダーウィニズム）…… 40
- 3・4　定向進化説と構造主義 …………… 40
- 3・5　中立進化説 ………………………… 42
- 3・6　断続平衡説 ………………………… 43
- 3・7　分子進化学 ………………………… 44
- 3・8　反復配列とDNAの寄生 …………… 46
- 3・9　イントロンの起源と進化 ………… 48
- 3・10　利己的遺伝子 …………………… 50
- 3・11　ゲノムプロジェクトと進化 …… 52
- 3・12　環境適応と進化 ………………… 53

4章　細胞が増える仕組み ………………………………………… 55
- 4・1　増殖シグナルの伝達様式 ………… 55
- 4・2　シグナル伝達経路の種類 ………… 56
- 4・3　細胞の接着と結合の仕組み ……… 60
- 4・4　細胞が増える仕組み：細胞周期 …… 62
  - 4・4・1　細胞周期とは …………………… 62
  - 4・4・2　細胞周期のエンジン …………… 63
  - 4・4・3　細胞周期エンジンの
             動く仕組み …… 63
  - 4・4・4　細胞周期のブレーキ …………… 64
  - 4・4・5　細胞周期に依存的な分解 ……… 66
  - 4・4・6　染色体の分離と細胞分裂 ……… 66

5章　性と生殖の不思議 　69

- 5・1　生殖細胞と減数分裂 　69
- 5・2　還元分裂の仕組み 　71
- 5・3　精子・卵の形成と受精・発生 　71
- 5・4　体の左右の軸形成 　74
- 5・5　幹細胞と ES 細胞 　75
- 5・6　ヒトの体の中にある組織幹細胞 　77
- 5・7　受精卵クローン 　78
- 5・8　体細胞クローン 　80
- 5・9　クローン人間の禁止 　81
- 5・10　発生工学 　82
- 5・11　遺伝子ノックアウトマウス 　83

6章　老化と病 　87

- 6・1　老化と死 　87
- 6・2　なぜ老化するのか？ 　87
- 6・3　抗老化ホルモン（クロトー） 　88
- 6・4　ダイエットは寿命を延ばす 　89
- 6・5　細胞の老化 　90
- 6・6　アルツハイマー病 　92
- 6・7　トリプレット・リピート病 　93
- 6・8　狂牛病 　95
- 6・9　狂牛病に類似の病気はヒトにもある 　95
- 6・10　プリオンが病因か？ 　96
- 6・11　夢のやせ薬 　97
- 6・12　肥満と生活習慣病 　98

7章　なぜ，がんになるのか？ 　101

- 7・1　がんとは何か 　101
- 7・2　ほとんどの正常細胞は増殖しない 　102
- 7・3　がん細胞は異常な増え方をする 　103
- 7・4　細胞をがん化する遺伝子 　103
- 7・5　細胞のがん化を抑える遺伝子 　105
- 7・6　がん細胞の染色体は不安定である 　107
- 7・7　チェックポイントと適合 　109
- 7・8　中心体サイクルの異常 　111
- 7・9　がんは多くの段階を経て徐々に悪性化する 　112
- 7・10　浸潤と転移の仕組み 　113
- 7・11　分子標的治療薬 　114
- 7・12　がんを防ぐにはどうすべきか 　116

8章　生体防御と感染 　119

- 8・1　免疫研究の始まり 　119
- 8・2　免疫とは何か 　120
- 8・3　免疫を担う細胞群 　121
- 8・4　自然免疫の仕組み 　123
- 8・5　獲得免疫の仕組み 　124
- 8・5・1　液性免疫の仕組み 　126
- 8・5・2　細胞性免疫の仕組み 　129
- 8・6　アレルギー 　130
- 8・7　アトピー性皮膚炎 　132

9章　遺伝子医療と感染症 　135

- 9・1　遺伝子医療 　135
  - 9・1・1　遺伝子診断とオーダーメード医療 　135
  - 9・1・2　遺伝子治療 　136
- 9・2　再生医療 　138
- 9・3　組織工学と医療 　140
- 9・4　新たな脅威となる新興感染症 　141
  - 9・4・1　感染性免疫不全症候群 　142
  - 9・4・2　ウイルス性出血熱 　143
  - 9・4・3　感染性胃腸炎 　144
  - 9・4・4　コロナウイルスによる感染性肺炎 　145
  - 9・4・5　パラミクソウイルスによる感染性肺炎と脳炎 　146
- 9・5　新たな脅威となる再興感染症 　146
  - 9・5・1　インフルエンザ 　147
  - 9・5・2　抗生物質の効かない細菌 　148

10章　先端バイオ技術の応用 ･････････････････････････････151

- 10・1　個人識別と犯罪捜査 ･････････151
- 10・2　歴史の検証 ･･････････････････153
- 10・3　古代DNAとDNA考古学 ･･････155
- 10・4　太古のDNA ････････････････155
- 10・5　遺伝子組換え作物 ････････････157
- 10・6　改善された遺伝子組換え作物 ････159
- 10・7　不毛の地の緑地化 ････････････160
- 10・8　青いバラ ･･･････････････････161
- 10・9　マーカー補助選抜の出現 ･･･････163
- 10・10　光る生物 ･･････････････････164

11章　ナノテクが拓くバイオの未来 ･････････････････････････167

- 11・1　ナノテクノロジー ････････････167
- 11・2　フラーレン，カーボンナノチューブ，量子ドット ･･････169
- 11・3　デンドリマー ･･･････････････170
- 11・4　生物由来ナノマシン ･･････････171
- 11・5　ナノスケールの操作 ･･････････172
- 11・6　ナノ医療 ･･･････････････････174
  - 11・6・1　薬物輸送システム (DDS) ･････175
  - 11・6・2　DNAチップテクノロジー ･････176
- 11・7　RNA工学およびRNA創薬 ･････177
  - 11・7・1　リボザイム ･･････････････177
  - 11・7・2　アプタマー ･･････････････178
  - 11・7・3　RNA干渉と医療 ･･････････179
- 11・8　新種のアミノ酸をもつタンパク質 ･･･179
- 11・9　ペプチド核酸 ･･･････････････180
- 11・10　新種の人工塩基対をもつ核酸 ･････182
- 11・11　DNA暗号 ････････････････183

12章　人類はどこへゆくのか？ ･･････････････････････････････185

- 12・1　人類と科学技術 ･････････････185
- 12・2　地球上の生命にとっての人類の役割 ･･････186
- 12・3　地球規模の環境破壊 ･･････････186
  - 12・3・1　オゾン層の破壊 ･･････････186
  - 12・3・2　地球温暖化 ･････････････189
- 12・4　バイオテロの脅威 ････････････191
- 12・5　エネルギー資源の将来とバイオマス ･･････192
  - 12・5・1　メタンハイドレート ･･･････192
  - 12・5・2　核融合 ････････････････193
  - 12・5・3　太陽風による宇宙発電 ･････194
  - 12・5・4　バイオマス ･････････････195
- 12・6　ナノテクの光と影 ････････････196
- 12・7　彗星衝突の危険性 ････････････196

エピローグ･･･199

名言集 ･･200
参考図書 ･･203
索　引 ･･207

コ ラ ム

シアノバクテリア …………………6	補 体 ……………………………128
古細菌と極限環境 ………………7	Th1/Th2 バランス ………………131
全球凍結仮説 ……………………8	PCR ……………………………137
大地溝帯 …………………………15	組織工学のその他の応用例 ……141
DNA 二重らせん …………………26	パンデミック・インフルエンザ ………148
miRNA と siRNA …………………33	科学捜査としての DNA 鑑定 ……153
メンデルの遺伝の法則……………41	天才モーツアルトの DNA 鑑定 …154
棲み分け理論……………………45	凍結ミイラの DNA 塩基配列の決定 ……156
イントロンの種類…………………50	ラウンドアップ・レディー
文化の進化論とミーム……………51	をめぐる問題 ……158
周期的な転写誘導………………65	遺伝子ドーピング ………………161
減数分裂を開始させる仕組み……72	地雷を検出する雑草 ……………162
単為発生によるマウスの誕生……74	電子顕微鏡の歴史 ………………168
アポトーシス………………………92	ナノスプレー ……………………170
遺伝性のアルツハイマー病………94	デンドリマーを利用した抗体 ………171
がん幹細胞 ………………………102	フラーレンのナノ医療への応用 …………175
優性阻害 …………………………104	古細菌におけるアミノ酸の産生 ………181
ピロリ菌 …………………………116	炭疽菌の恐怖 ……………………191
サイトカイン ………………………124	核融合発電 ………………………194
免疫グロブリン遺伝子の再編成 …127	大量絶滅 …………………………197

1 人類はどうやって生まれたか

八つになりし年,父に問ひて云はく,「仏は如何なるものにか候ふらん」と云ふ.父が云はく,「仏には,人の成りたるなり」と.また問ふ,「人は何として仏には成り候ふやらん」と.父また,「仏の教によりて成るなり」と答ふ.また問ふ,「教へ候ひける仏をば,何が教へ候ひける」と.また答ふ,「それもまた,先の仏の教によりて成り給ふなり」と.また問ふ,「その教へ始め候ひける,第一の仏は,如何なる仏にか候ひける」と云ふ時,父,「空よりや降りけん.土よりや湧きけん」と言ひて笑ふ.「問ひ詰められて,え答へずなり侍りつ」と,諸人に語りて興じき.

吉田兼好『徒然草 第243段』

　生命の不思議のなかでもとりわけ大きな謎は,「ヒトはどこからきたのだろう?」という問いに凝縮される.吉田兼好にならって,「自分を生んだ親は誰が生んだのか?」と問ってみよう.タイムマシンに乗って,おばあさんやひいおばあさんや・・・と限りなくさかのぼっていくと,やがて類人猿,ツパイ(哺乳動物の祖先),ピカイヤ(脊椎動物の祖先),多細胞生物の祖先,単細胞生物の祖先・・・となる.その先はと問へば,「空よりや降りけん,土よりや湧きけん」という答えしかなくなるという点は,現在でも同じである.

ピカイヤは図1・6を参照のこと.

　太陽が誕生したのは約50億年前,やがて太陽のまわりのガスや塵が重力により集積することで,地球が太陽系の一惑星として生まれたのは約46億年前といわれている.そして,この地球上に生命が誕生したのは,約38億年前と考えられている(図1・1).

約38億年前というのは,最古の生命の証拠は西オーストラリア北部(エイペックス・チャート層)の35億年前の微化石であるので,そこまでに数億年はかかったであろうという予想からきている.この微化石が本当に生命の痕跡であるかどうかは現在でも異論はある.

1・1 生命の起源
1・1・1 ビッグバンから地球の誕生まで

　宇宙はいまから約137億年前に**ビッグバン**により一点から誕生したといわれている.それから約90億年もたったころ,この広大な宇宙の片隅で**太陽**が誕生した.いまはもう名前さえ残っていない,ある巨大な星の死の生まれ変わりといってもさしつかえない.その星は大きくなりすぎて,ある日突然爆発した.その衝撃は大きな波となって星の成分をまき散らし,それが水素ガスと塵の雲となって宇宙空間をただよっていた.やがて,ところどころで高密度の雲となると自らの重力で収縮し始めた.中心温度が約1000万Kにまで達したころ,つまり約50億年前に,水素の核融合が始まり,高温高圧のすさまじいエネルギーを放つ太陽となったのである.生まれたばかりの太陽を取巻いていた円盤状のガスと塵(原始太陽系星雲)が冷却してゆくにつれ,金属,鉱物,氷などの固体微粒子が生まれ,それらが重力で集まって「微惑星」となった.

核融合については,12・5・2節を参照のこと.

　そのうちのひとつが**地球**であるが,生まれたばかりの地球には絶えず降り注ぐ微惑星の衝突とマグマの噴出で,地獄のような有様であったに違いない.やがて,

2　1章　人類はどうやって生まれたか

衝突する微惑星の大きさも数も減り，地表も固まって大気が形成され，豪雨と稲妻が嵐となって荒れ狂う，ちょうどそんな中で生命は誕生したのである．その後，地球に強い磁場が発生し，地表面はこの磁気圏のバリアによって有害な宇宙線や

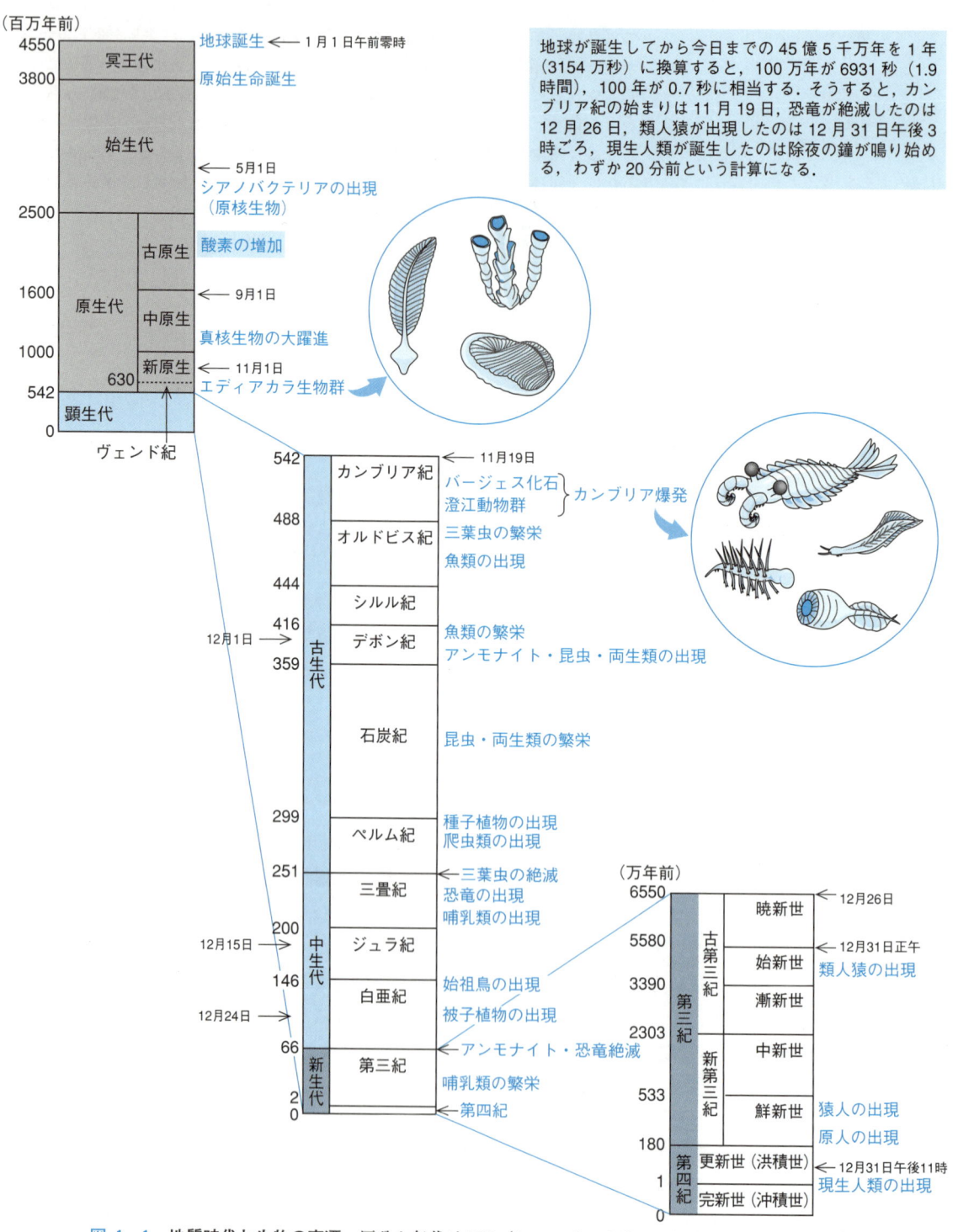

> 地球が誕生してから今日までの45億5千万年を1年（3154万秒）に換算すると，100万年が6931秒（1.9時間），100年が0.7秒に相当する．そうすると，カンブリア紀の始まりは11月19日，恐竜が絶滅したのは12月26日，類人猿が出現したのは12月31日午後3時ごろ，現生人類が誕生したのは除夜の鐘が鳴り始める，わずか20分前という計算になる．

（百万年前）
- 4550　冥王代　地球誕生　←1月1日午前零時
- 3800　始生代　原始生命誕生
- ←5月1日　シアノバクテリアの出現（原核生物）
- 2500　原生代　古原生　酸素の増加
- 1600　中原生　←9月1日　真核生物の大躍進
- 1000　新原生　←11月1日　エディアカラ生物群
- 630
- 542　顕生代
- ヴェンド紀

古生代
- 542　カンブリア紀　←11月19日　バージェス化石　澄江動物群　｝カンブリア爆発
- 488　オルドビス紀　三葉虫の繁栄　魚類の出現
- 444　シルル紀
- 416　デボン紀　魚類の繁栄　アンモナイト・昆虫・両生類の出現　←12月1日
- 359　石炭紀　昆虫・両生類の繁栄
- 299　ペルム紀　種子植物の出現　爬虫類の出現
- 251　三畳紀　三葉虫の絶滅　恐竜の出現　哺乳類の出現

中生代
- 200　ジュラ紀　←12月15日
- 146　白亜紀　始祖鳥の出現　被子植物の出現　←12月24日
- 66　第三紀　アンモナイト・恐竜絶滅　哺乳類の繁栄

新生代
- 2　第四紀
- 0

（万年前）
- 6550　古第三紀　暁新世　←12月26日
- 5580　始新世　←12月31日正午　類人猿の出現
- 3390　漸新世
- 2303　新第三紀　中新世
- 533　鮮新世　猿人の出現　原人の出現
- 180　第四紀　更新世（洪積世）　←12月31日午後11時　現生人類の出現
- 1　完新世（沖積世）
- 0

図1・1　地質時代と生物の変遷．区分や年代はICS（International Commission on Stratigraphy）2007年度版を参照して作図

太陽風から守られるようになった．やがて豊かで安全な太陽の光が降り注ぐ浅い海ができたことで，新たな生命誕生と進化のゆりかごとなり，太陽光を利用した光合成という生命のエネルギー革命が進んでいった．

1・1・2　地球上での生命の誕生

では，原始地球に生命はどのようにして生まれたのだろうか．米国のミラーは原始の大気を模した割合で混ぜたメタン・アンモニア・水蒸気・水素からなる混合気体をフラスコに詰め，稲妻の代わりに器内で放電による火花を数日間，散らし続けた．やがて気体から赤茶色の物質が合成され，器の内壁に膜をつくった．それをかきとって得た，ドロドロとした物質を分析してみると，中からさまざまな有機物質が見つかった．その中には，生命をつかさどるタンパク質の構成成分であるアミノ酸や遺伝子のもととなる DNA や RNA を構成するヌクレオチドの原料も見つかった．このように，生命は地から湧いた可能性が出てきたのである．この実験をきっかけとして，以下に述べるように生命の起源の研究が一挙に開花した．

> ただし，地殻変動や侵食のために，40億年より以前の記録は地表面には存在しないので，直接の証拠を見つけるのは不可能である．

一方，電波望遠鏡の観察によって，宇宙空間の塵にも生命の材料となる物質が見つかっていることから，生命が隕石や微惑星とともに天から降ってきた可能性も捨てきれていない．実際，1969 年にオーストラリア・メルボルン近くのマーチソンに落下した隕石に含まれていた揮発性成分の中からグリシンやアラニンなどのアミノ酸が発見されている．

生命は素材だけでは生まれない．外界と隔てられた空間を獲得してはじめて生命となる．ロシアのオパーリンは 1936 年に著した『生命の起源』という本の中で，細胞の起源について革新的なアイデアを提唱した．彼は「有機物が濃縮された原始の海のある場所で，コロイド粒子の集合した液滴（コアセルヴェート）が形成され，これが細胞の素となって生命を育んだ」と論じた．原始海洋に多数生まれた液滴は，そのうち周囲の環境から膜を通して生命の素材を取入れるようになり，内部で化学変化が行われて生命として進化していったと想定したのである．

1・1・3　RNA ワールド

では，この液滴の中で最初に進んだ反応は何だったのだろうか？　このヒントは米国のチェックらによる RNA が酵素のような触媒能をもつという発見によって与えられた．太古に RNA が生まれると，それ自体で切断，連結を繰返し，自分と相補な娘 RNA も複製するという生命の営みが自立して行える．RNA は塩基配列の中に遺伝子情報を保持することもできるので，万能の分子といえる．このような RNA だけで生命として生きていた世界を **RNA ワールド**とよぶ（図 1・2）．ただし，RNA は複製の正確さに欠けるため塩基配列が少しずつ違った RNA を生みやすい．そのために時間がたつと，多様な塩基配列をもつ RNA が世界に満ちてくる．

> RNA については 2・2 節を参照のこと．

やがて，この原始 RNA から原始的なリボソーム RNA が生まれ，当初は RNA

> その中には新しい性質を獲得したため，厳しい環境にも適応しておおいに繁栄した RNA もあっただろう．

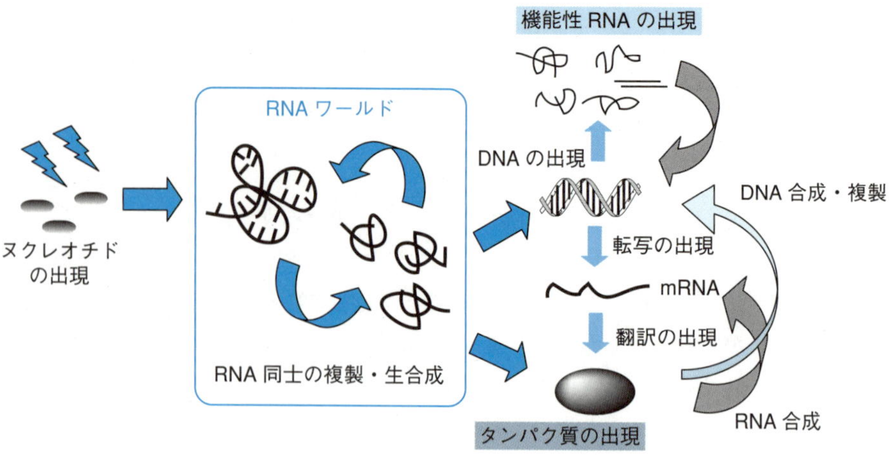

図 1・2 **RNA** ワールド仮説を説明する模式図．太古では RNA しか存在せず，RNA 同士で生合成や複製が行われていた．その後，進化の過程で DNA やタンパク質を合成する能力をもつ RNA が出現し，それらの効率の良さから淘汰に打ち勝って，現在の DNA が支配する世界ができあがった．新たに出現した多彩な機能性 RNA（表 2・1 参照）は，RNA ワールドの痕跡であるともいえる．

のみからなるリボソームがタンパク質をつくり始めたのではないか．それは，RNA とタンパク質からなる生命の世界を生み，それがさらに繁栄してゆくなかで，安定に遺伝情報を保存できる DNA と，生体反応を触媒するタンパク質（酵素）が生じたのかもしれない．やがて RNA，タンパク質，DNA は分業を開始し，現在の「DNA ワールド」になったのである．

1・2　微化石が語る黎明時代（冥王代から原生代中期まで）
1・2・1　最古の生命の痕跡

> このことは地殻の形成が 43 億年よりも古いことを示唆する．

世界最古の鉱物はピルバラ，イルガーンなど原生代以前の古い地塊が広がる西オーストラリア地域に分布する 35 億年前の堆積岩の中の砂岩粒子を構成する 43 億年前のジルコンである．世界最古の岩石はカナダのノースウェスト準州で見つかった 40 億年前のアカスタ片麻岩である（図 1・3）．つぎに古いのは，南西グリーンランドの内陸部のイスアに分布する約 38 億年前の地層の堆積岩である．イスアの地層には地表には露出した岩石が河川や土石流によって運ばれて堆積した礫岩が見つかり，中に含まれた礫の種類から，当時すでに大陸地殻ができていたことが推測されている．また，玄武岩質マグマが海底に流れ出してできる枕状溶岩の存在は，当時すでに海ができていたことを物語る．さらに，微生物の作用で形成された可能性もある磁鉄鉱と石英粒子が繰返した地層（縞状鉄鉱床）も見つかっている．

生命の変遷の歴史は太古の微化石が物語ってくれる（図 1・3）．最初の生命の痕跡と提唱されているのは，南西グリーンランドのアキリア島の 38 億年前の地層に含まれる炭素質物質である．まだ決着はついていないが，その炭素同位体組成は何らかの生命活動の結果生じたとされている．つぎに古い生命の痕跡は西オーストラリアのノースポール（ピルバラ地塊のワラウーナ層群）で見つかった

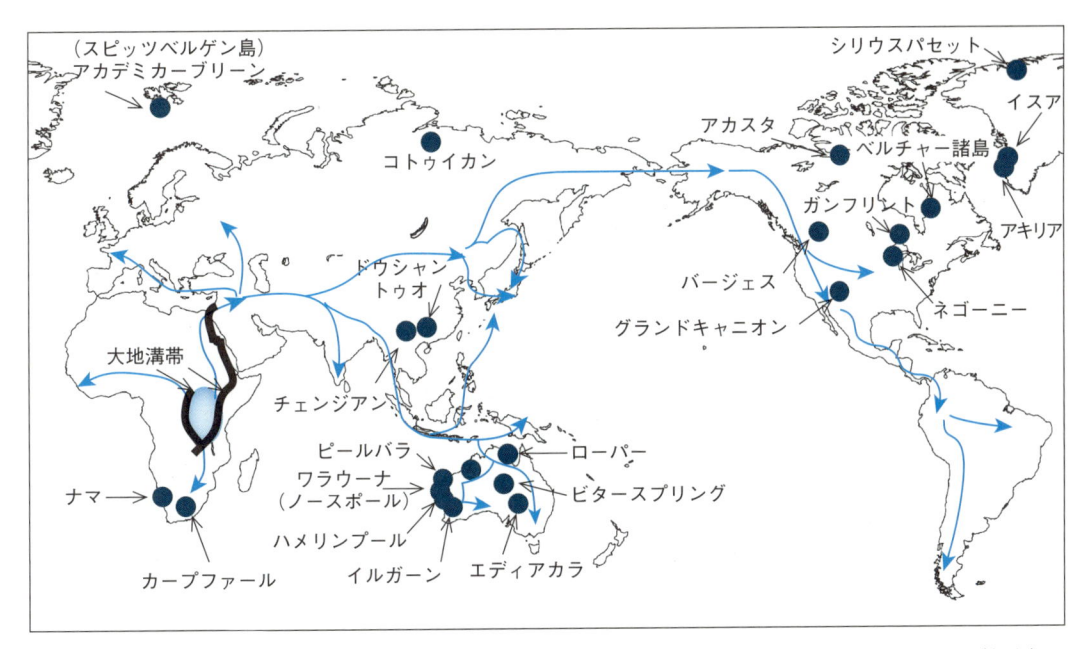

図 1・3 太古の岩石や化石の産地の位置（青丸）および大地溝帯からの人類拡散の足跡の類推例（矢印）

顕微鏡でやっと観察できるくらいの小さな微化石状物質（約 35 億年前）で，形状が光合成細菌であるシアノバクテリア（藍色細菌）がつくるストロマトライトに似ているという．ここで見つかった硫酸塩岩（重晶石）に含まれる微小な硫化物の硫黄同位体比を測定からは，硫酸還元菌の存在も示唆されている．

> ただし，最近になってこれらの物質が本当に生物由来であるかという点で懐疑的な意見も数多くでてきた．

1・2・2 シアノバクテリアの出現

現在のところ，多くの研究者が最古のシアノバクテリアと認めているのは近隣で見つかった約 27 億年前の"ストロマトライト"の化石である．カナダのハドソン湾東岸近くに浮かぶベルチャー諸島の地層（約 20 億年前）で見つかったストロマトライトには，明確なシアノバクテリアの微化石が見つかっている．同じカナダのスペリオル湖北西部の湖岸沿いに露出するガンフリント縞状鉄鉱床（約 19 億年前）に含まれるストロマトライトにもシアノバクテリアの微化石が発見されている．一方，ロシアのシベリア北西部を流れるコトゥイカン川に沿ってそびえているドロマイト（苦灰石）の巨大な壁にある約 15 億年前の，主として炭酸塩岩からなるビリャフ層群には，保存状態の良いシアノバクテリアの胞子状の微化石も多数見つかった．

> ストロマトライトは「ベッドカバー」を意味するギリシャ語の stroma と「岩」を意味する lith を語源とする．

> さらに，シアノバクテリアが分化して特殊化した胞子状の微化石も見つかっている．

光合成によって酸素を生み出す**シアノバクテリア**は細菌の一種で（⇒コラム），単細胞で浮遊するか，少数細胞の集団つくり，糸状に細胞が並ぶか，寒天質に包まれて肉眼で見えるほど大きな集団を形成することもある（図 1・4）．そうだとすれば，このころすでに光合成が始まっていたことになる．ストロマトライトはシアノバクテリアのマットに海水の流れによって運ばれてきた砕屑粒子が付着して成長した固いゼラチン様または石灰石様の層状構造（ラミナとよばれる縞模様）からなる堆積岩である．

> 1960 年に同じ西オーストラリア・シャーク湾のハメリンプールで先カンブリア時代のストロマトライトとよく似た現生のシアノバクテリアのマットが発見され，生きた化石として注目された．

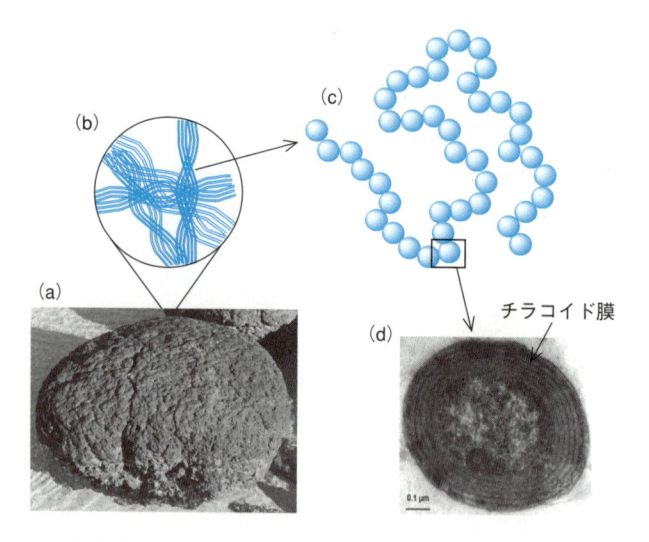

図 1・4 最古の多細胞生物(生きた化石)であるシアノバクテリアの形状. (a) 西オーストラリアの海岸(シャーク湾)に見られるシアノバクテリアが形成するマットが化石となったもの, (b) 顕微鏡で見ると, 縞模様が観察される, (c) それは現在でも見られるシアノバクテリアの糸状群生の跡である, (d) 個々のシアノバクテリアは細胞全体が葉緑体と似た単細胞である. 細胞内にある層状のチラコイド膜には光エネルギーを化学エネルギーに変換する光合成タンパク質複合体が多数埋まっている.

Coffee Time

シアノバクテリア

シアノバクテリアは細胞小器官(核・葉緑体・ミトコンドリアなど)をもたない原核生物である. 以前は藍藻とよばれ, 生態学的には藻類として扱われていたが, 分類学的には細菌である. 淡水に生息し, 光合成に必要な光合成色素(クロロフィルなど)をもつため青緑色, ときには黄褐色, 赤紫色に見える. 淡水のみでなく, 海や陸上にも分布する.

浮き袋(ガス胞)をもつ浮遊性のシアノバクテリアの中には, 池の水を緑色に見せ, ねっとりした"アオコ"とよばれる緑色の浮遊物となって水面を覆い, 悪臭を発生するものもある. 水道水がかび臭くなるのもシアノバクテリアが原因である. この種のシアノバクテリアは大発生して水面を覆いつくすことで光を遮断して水面下の他の植物プランクトンの成長を阻害する. その旺盛な繁殖力のせいか, 地球上でもっとも早く出現した生物として太古の化石が多く見つかる. 地球が現在, 酸素に覆われているのもシアノバクテリアの繁殖のおかげであり, 光合成真核生物の葉緑体の起源もシアノバクテリアの細胞内共生に由来すると考えられている.

1・2・3 地球環境と生命の進化

シアノバクテリアの出現と繁栄によってひたすら産生されつづけてきた**酸素**は, 地球環境を大きく変化させた. 酸素はもともと地球上には少なかったのだが, 地球誕生から20億年以上もたって, 蓄積された酸素が大気や海面付近に広がり始め, 生物の進化を方向づけたのである. シアノバクテリアがつくった酸素は

23億年前ごろに急増し，当時の海水中に溶けていた鉄を酸化させ，大量の縞状鉄鉱床を生み出した．現在，われわれが採掘している鉄資源のほとんどは，この時期にできた縞状鉄鉱床を採掘したものである．

このような縞状鉄鉱床が25億年前から19億年前にだけ大規模に形成されていることから，この時期の間に海洋が低酸素状態から酸素が豊富に含まれる状態へ変化したと推測されている．実際，ガンフリントには鉄の酸化を利用してエネルギーを得る現生の鉄細菌によく似た微化石も見つかっており，当時の海が鉄分に富んでいたことがわかる．

さて，増加の一途をたどる大気中の酸素は，それまで反映してきた嫌気性の細菌にとっては危険であった．やがて，細胞内で酸素から遺伝子を保護するための核をもつ**真核生物**が出現した．一方，それまでの核をもたない生物は**原核生物**とよんで区別される．この二つの中間には，「古細菌」という第三の生物群も知られている（⇒コラム）．

> このころ最初の超大陸バールバラ（約24億年前），次いでローレンシア（ヌーナ）が形成された（19億年前）．やがて15億年前の超大陸の形成を経て，超大陸ロディニア（約10億年前），超大陸ゴンドワナ（約7億年前）の形成というふうに超大陸の形成と分離が繰返してきた．そして，超大陸ゴンドワナの分裂（約6億年前）が始まるころに生命の種類が一挙に増大した．バールバラという名前は，南アフリカのカープファール（英語発音でバール）剛塊と西オーストラリアのピルバラ剛塊の名前をとった造語である．

古細菌と極限環境

ウーズは分子時計として 16S rRNA の塩基配列（約 1600 塩基対）を用いた原核生物の系統分類の結果から，生物界を古細菌，真正細菌，真核生物に分類することを提唱した（1977年）．古細菌の特質は，グリセロール骨格に炭化水素が sn-2,3位（ほかは sn-1,2位）でエーテル結合（他はエステル結合）した極性脂質をもつことで（脂質については 2・2 節参照），真正細菌とも真核生物とも異なる．そのほか，原核生物でありながら真核生物に近い特徴を示すものも多くある．古細菌には海底火山の熱水孔周辺の熱湯を好んで生息する好熱菌や，死海などの高塩濃度の環境に棲む高度好塩菌など太古の地球に類似した極限環境から見つかったことから，現生生物の祖先の生き残りともいわれている．ただし，ウシの胃などにはメタン菌（メタン生成古細菌）がナマコや海産のカイメンの腸管に古細菌が共生しているというふうに，通常の環境にも適応して生息している種もある

太陽光の届かない千〜1万mもの深海底にある深海熱水孔周辺には，酸素に弱い独立栄養細菌群が独自の生態系を構成している．太古の太陽エネルギーも酸素も乏しかった環境に類似した生態系は，多様な生命の発生の起源ではないかという説がある．一方，原始地球で黄鉄鉱（FeS_2）表面で有機物の重合反応を含めた多彩な化学反応が発生して生命の起源となったという「表面代謝説」もある．深海熱水孔周辺に黄鉄鉱は豊富なことや黄鉄鉱界面上で発生したイソプレノイドアルコールは古細菌脂質を構成することなどから，熱水孔を生命の起源と支持する論拠のひとつとなっている．

こうして核によって保護されるようになった遺伝子は，その後，飛躍的な増量と複雑化をともなって生物の進化に大きく貢献することになる．米国ミシガン州にある約21億年前のネゴーニー鉄鉱層で見つかったリボンのような形をしたグリパニアという藻類が線状に残った化石は，最古の真核生物の化石だと考えられている．一方，酸素を有効に利用する微生物も出現した．さらには，そうした酸素呼吸型の微生物が他の微生物の体内に寄生・共生してミトコンドリアを生み出した（図 2・3 参照）．われわれが酸素を呼吸して生きることができるのも，このころ生まれたミトコンドリアのお陰である．

> 原核生物では，グリパニアのように大きくなることはできない．

真核生物の進化における大躍進は遅くとも 10 億年前には始まっていたと考えられている．実際，オーストラリア北部のローパー層（約 15 億前）からは多様性には欠けるが細長いチューブリンが細胞壁面から突出している真核生物の微化石が見つかっている．真核生物特有の針などの装飾が備わった微化石も 12 ～ 13 億年前の岩石に見つかっているし，真核生物の紅藻類や緑藻類も海洋で窒素不足が解消されだした 12 億年前ごろ誕生した．

そして約 10 億年前に「全球凍結」が始まり（⇒コラム），シアノバクテリアなどのいくつかの生物を除いた大半の生物は絶滅してしまった．しかし，この天変地異は新たな生物の誕生のきっかけともなったのである．実際，これ以前の生物界は単細胞生物が主体で，多細胞生物は小型の菌類などがようやく出現した程度だったが，全球凍結が終了した原生代末のヴェンド紀（6.3 ～ 5.4 億年前）になると，エディアカラ生物群とよばれる多彩な大型動物の化石が一挙に出現するのである（次節参照）．

全球凍結仮説

約 7 億年前の原生代後期に地球表面が全面的に凍結したとする，カリフォルニア工科大学のカーシュヴィンクが唱えた全球凍結仮説（1992 年）は，カンブリア爆発として知られる多様な生物の誕生の原因となったという理由からも大きな注目を浴びている．もともと気候学者は太陽光度の数％程度の低下と二酸化炭素濃度の低下が重なると，地球の気候は急速に寒冷化することを示していた．

たとえば，光合成などにより大気中の二酸化炭素を固定した大量のシアノバクテリアが死後分解せずに地中に埋没すれば，大気中の二酸化炭素濃度は減少して寒冷化の引き金となる．実際，現在 0.03 ％程度である大気中の二酸化炭素比率が，約 7 億年前には 0.01 ％まで低下していたとされる．そうなると極地の氷床は低緯度地域にまで拡大し，氷結した地表は太陽光の反射率を大きくして熱の蓄積を妨げるため，いっそうの寒冷化を促進する．この正のフィードバック機構は地球を暴走的に寒冷化させ，気がつくと地球全体が凍りついてしまったというのである．

最終的に，約 3000 m にもおよぶ氷床が全地球を覆った状態が数億年～数千万年続いたとされる．実際，7 億年前にできた世界中の地層には氷河堆積物が見られ，陸地のほとんどが氷床で覆われた証拠だと考えられている．また，このころの地層に見られる縞状鉄鉱床の堆積も，海洋が全面的に凍結して，氷の下の海では酸素が乏しくなった結果だと考えられている．

ところが，氷結中も火山活動による二酸化炭素の供給は続けられていた．氷結した海水に溶け込むことも，シアノバクテリアによる固定化もなくなった状態では，大気中の濃度は徐々に高まるばかりであった．それが臨界点（約 10 ％）を超えると，今度は温室効果により短期間のうちに，気温が上昇して氷床の解凍が始まった．そうなると，一気に（といっても数百年単位で）極地以外の氷床が消滅していった．この温室効果は大気の温度を約 40 ℃ まで上昇したとされている．

この間，氷結しなかった深海底や地中深部で，細々として営まれていた生命活動は時を得ていっせいに増え始め，多細胞生物として大型化するとともに多様性を爆発させた．実際，全球凍結が始まる前の生物界は単細胞生物が主体で，多細胞生物は小型の菌類などがようやく出現したばかりであったが，全球凍結が終了した原生代末のヴェンド紀には，エディアカラ生物群とよばれる大型動物が爆発的に出現している．

1・3 カンブリア爆発前夜（原生代後期）
1・3・1 微化石の多様性

　原生代後期の微化石は年を経るごとに，徐々に多様性を増してくる．中央オーストラリア，ビタースプリング層の約8億2千万年前の岩石からは真核生物の細胞の殻とおぼしき球状の微化石が発見されている．米国グランドキャニオンの約7億4千万年前の岩石からは，現代に生きているものとそっくりの瓶（かめ）状の形態と大きさをもった原生動物の有殻アメーバ様動物の微化石が発見された．

　北極海に浮かぶスピッツベルゲン島の堆積岩の地層（アカデミカーブリーン層）は6〜8億年前に形成された．この岩石は当時熱帯の海岸部で形成され，長い時間をかけて大陸移動によりここまで移動してきたのだ．ここにある石英の微結晶が緻密に組合わさってできたチャート（火打ち石）の中には保存状態の良い多彩な微化石が多数存在した．

　中国南部の貴州省ウォンアン（瓮安）にある5億8000万年前のドウシャントゥオ（陡山沱）層群のリン酸岩塩からは，貴州小春虫（ベルナニマルキュラ）と命名された最古の左右対称動物（3胚葉動物）の微化石（大きさ0.2 mm）が発見された．この地層からは多細胞動物の化石のみでなく，動物の受精卵が卵割してゆく過程を記録した一連の胚胎化石さえ発見されている．

これは他の微生物を捕食して生きる従属栄養型の真核生物である．

シアノバクテリアのほかにもトゲだらけの胞子殻や瓶型の微化石や多細胞の海藻の遺骸までもが発見されている．

1・3・2 エディアカラ生物群

　世界各地に分布する**エディアカラ生物群**は，最初に見つかった南オーストラリアのエディアカラ丘陵の名前に由来する，いまから約5億6000万年前の原生代末期のヴェンド紀の生物で，円盤状のクラゲ状化石や異様な一群のヴェンド生物群が見つかっている（図1・5）．これら原始的な腔腸動物（クラゲ，イソギンチャクなど）や環状動物（ミミズ，ヒルなど）は，骨格化石の代わりに軟体生物の実体を浮かび上がらせる印象化石（凸型と凹型がある）を残している．

　たとえば，体節をもちエアマットのように膨らんで進みながら海底を這う環形動物のディッキンソニア，10〜30 cmくらいの大きさで木の葉のような形をして海底に着生していたチャルニオディスクス，現生生物には見られない三射状の腕をもつ円盤状（直径〜5 cm）のトリブラキディウムなど多彩な化石が見つかっている（図1・5）．これらは数cm〜1 mmの大きさ（厚さ数mmから1 cm）で，海水から直接，栄養を吸収していたらしい．南アフリカのナミビアの砂漠にある約5億5千万年前のナマ層群にもエディアカラ生物群に属する化石，たとえばクラゲのような円盤状の姿をしたシクロメデューサや炭酸カルシウムでできた薄い殻（最古の硬組織）をまとった小さな（約2 cm長）チューブ状生物の化石であるクラウディナなどが多数見つかっている（図1・5）．クラウディナの存在はカンブリア紀が始まるかなり前には，生物性無機質の形成が可能となっていたことを意味する．

　これらの生物は，何らかの天変地異によってそのほとんどが地球上から姿を消している．この時期にはゴンドワナ超大陸が形成・分裂し，その隙間をぬってスーパープリュームが地上まで上昇したことが原因で大規模な火山活動が起こ

現生生物は左右対称（2回対称性）か放射状の形態をもつ．トリブラキディウムのような巴形の3回対称性の生物は絶滅して，現在では見つからない．

イソギンチャクやクラゲや節足動物の先祖とも思えるが，それをすんなりと認めるにはあまりにも形が異質で，現生動物に対応づけるのは困難である．

クラウディナ　　　シクロメデューサ

トリブラキディウム　　ディッキンソニア　　チャルニオディスクス

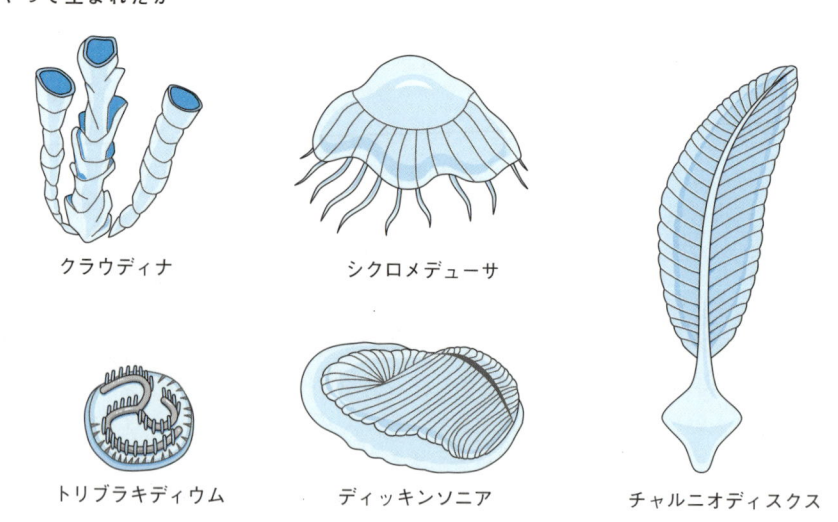

図 1・5 エディアカラ丘陵で最初に見つかったヴェンド紀を生きた生物群

り，地球表面の環境が激変したためと考えられている．大量絶滅の直後には，必ずといってよいほど生き延びた生物による急激な繁栄が見られるが，今回の急激な生物界の変動（5億4500万年前）は「V/C（ヴェンド/カンブリア）境界」とよばれている（⇒ 12 章のコラム「大量絶滅」）．

1・4 カンブリア爆発

　5億4300万年前になると，化石の中に突然多くの多細胞動物が見つかるようになる．カンブリア紀初頭には，現在知られている多様な動物門がいっせいに出現したのだ．これを**カンブリア爆発**とよぶ．まず，蠕虫状動物（あるいは刺胞動物）が残した微小なチューブが多数出現する．そこから 1000 万年たつと関節肢をもつ動物が現れ，2000 万年たつと三葉虫が，3000 万年たつと甲殻類が見つかってくる．そして 4000 万年たったころに，バージェス化石に見つかる多彩な生物が出現してくるのである．

　バージェス化石は古生物学者ウォルコットがカナディアンロッキー山中，ヨーホー国立公園で発見した（1908 年）カンブリア紀中期（約 5 億 500 万年前）の頁（けつ）岩に含まれる化石である（図 1・6）．

　たとえば，「奇妙なエビ」を意味する節足動物のアノマロカリスはカンブリア紀最大の捕食動物で（体長数十 cm），体節をもつ胴体の下に並んだ扇形の足で海底を歩き回り，獲物を腕でつかまえては口でかみ砕いて食べていたとされる．「幻覚から生まれたもの」を意味する有爪動物門（カギムシ）に属するハルキゲニアは，腹に 7 対の触手と，背に 7 対のトゲをもつ奇妙な形（体長 0.5 〜 3 cm）をしている．体長数 cm の節足動物オパビニアはキチン質の殻に覆われた体節と羽のようなえらをもつが，頭部には五つの目とモノをつかむ長いノズルが口から出ている．全身がキチン質のウロコに覆われたウィワクシアは，左右で対になった長いトゲが上方に突き出て身を守っている．ヒトと同じ脊索動物に属するナメク

火山の爆発は特定の場所（ホットスポット）に地殻の下にある溶岩（マグマ）が吹き上がって地表に噴出することで起こる．マグマは地球の内部で対流しているが，まれに巨大な塊（スーパープリューム）として吹き上がって大規模な火山活動がひき起こされる．

これらの多くは，後の時代に子孫を残さなかったとされている．

頁岩とは本のページのように 1 枚 1 枚紙のようにはがれる堆積岩の呼び名で，そのページの間に普通では化石にならない柔らかい生物の化石が残っていたのである．

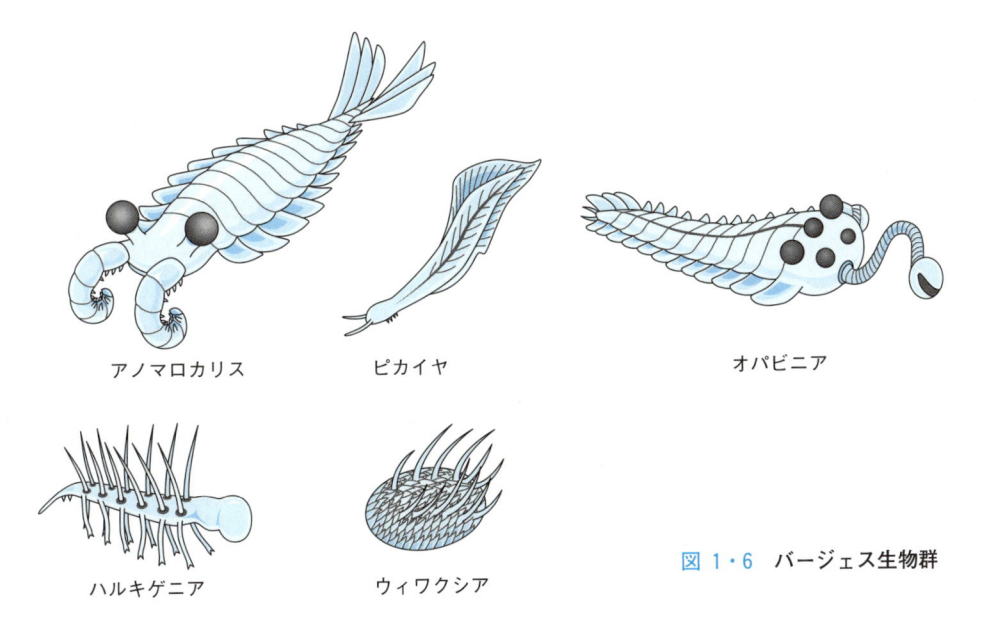

アノマロカリス　ピカイヤ　オパビニア

ハルキゲニア　ウィワクシア

図 1・6　バージェス生物群

ジウオに似たピカイヤは脊索（背骨の原型）をもつために，脊椎動物の先祖と考えられている．こうして約 5000 万年かけて，節足動物，腕足動物，軟体動物，脊索動物がつぎつぎと誕生していった．

　中国・雲南（ユンナン）省の澄江（チェンジアン）流域で発見された**澄江動物群**も，いまから約 5 億 3000 万年前のカンブリア紀中期の動物で，バージェス化石よりやや古いが多彩さでは負けていない（図 1・7）．澄江の化石は保存状態もきわめて良好で，年代が他の動物群よりも古く，種類も豊富である．ここで見つかったカタイミルスはピカイヤよりも古い最古の脊索動物である．ミロクンミンギアは原始的な魚類「メクラウナギ」に類似した特徴をもつ最古の脊椎動物（魚類）（全長 3 cm）で，この発見により魚の歴史は 7000 万年もさかのぼることになった．シダズーンは魚の一種（ピピスキウス類）に類似した頭部と節足動物に類似した胴体部をあわせもつ．

脊索動物はヒトなどの脊椎動物，ナメクジウオなどの頭索動物，ホヤ類などの尾索動物を合わせた呼び名である．

グリーンランドのシリウスパセットの化石群（5 億 1000 万年前）もチェンジアンと同じ時代と考えられている．

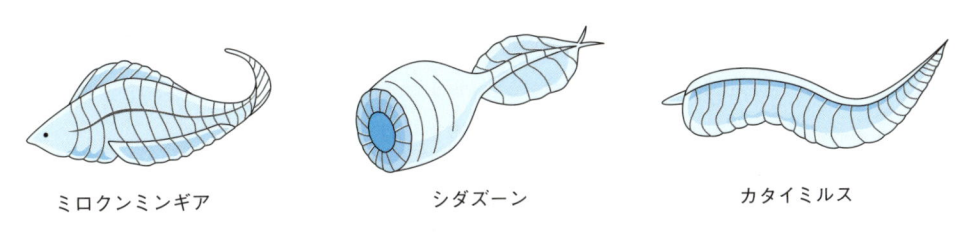

ミロクンミンギア　シダズーン　カタイミルス

図 1・7　澄江の化石から想像した復元図

1・5　その後の古生代の進化

　ひき続き，浅海の時代であったオルドビス紀では珊瑚（サンゴ）が出現して礁を形成した．層孔虫や四放サンゴや魚類（甲冑魚）も出現し，オウムガイは全盛期を迎え，筆石とよばれる浮遊性の原索動物も繁栄した．カンブリア紀後期に出現したころは数 cm だったサケの稚魚に似た魚類のコノドントは，この時期では

また，オルドビス紀の地層からは，スポロポレニン（胞子を覆っている物質）やクチクラ（植物の表皮細胞が分泌する膜層構造）が発見されており，植物の起源の上限が議論されている．

現代において陸上に棲む背骨をもった動物はどれもみな，遺伝的に類似していることから，魚の上陸はただ1度きりである可能性が高いと考えられている．

このときに形成された大規模な堆積層が石炭資源として利用されたことが石炭紀という呼び名の由来である．

この時期にパンゲアの赤道付近に広がっていたテチス海のサンゴ堆積物は，日本の石灰岩の多くを占めている．

やがて，テチス海北縁やパンサラッサ海のまわりでは，海洋プレートの沈込みなどの地殻変動が進行し，三畳紀の終わりころには超大陸パンゲアが大陸移動により分裂を始め，南はゴンドワナ大陸に，北半分はローラシア大陸となっていった．

40 cm もの巨大な種類も見つかっている．コノドントは歯の化石が時代ごとに独特の形をもつことから，同じ化石が出れば同じ時代に属するという判断ができる示準化石のひとつである．オルドビス紀末期では，全生物種の70％が死滅した大変動が起きた．

シルル紀に入ると海に棲む軟体動物や節足動物などの**無脊椎動物**が主役であった．当時栄えたサンゴ礁に由来する石灰岩は世界中に分布し，礁辺には腕足類やウミユリが繁栄していた．ウミユリはウニの遠い親戚で海水中のプランクトンを腕でろ過して食べていた．シルル紀中期には初めて陸に進出した植物（シダ類）であるクックソニアの化石が見つかっている．

デボン紀では**魚類**が急激に進化し，シーラカンスや肺魚などの硬骨魚類が繁栄した．陸上ではシダ植物が繁茂した．実際，スコットランドのライニーチャートとよばれる地層からデボン紀前期の原始的な体制の植物化石が見つかっている．また巨大な節足動物が出現し，クモやダニが地球上に現れたのもデボン紀である．この時期，成層圏に安定したオゾン（O_3）層が形成されたため，安全性が増した陸上へと進出する魚類が現れた．最初の**両生類**（イクチオステガ；体長1m）の登場である．

石炭紀では大陸は1箇所に集まり，パンゲアとよばれる超大陸が形成された．陸上では，リンボク（シダ類）やロボク（ツクシやトクサの仲間）が繁茂し，世界各地で巨木が生い茂る大森林をつくった．海では海綿，コケ虫，藻類などが礁をつくり大規模な石灰岩層が堆積した．陸上へ進出した植物を追いかけるように，節足動物や軟体動物なども陸上へと進出するものが出現し，大地は生命に満ちあふれた．空には翼長70 cmの巨大トンボ（メガネウラなど）が飛び交い，ゴキブリなどの昆虫や両生類も繁栄した．

ペルム紀の陸上では，シダ植物とともにイチョウやソテツなどの**裸子植物**も繁栄を始めた．デボン紀で出現した両生類は柔らかい卵を産むため，繁殖のために水から離れることができなかったが，ペルム紀に入ると卵を硬い殻で包むことで乾燥した陸上で繁殖できる**爬虫類**（最古の化石，ボロサウルス，体長約30 cm）が誕生した．そのなかには，恐竜の祖先となる双弓類も含まれていた．海では三葉虫類，筆石類，ウミユリ，紡錘虫（フズリナ）などを含む多彩な軟体動物，棘皮動物，腕足動物が生息していた．ペルム紀末には全生物種の9割以上が死に絶えた地球史上最大の大量絶滅が起き，古生代は終わった．

1・6 中生代の進化

大絶滅を起こした環境激変が収まると，生き残った生物種が新たな繁栄を始めた．三畳紀・ジュラ紀・白亜紀に3区分される中生代は，地球上どこでも同じようにとても暖かく，ほとんどの大陸が合体したパンゲア超大陸の東にはパンサラッサ海が，西にはテチスとよばれる海が広がっていた．海にはサンゴ礁が広がり，二枚貝類が生息し，アンモナイトなどの軟体動物は化石種の約6割を占めている．陸上では大型の肉食や草食の**恐竜**が，空には翼竜が，海には魚竜や首長竜，海トカゲなどの爬虫類が繁栄した．植物では，三畳紀・ジュラ紀にはイチョウ・

ソテツなどの裸子植物が繁栄した．

約350属も発見されている恐竜の仲間は，約2億3000万年前の三畳紀後期に現れた．最古の恐竜は小型のスタウリコサウルスやヘルレラサウルスなどである．恐竜の大きな特徴は，他の爬虫類のように4本の手足を左右に張り出して歩くのではなく，脚を体の真下において歩行できる直立型の姿勢にある．そのため，前足でモノをつかむことができた．ジュラ紀に入ると，これらは巨大化するとともに多様化した．

陸には巨大な獣弓目，空には翼竜などの鳥盤目，海には首長竜などの鰭竜目や魚竜目が現われ，これらの爬虫類が陸・海・空すべてを支配した．

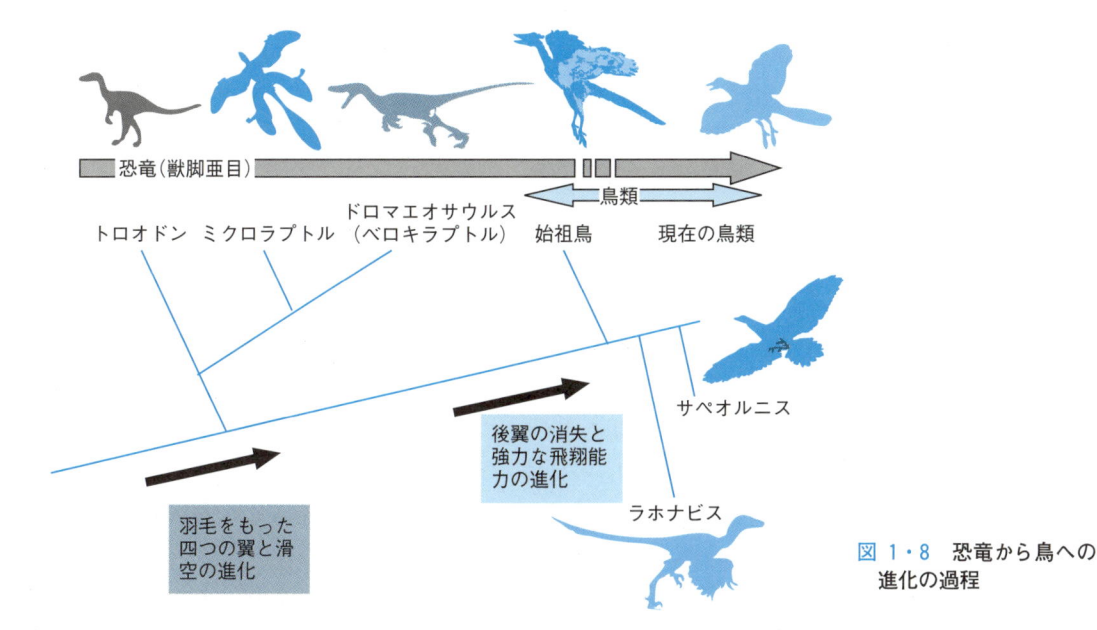

哺乳類は三畳紀の終わりころ，小さな食虫類（トガリネズミの仲間）として登場したが，恐竜のかげでひっそりと生活していた．また，「**鳥類**は後肢で立って歩く肉食性の獣脚類恐竜（ティラノサウルスなど）の直系の子孫である」という考え方がほぼ定着しつつある（図1・8）．鳥類の祖先ベロキラプトルは長さ4cmほどの原始的な羽毛構造をもつ．ミクロラプトルのように後肢に左右非対称の羽毛をもった恐竜・初期鳥類の化石が発見され，恐竜から鳥への進化の過程にある4枚の翼をもった生物の化石も見つかっている．羽毛恐竜と鳥類が分かれたのはジュラ紀後期（約1億5000万年前）といわれてきたが，最近になって10体目の保存状態の良い始祖鳥の脚の親が鳥類とは異なり恐竜と同じことがわかり，鳥の起源は中国で見つかった孔子鳥（約1億3000万年前）にまでさかのぼる可能性がでている．

図 1・8 恐竜から鳥への進化の過程

白亜（石灰岩）紀に入ると裸子植物のシダなどが減少し，**被子植物**に主役の座を奪われた．被子植物であるスギなどの針葉樹やイチジクやモクレンなどが，現代と同じ形まで進化した．大型恐竜（竜脚類）は減少し，鳥盤目の恐竜が台頭した．小さな哺乳動物は恐竜を避けて土の中（モグラなど）と木の上（霊長類の祖先）で生活しており，原始的な**霊長類**は約8500万年前にはすでに登場していたという．

そして，約6500万年前，運命の瞬間を迎える．直径約10 km，重さ1兆トン以上の彗星がユカタン半島に激突し（図12・9参照），核兵器数千個分の衝撃を与えたのである．このときに起きた大規模な火災は酸素不足を生じ，衝突によって巻き上げられた大量の砂塵は上空数十 kmのところで地球を覆って太陽光をさえぎり，長期間にわたって地表の温度を低下させた．植物は光合成をすることができなくなり，大型草食動物は食べるものがなくなって餓死，それらを餌にしていた肉食動物も飢え死にした．こうして，中生代は終焉を迎えた．恒温動物であった小さな哺乳動物や，羽毛によって寒さから守られた鳥類は，この過酷な環境変動を生き延び，新生代に繁栄することになる．

1・7 新生代の進化と人類の誕生

新生代は第三紀と第四紀に区分されている．中生代に繁栄した生物の多くは新生代の始まりまでに絶滅し，新生代は「哺乳類の時代」となった．哺乳類の先祖となった単弓類（哺乳類型爬虫類）は，爬虫類や鳥類に進化した双弓類とは古生代の石炭紀中期に分岐した．単弓類はペルム紀末の大絶滅で多くが死に絶えたが，横隔膜を生じて腹式呼吸を身につけた種はペルム紀末の低酸素時代の危機を乗り越えて哺乳類の先祖となった．中生代に誕生した最初の哺乳類に近い現生動物は，単孔類に分類されるオーストラリアのカモノハシとハリモグラで，恒温動物で乳腺をもつが卵から産まれる．新生代になって繁栄した哺乳類は，有袋類（カンガルーの仲間）と食虫類（ハリネズミの仲間）だった．

新生代ではゴンドワナ大陸から分かれたインド大陸がアジア大陸と衝突して造山活動をひき起こし（約4000万年前），その結果ヒマラヤ山脈が大きく隆起し（約1500万年前），大気中の二酸化炭素濃度が下がって気候が寒冷化した．このころアフリカの森にヒトの祖先となる**類人猿**が出現した．最古の類人猿は約3800万年前に出現し，アフリカとユーラシア大陸に広く分布した．2500万年前くらいになると，雨の量が減少して森が少なくなったこともあり，時には木から降りて生活するようになり，食事も，木の実から草原に生える草の実や根っこへと変化していった．そして1000～700万年前ごろ起こった造山活動によって，東アフリカの大地溝帯に山脈が出現したため山脈の東側は乾燥し，草原（サバンナ）に変化した．500万年前ごろには，それまで樹上生活を送っていた山脈の東側に住んでいた類人猿は豊かな森を失い，生き残りをかけて乏しい食料を探さなくてはならなくなった．この環境の激変が猿人を生んだとされる（⇒コラム）．彼らは草原で生活するようになり，そのころから人類の祖先は猿人として類人猿の祖先と分岐し，独自の進化を遂げ始めた（図1・9）．

1・8 猿人・原人の誕生

人類の進化は，**猿人**に始まる．最古の猿人の化石とされているエチオピアのアファールから発見されたラミダス猿人（約440万年前）は歯の形態が非常に原始的で，類人猿からヒトとチンパンジーに分岐した直後の人類ではないかと考えられている．その後，さまざまな猿人の化石が見つかってきた．これらは直立二足

アフリカのビクトリア湖ルシンガ島でプロコンスルとよばれる2000万年前の類人猿の化石が見つかっている．

1・8 猿人・原人の誕生 15

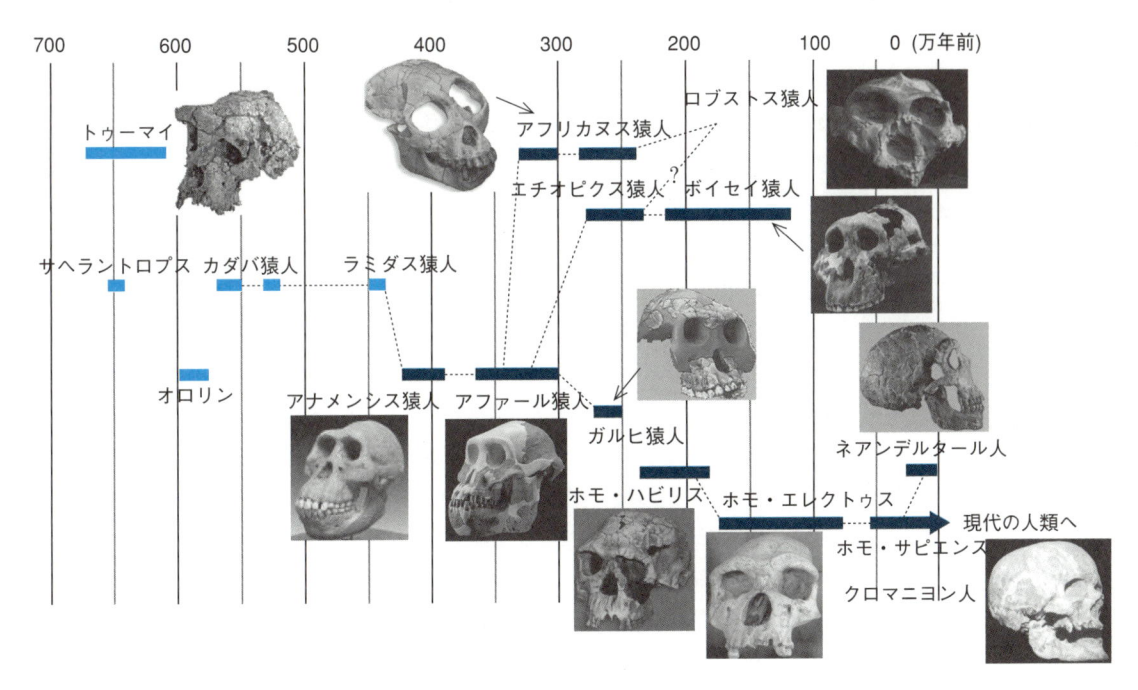

図 1・9 人類の進化の道すじ

大地溝帯

　大陸移動によって生じた，アフリカ東部のエチオピアからタンザニアまでを南北に貫く大地の裂け目のことを「大地溝帯」という（図1・3参照）．現在も，幅 30 km から 60 km，長さ 6000 km におよぶ多数の湖や火山が連なっている．

　約 500 万年前から 250 万年ほど前の間，それまでジャングルに覆われていたこの地に大規模な断層の活動（1年に約数 mm 沈む）が起きて山脈ができた．そのため，雨雲が山の西側にとどまって東へ到達しなくなり，東側は次第に乾燥化していって，現在のようなサバンナへと変わった．東側に住んでいたサルは少なくなった森から森へサバンナを進んでいかざるを得なくなってしまった．サバンナは森と違って外敵は多く，食料は少ない．見晴らしが良い分，危険も多い．このようなサバンナで何とか獲物を捕らえ，その間も外敵を早めに見つけて危険を避けるために目線を高くする必要がでてきた．そこでやむなく直立二足歩行し始め，ヒトへの進化の新たな第一歩を踏み始めたという仮説が定着しつつある．ほとんどの猿人の古い化石が大地溝帯の東側でのみ発見されているのは，ここでヒトへの進化が始まった証拠だというのである．

　ちなみに，走りが遅い猿人が飲料水の確保のためや，外敵を避けるため，ライオンなどが入ってこられない池や川の中に首まで浸かるような形でしばしば逃れたため，イルカのように体毛がぬけていって頭髪だけが残ったという説もある．さらに泳ぎも覚えて魚貝類を食料とするようになり，取込んだ魚の脂肪に多く含まれる不飽和脂肪酸ＤＨＡ（ドコサヘキサエン酸）が脳の発達に役立ったという説もある．同じころ，西側の森の中にとどまって幸せな生活を続けることができたサルは，ゴリラ・チンパンジー・ボノボという類人猿のまま現在に至ったと考えられている．試練がなければ生物は進化しないのである．

アナメンシス猿人（約400万年前），アファール猿人（ルーシー）（約350万年前），プラティオプス猿人（約350万年前），エチオピクス猿人（約270～220万年前），アフリカヌス猿人（約270万年前），ロブスト猿人（約180～100万年前），ボイセイ猿人（約220～100万年前）など．

歩行をしてアフリカの南部，東部で生活していたが，約150万年前には地球上から姿を消してしまった．アファール猿人の脳はチンパンジーよりも少し大きい400～500 cc くらいで道具は使っていなかった．この間，猿人は二つの種（アフリカヌス猿人/エチオピクス猿人）に分化する．南アフリカで見つかったアフリカヌス猿人は，やがてヒト属（原人），ホモ・ハビリスにつながる．一方，エチオピアで見つかったエチオピクス猿人は歯や顎が非常に発達し，ロブスト型猿人，その子孫のボイセイ猿人へとつながる．

次いで出現した人類の祖先は**原人**とよばれる．「器用なヒト」という意味の**ホモ・ハビリス**（約250年前～160万年前）は，東アフリカの各地で生活し，すでに石器を使用していた．**ホモ・エレクトゥス**（約150万年前）は，脳が大きく歯は小型で，採集狩猟生活を営み，火も使用し始めていた．ホモ・エレクトゥスは100万年前になると，アフリカの東・南部を出発して地球各地に広く生活の場を求めて広がっていった．80万年前ころには温帯の暖かな地域へ，60万年前に温帯の寒い地域にも進入している．ユーラシア大陸へと移動したものは中国の北京原人として，インドネシアへと移動したものはジャワ原人として骨の化石が見つかっている．

1・9　ホモ・サピエンスの誕生

次いで出現した人類の祖先は**旧人**とよばれる．ホモ・エレクトゥスは30万～20万年前になると旧人に分類される**ホモ・サピエンス**（知性あるヒト）へと進化し，当時の厳しい氷河期の中を西ヨーロッパから中央アジアにかけて分布しながら生き延びた．約13万年前～3万年前にかけてヨーロッパや中東の各地に住んでいたとされるネアンデルタール人はすでに「死」を認識し，死者に花を添えるなどして弔う習慣をもっていた．ただし，筋肉隆々のずんぐりとした体型などの容姿などが現生人類と大きく異なっており，約3万年前に絶滅した人類とみなされている．ちょうどそのころ（氷河期の末期）に，ヨーロッパの西部や南部に出現した新人の一種であるクロマニヨン人によって滅ぼされたという説もある．新人は世界中に分布地域を広げ，やがて**現生人類**へと進化した．1万年前から現代までは第四紀完新世（沖積世）とよばれ，現代では気候が次第に温暖化して氷河が衰退を続けている．現生人類は，発達した手で石を加工して道具をつくり，火を使い，狩猟や採集をした．やがて脳が発達し，言語が生まれ，文化が発達し，現代に至っている．

精子のミトコンドリアは受精のときに捨てられ，受精卵には入っていけないので，全人類のミトコンドリア DNA は母親由来であるという事実がこの仮説の基盤となっている．

「すべての現代人は1人の女性を共通の祖先とする」という**ミトコンドリア・イブ仮説**（1987年）は，世界中の多くの人々から採取した細胞から得られたミトコンドリア DNA の塩基配列を決定し（図10・2参照），統計的に解析された結果から提唱された．類人猿の化石の研究から類推されていた現代人ホモ・サピエンスの東アフリカ起源説が，DNAレベルでも確認されたことになる．イブは約20万年前東アフリカに生まれ，約11万年前ごろ東アフリカから大移動を開始した部族の1人であり，ほとんどの欧州人はイブの子孫である7人の女性を祖先とし，日本人もこれらの子孫であるという．イブの子孫が地球の隅々にまで拡散

して現在の人類を形成している（図1・3参照）．すなわち，現世の人類はみんなが遠い親戚だという仮説である．

当時の地球上には多数の女性が生きていたはずだが，そのうちのたった1人の女性の子孫のみが，その後の11万年間にわたって最低1人は女の子を産み続けたことを意味するのである．その意味で，現在，この地球上に生きている数十億人の女性のうち，今後11万年もの間，その子孫が女の子を産み続ければ，その女性は11万年後の人類から大先祖として認められるだろう．

イヌ（最古のイヌの化石は約1万4千年前）についても同様なミトコンドリアDNAを用いた解析が行われている．それによると，現存のほとんどすべての種類のイヌが1万5千年前に東アジアで家畜化されたオオカミを起源とすることが明らかにされた．人類は，約1万5千〜1万2千年前にベーリング海峡が陸続きであったときに，徒歩でアジアから北米へ渡り，その後南米まで広がったという人類学の定説があるが，このときにイヌも連れていたという推測がDNAの解析によって確かめられたといえよう．

コロンブス時代よりずっと古いラテンアメリカの遺跡や欧州人入植より古いアラスカの遺跡で見つかったイヌの骨から採取したミトコンドリアDNAもこの祖先イヌを起源とする．

2 細胞の成り立ちと遺伝の仕組み

> 生命というきわめて保守的なシステムに対して最初に進化の道筋を開いた機能的な出来事は，微視的で偶発的なものであって，それが合目的論に合致する機能にどのような効果を及ぼすかということとは無関係であった．ところが，いったん DNA に書き込まれると，本質的には予見不可能な，偶発的で特殊な出来事も，機械的に正確に複製され翻訳される．すなわち，いっせいに増殖し伝播して幾百万あるいは幾億を超すほど多くの複製体を生む．純粋に偶然の国で生まれた出来事が，きわめて容赦のない確実性が支配する必然の国に入ってゆくのである．そのわけは淘汰が巨視的なレベル，すなわち生物個体のレベルで行われることにある．
>
> ジャック・モノー（1910～1976）『偶然と必然』

　生命の不思議は，「どのような仕組みで生命は生きているのだろうか？」という問いに凝縮される．生命の定義についてはさまざまな意見があるが，本書では「核酸（DNA あるいは RNA）を遺伝情報としてもつ増殖する実体」と定義しよう．生命体にはウイルスなどのように核酸とタンパク質のみで成り立たせているものもあるが，それら以外の大半の生命体は細胞を単位として成り立っている．細胞の中には，どのような物質が含まれているのだろうか？

2・1 細胞の成り立ち

　動物や植物の個体はいずれも小さな**細胞**が集合してできている．大腸菌や酵母菌のように，たったひとつの細胞のみで生きている生物もいる．1個の細胞の大きさは長軸が約 0.05 mm の楕円形の卵のような形をしている．もちろん，ヒトの体の中にはさまざまな役割をもっている細胞があるため，大きさや形は多彩で

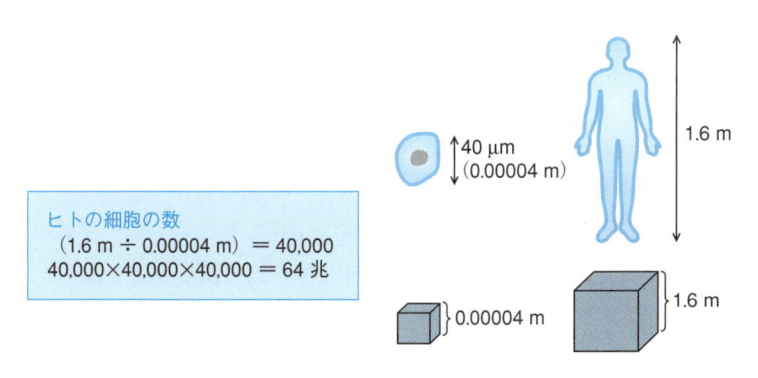

ヒトの細胞の数
　(1.6 m ÷ 0.00004 m) = 40,000
　40,000×40,000×40,000 = 64 兆

図 2・1　**ヒトの細胞の数**．ヒトは約 60 兆個の細胞からなる．ヒトの平均的な細胞は顕微鏡で観察すると数十 μm の大きさをもつ．ここで細胞の大きさを 40 μm，ヒトの身長を 160 cm とすると，4万倍の差がある．体積の差は縦，横，高さ分を掛けて 64 兆倍となるので，およそ 64 兆の細胞からなると概算される．

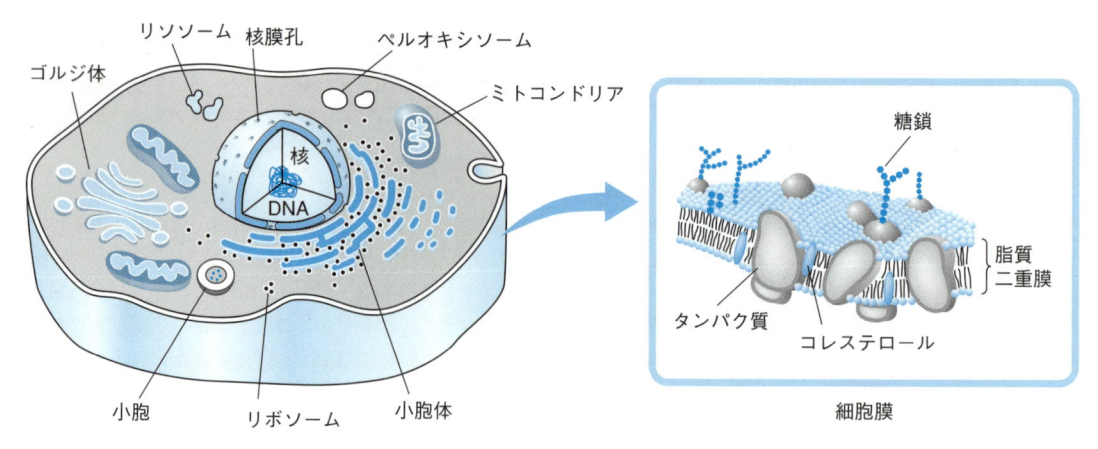

図 2・2　細胞の構造

　ある．たとえば筋肉隆々のヒトの筋肉細胞は大きいし，神経細胞にいたっては何 cm もの長さに伸びているものもある．これがヒトの大きさだと，約 60 兆個の細胞から成り立っている計算となる（図 2・1）．これくらい小さくなると肉眼では大きさが区別できず，顕微鏡で観察しなければならない．

　図 2・2 に示した細胞の基本構造はヒトにかぎらずどのような生物も似通っており，**脂質二重膜**によって取囲まれている．その膜の中にはさまざまなタンパク質や糖鎖，その他の脂質（コレステロールなど）が埋込まれて独自な役割を果たしている．細胞膜は他の細胞などとの境界としてだけでなく，細胞内外の間での物質・情報の輸送・伝達，効率良い生化学反応の場，隣接する細胞や細胞外基質との接着などの役割も担っている．

　電子顕微鏡の力を借りて細胞の中をさらに詳細に調べてみると，細胞内には個別な名前をもって独自な役割を果たしている**細胞小器官（オルガネラ）**と総称される小部屋が見つかる．たとえば，図 2・3 に示すように外膜と入り組んだ内膜からなる二重の生体膜構造をもつ**ミトコンドリア**とよばれる細胞小器官は，クエン酸回路と電子伝達系および両者に共役する酸化的リン酸化の酵素群をもち，生体エネルギーの源となる ATP を合成する．

図 2・3　ミトコンドリア

リボソームによるタンパク質の合成については 2・5 節参照．

　小胞体は一重の生体膜に包まれたおもに扁平な袋状の構造をしており，多くは細胞内に網状構造を形成している（図 2・4）．リボソームがその細胞質側の表面に付着した扁平嚢状の粗面小胞体と，付着していない小胞管状の滑面小胞体とに分類される．リボソームにより合成されたタンパク質は粗面小胞体の内腔あるいは小胞体膜に輸送され，種々の修飾を受けるとともに異常なタンパク質は速やかに分解される．また，リン脂質や脂質の大部分は小胞体膜で合成される．さらに，小胞体膜は恒常的に細胞質のカルシウム Ca を取込み蓄えながら適宜放出するなどして，細胞内の Ca^{2+} イオン濃度の調節にも重要な役割を果たしている．

ゴルジ小胞は発見者の C.Golgi（1898）にちなんだ名前である．

　ゴルジ体は扁平な円盤状の小胞が重なったような構造をもち，小胞体で合成されたタンパク質を受取る（図 2・4）．次いで，ゴルジ体を通過してゆく過程で種々の修飾・加工（切断による成熟型タンパク質への転換，糖鎖の形成，脂質の

2・1 細胞の成り立ち

図2・4 細胞における物質輸送

（図中ラベル：滑面小胞体、粗面小胞体、リボソーム、小胞によるタンパク質の輸送、エンドサイトーシス、エンドソーム、ゴルジ体、分泌小胞、被覆小胞、リソソーム、エキソサイトーシス）

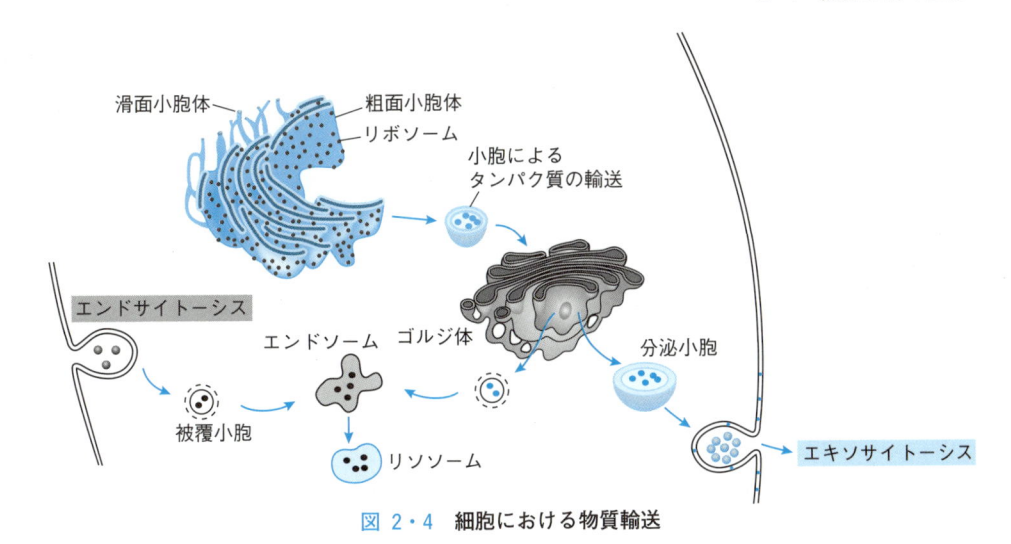

添加，リン酸化など）を行いつつ，タンパク質を細胞内外の最終目的地に選別輸送されるよう適切に配送する役割を担っている．

図2・4に示すように，細胞外から内へもち込まれた物質は細胞膜の一部がくぼんで小胞となることで細胞内に取込まれる．このことを**エンドサイトーシス**という．その逆の作用を**エキソサイトーシス**という．

リソソームは形態不定の厚さ6〜8 nmの一重膜で囲まれた直径400〜数千 nmの顆粒ないし小胞である（図2・4）．内部に蓄積してある一群の加水分解酵素（リソソーム酵素）を使って，細胞内で不要になったタンパク質，核酸，複合糖質や脂質などの成分や細胞外からもち込まれた物質を分解する．これらのほかに，細胞自身を構成する細胞小器官の分解も行われている．細胞の代謝回転などに重要なこの自己分解は，**オートファジー**とよばれる独自な仕組みを使っている．さらには，エンドサイトーシス経路の終点として，他の細胞小器官との間で物質輸送を活発に行うという重要な機能も見つかってきた．

ペルオキシソームは酸化反応にかかわる酵素をたくさん含んでおり，さまざまな物質の酸化反応を担っている．ペルオキシソーム内で酸化反応が起きると有毒な過酸化水素 H_2O_2 が生成するので，カタラーゼという酵素を使って水へと変換する反応も起きている．ミトコンドリアなどが二重膜で構成されているのに対し，ペルオキシソームは一重膜である点が大きく異なる．また，個体の新陳代謝において重要な役割を果たしている肝臓では，1個の肝細胞の中にミトコンドリアは1700個も見つかり細胞全体の体積の22％も占める．一方，ペルオキシソーム，リソソーム，エンドソームは約400個ずつ存在し，占める体積割合は約1％である．

核は細胞内に1個しかない二重の生体膜で囲まれた袋状の構造体で，遺伝子の本体であるDNAが染色体という構造体として収納されている．数多く（約千個程度）の**核膜孔**とよばれる小孔を通じて（図2・2参照），核膜の内外へとタンパク質やRNAなどが移動してゆく．核膜孔開口部の直径は10 nmで，イオンや小

ゴルジ体で加工・修飾されたタンパク質は小胞（膜の外側がタンパク質で被覆された小胞）によって，細胞膜，分泌小胞，リソソームといった最終目的地に輸送される．

nm（ナノメートル）は10億分の1 m（10^{-9} m）

古くなったミトコンドリアなどの細胞小器官は小胞体由来の二重膜に取囲まれ，さらにリソソームと融合することで分解される．このことをオートファジー（自食作用）という．栄養不足の細胞でオートファジーはよく見られ，分解物は新たな物質の合成などに再利用される．

エンドソームは管状あるいは小胞状の膜構造体であり，エンドサイトーシス経路での輸送を担っている（図2・4参照）．

核膜の内側はラミンというタンパク質が網目となって裏打ち補強している．

さな分子は自由に出入りできるが，大きな分子は輸送専門のタンパク質の助けを借りなければ通過できない．

2・2 細胞を構成する物質

細胞には大量の水が含まれており，その中には細胞が生きるために必要とする多種多様な物質が溶けている．それらは炭水化物・脂質・タンパク質・核酸などの有機化合物と無機塩類などに分類される．

炭水化物（**糖質**）は炭素 C，水素 H，酸素 O からなる有機化合物で，一般に $C_m(H_2O)_n$ という化学式で表される．炭素が五つあるいは六つ環状に連なった基本単位構造をもち，それぞれ五炭糖あるいは六炭糖とよばれる．これらが単独で存在するものを**単糖類**（グルコース（ブドウ糖），フルクトース（果糖）など），2個連なったものを**二糖類**（スクロース（ショ糖），ラクトース（乳糖），マルトース（麦芽糖）など），多数連なったものを**多糖類**（デンプン，セルロース，グリコーゲンなど）とよぶ（図2・5）．これらは生物構造の維持やエネルギー源およびエネルギー貯蔵としての役割をもっている．

> 五炭糖は核酸の構成成分である（後述）．

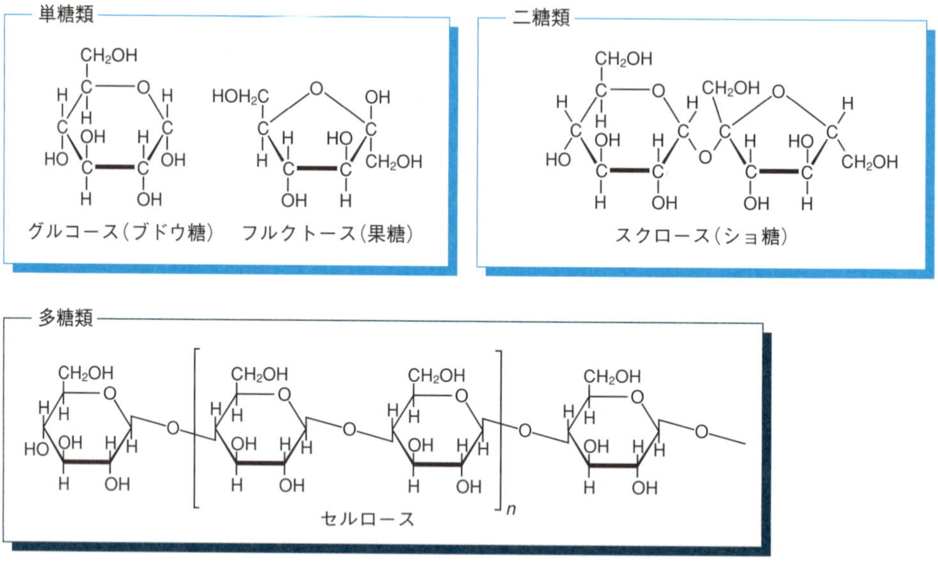

図 2・5 おもな炭水化物の構造

> 単純脂質は脂肪酸とアルコールのみからなる脂質のことをいう．

脂質は脂肪酸とアルコールが脱水縮合してできたエステルである．エネルギー貯蔵物質である中性脂肪などの**単純脂質**と，リン脂質や糖脂質の**複合脂質**に大別される．とくに複合脂質は細胞を外界から遮断したり，核などの細胞小器官を他と区分する役目を果たしたりする細胞膜の構成成分として重要である．図2・6(a)にはリン脂質の構造を示した．リン脂質のリン酸基部分は水になじみやすく（親水性），脂肪酸の長い炭化水素鎖は水になじみにくい（疎水性）．図2・6(b)に示すように，細胞膜はリン脂質が疎水性部分を向かいあわせて並んだ二重層からなっている（図2・2参照）．また，細胞内に存在する小胞（図2・4参照）は

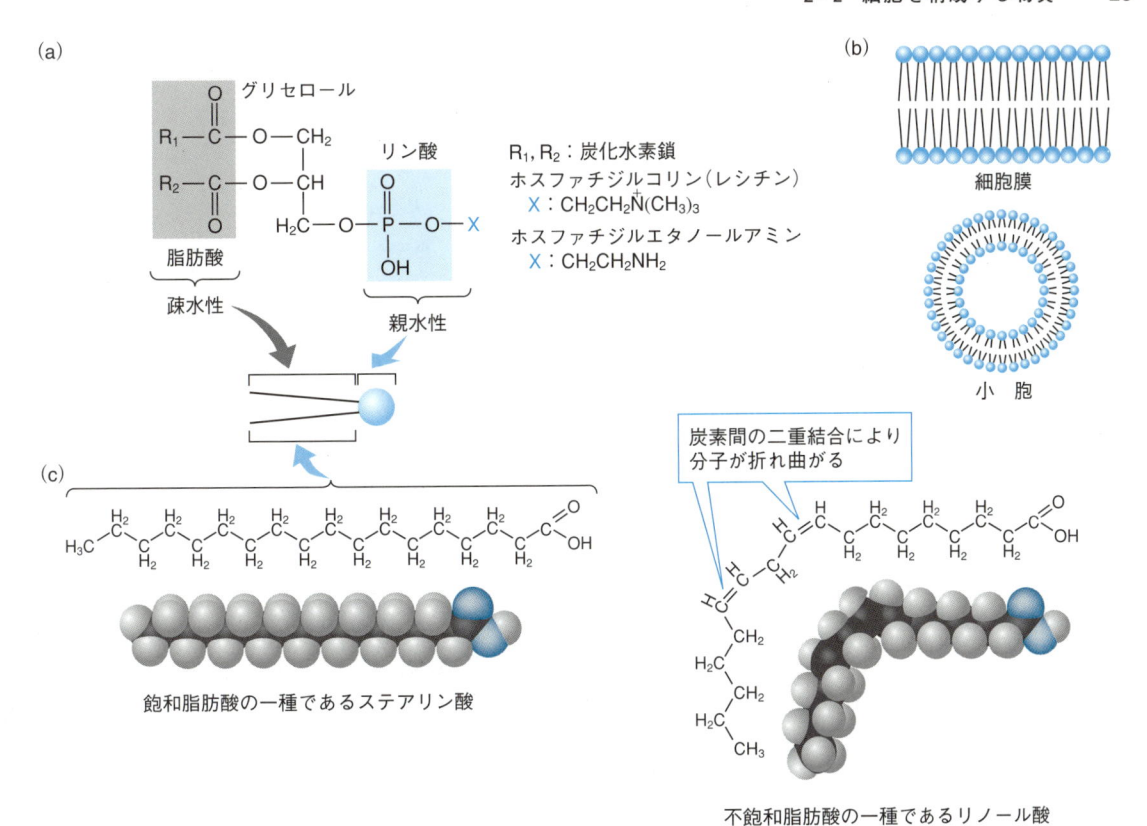

図 2・6 **脂質の構造**. (a) リン脂質, (b) 細胞膜および小胞, (c) 脂肪酸

脂質二重膜が球状に閉じた構造をしている.

脂質のおもな構成成分である**脂肪酸**は飽和脂肪酸と不飽和脂肪酸に分類される（図 2・6c）. 肉類や乳製品に含まれる**飽和脂肪酸**（炭素二重結合をもたない）は摂取過多になると血液中コレステロールを増加させて動脈硬化, 脳卒中, 狭心症, 心筋梗塞などの原因となる. 一方, 植物性油脂や魚の脂に多く含まれる**不飽和脂肪酸**（炭素二重結合をもつ）は血液中のコレステロールを減少させる作用をもつ.

タンパク質はアミノ酸とよばれる構成単位となる物質が, 少ないものでも数10個, 多いものでは数千個連なってできている. **アミノ酸**はいずれもアミノ基, カルボキシ基, 側鎖（R）からなる共通の化学構造をもち（図 2・7a）, 側鎖 R の違いによってさまざまな種類のアミノ酸が存在する.

タンパク質はヒトでは数万種類も存在すると推測されているが, タンパク質を構成しているアミノ酸は 20 種類のみである（裏表紙参照）. 非常に多種類のタンパク質が存在しうる理由は, 一つひとつのタンパク質において結合するアミノ酸の種類と結合順序が大きく異なるからである. 翻訳という仕組みによって, あるアミノ酸のカルボキシ基の OH は, 他のアミノ酸の H との間で H_2O を失って結合する. このような結合を**ペプチド結合**といい, ペプチド結合によってできた化合物を**ペプチド**という. そのうち, アミノ酸が多数（通常, 10 個以上）結合し

図 2・6(a) に示したリン脂質の例はグリセロールに 2 個の脂肪酸と 1 個のリン酸が結合したものであり, グリセロリン脂質とよばれる. リン酸に結合した X の違いによっていくつかの種類がある.

コレステロールはステロイドとよばれる四つの環状の骨格からなる脂質である.

コレステロール

翻訳については, 2・5 節参照.

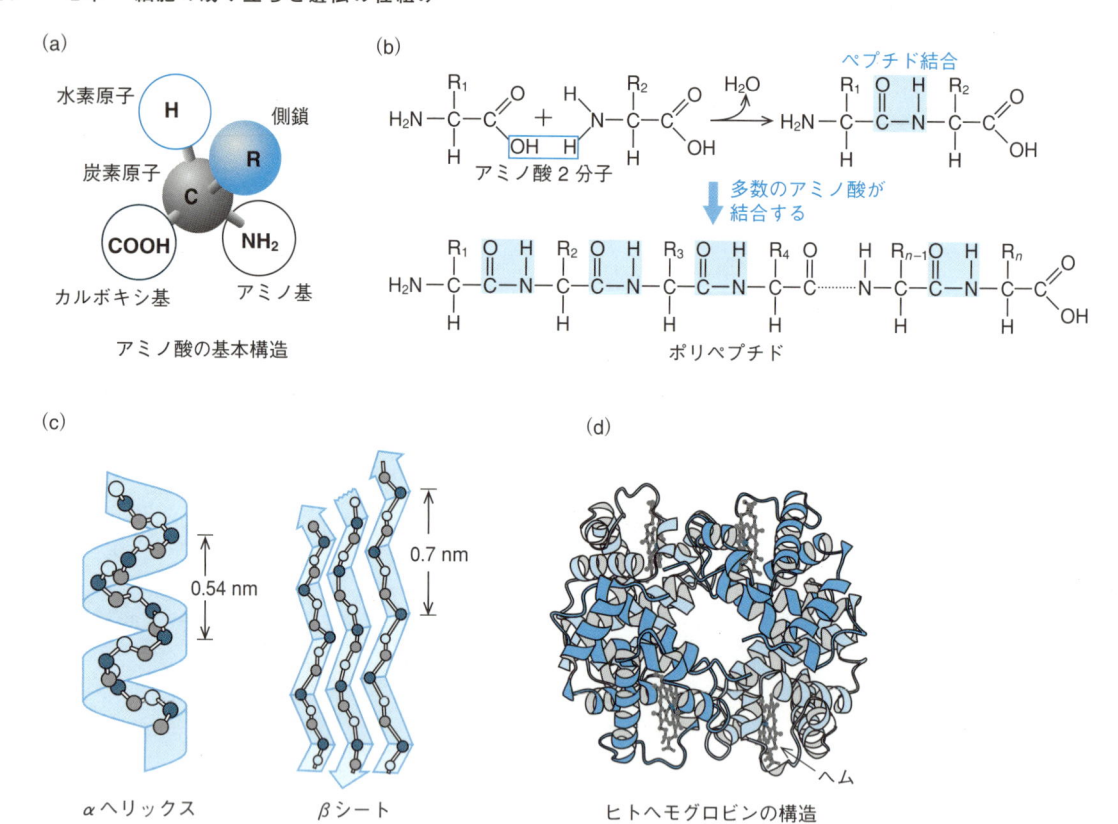

図 2・7 アミノ酸からタンパク質へ

(a) アミノ酸の基本構造
水素原子, 側鎖, 炭素原子, カルボキシ基, アミノ基

(b) アミノ酸2分子 → ポリペプチド（ペプチド結合，多数のアミノ酸が結合する）

(c) αヘリックス（0.54 nm）, βシート（0.7 nm）

(d) ヒトヘモグロビンの構造（ヘム）

図2・7(d)はαヘリックスからなる2種類のポリペプチドが四つ組合わさってできたヒトヘモグロビンの構造である．ヘモグロビンは赤血球中に存在し，酸素運搬の役割を果たすタンパク質である．

図2・8に示すように，塩基と糖が結合したものを**ヌクレオシド**，さらにヌクレオシドの糖部分にリン酸が結合したものを**ヌクレオチド**という．

てできたものを**ポリペプチド**という（図2・7b）．

そして，ポリペプチドはらせん状になった**αヘリックス**や折れ曲がってシート状になった**βシート**などの特徴的な立体構造をとる（図2・7c）．多くのタンパク質はこれらが組合わさってできた複雑な立体構造をもっている（図2・7d）．

核酸はリン酸・糖（五炭糖（ペントース））・塩基からなる基本構造をもち，**リボ核酸**（**RNA**: ribonucleic acid の略）と**デオキシリボ核酸**（**DNA**: deoxyribonucleic acid の略）の2種類がある（図2・8）．塩基はDNAの場合，アデニン（A），グアニン（G），シトシン（C），チミン（T）の四つで構成される．RNAとDNAの構造上の違いは，RNAの五炭糖の$2'$-OH部分がDNAでは$2'$-Hと変化していること，およびチミンの代わりに構造が少し異なったウラシル（U）とよばれる塩基をもつことである．RNAは一本鎖のまま多彩な立体構造をとったさまざまな機能分子として働いているが，DNAは単純な**二重らせん構造**をとり（図2・9），もっぱら遺伝情報の保存役に徹している（⇒コラム）．

2・3 染色体とゲノム

ある生物がDNAのかたちで保存している遺伝子情報の総量を**ゲノム**とよぶ．そのすべての遺伝子（DNA）のセットは細胞核の中で染色体の中に収納されている．数多くのタンパク質からできている**染色体**（**クロモソーム**）は普段はスパ

ゲッティーのように細長い形で細胞核の中に分散しているが，細胞分裂する直前には幅と長さが千および数千 nm の大きさのフランスパンのような格好に凝縮する．ひとつの核に存在する染色体の数は生物の種によって決まっているが，その数と生物の複雑さには規則性は見つからない．ヒトの場合は 23 対の染色体がおのおの異なったサイズと形状をもっている．

ヒトのひとつの細胞核に存在する DNA は，全染色体を合わせるとおよそ 1 m

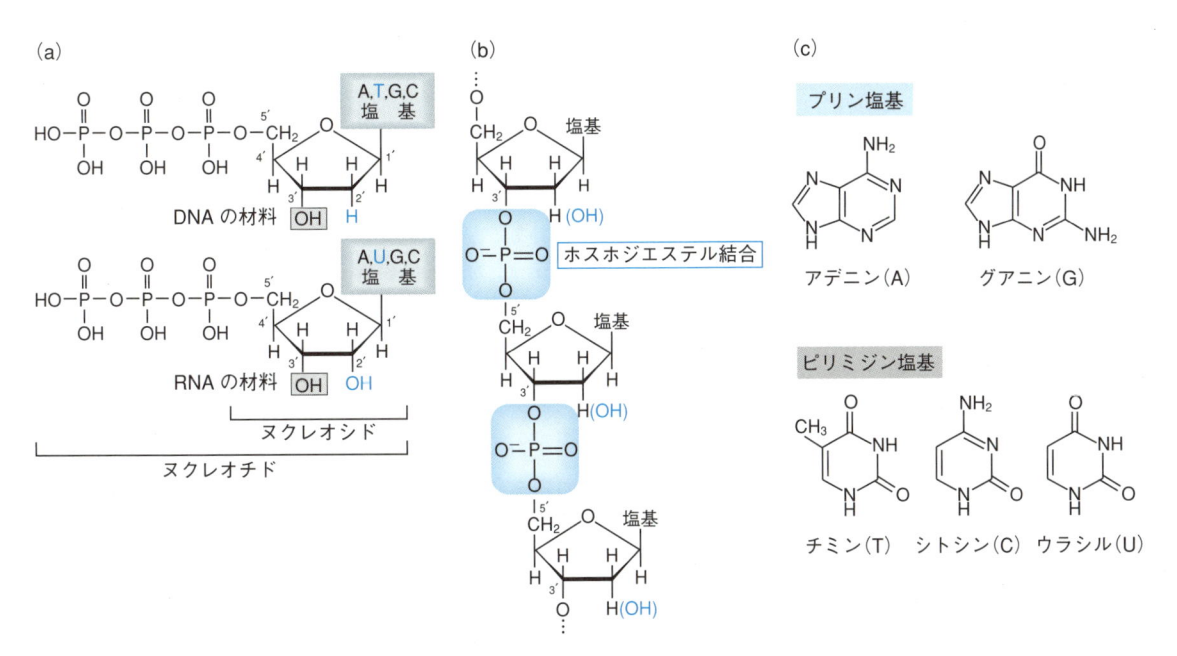

図 2・8 **核酸の基本構造**．(a) モノヌクレオチドの構造，(b) ポリヌクレオチドの構造 (DNA, RNA)．モノヌクレオチドがホスホジエステル結合によって多数結合して DNA・RNA になる，(c) 塩基の構造．類似した構造をもつアデニンとグアニンを**プリン塩基**，チミン，シトシン，ウラシルを**ピリミジン塩基**という．

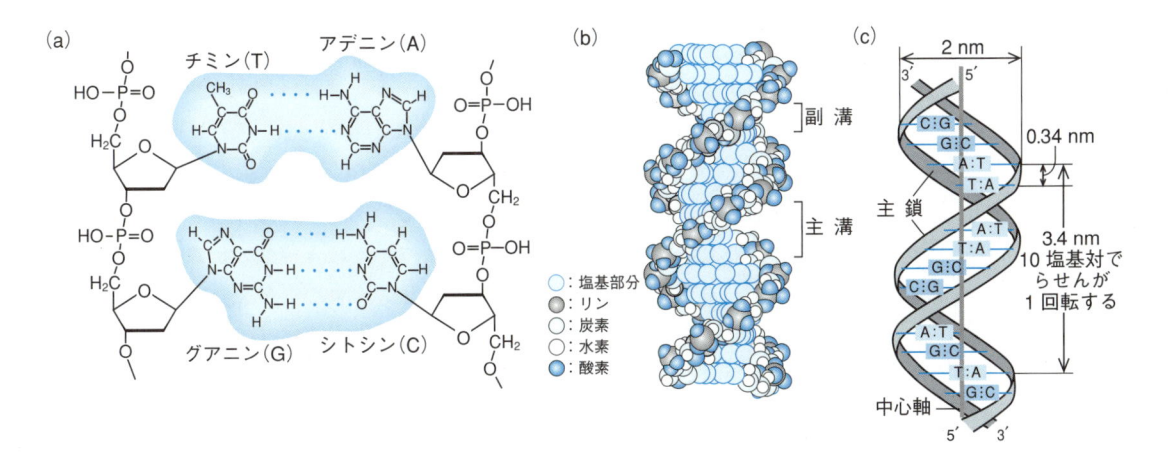

図 2・9 **DNA の構造**．(a) チミン (T) とアデニン (A)，グアニン (G) とシトシン (C) が水素結合 (…) により結合する．水素結合は弱いので容易に二重らせんがほどかれる，(b) 分子の占める空間を考慮した全体図，(c) 二重らせん構造の模式図

DNA 二重らせん

フランシス・クリック（F.Crick）とジェームズ・ワトソン（J.Watson）はDNAが以下の特徴をもつ二重らせん構造をとっているという画期的な発見をした（1953年）．この構造（図2・9参照）は生物学的に重要な特徴をもつとともに，遺伝の仕組みを分子レベルで明確に説明することを可能にした．

❶ ポリペプチドのペントース（五炭糖）の骨格は2本の鎖がより合わさり，1本の鎖は上向き（$5'\to3'$）に，他方の鎖は下向き（$3'\to5'$）という対称性をもった二重らせん構造をとる．

❷ らせんの直径は2 nm（2 mの10億分の1の長さ）で，らせんの繰返し単位（ピッチ）は3.4 nmである．

❸ らせんは右巻きであり，らせん軸の上から見ても下から見ても，らせん骨格は時計回りに軸を巻きながら遠ざかってゆくような構造をとる．

❹ 4種類の塩基はらせんを構成するペントース・リン酸の骨格の内側にらせんの階段のように埋込まれている．これらはA−TあるいはG−Cという塩基対を形成して0.34 nm間隔で積み重なっている．

❺ らせんが1回転（ピッチ）する間隔には10個の塩基対が含まれる．

❻ Gの相手はC，AはTと決まっているので，DNAが2倍に増える（これを複製するという）さいには片方の鎖が鋳型となって，正確に裏返しの塩基配列をもつもう一方の鎖を合成できる．裏の裏は表なので，裏返し同士の鎖が合体すれば正確に元の二本鎖DNAが複製される．これが遺伝の本質である．細胞内での合成はDNAポリメラーゼという酵素が担っている．

❼ 複雑な遺伝情報は，わずか4種類の塩基の並び方のみで蓄えられる．ただし，わずか4種類といっても，たとえば10塩基対でさえ4の10乗（4^{10}通り），すなわち約100万通りもの組合わせが考えられる．ヒトの場合30億個の塩基対が存在するので文字どおり無限の可能性があり，どんな複雑な遺伝情報も蓄積できる．

「′」は正しくは「プライム」と読む．英語で「ダッシュ（dash）」とは "−" というハイフン（hyphen）"-" より少し長めの横棒を意味する．ただし$5'$-GTC…などと表記されるDNAの「$5'$末端」は，正しくは「ファイブプライム・ダッシュ…」と読める．この誤りが定着した理由は，ドイツ語では「′」，"−"ともにシュトリヒ（Strich）と読むことにあるらしい．想像をたくましくすれば，明治初期にドイツに留学していた数学の国費留学生が，微分関数"f'"を最初に学んだときに，これを和訳するため，まずは独英辞書を調べてシュトリヒに相当する英語は「dash あるいは prime」と見つけ，日本人に発音のしやすいダッシュを選んでエフダッシュと読んで旧制高校で教えたのではないか．「′」が便利な記号であるため，やがて日常生活のあらゆる分野に徐々に浸透してしまったのかもしれない．しかし，国際化された現代では早急にこの誤りを訂正すべきであろう．

の長さにも達する．1塩基対間の距離は0.34 nmなので，約30億塩基対からなるヒトのDNAは，両方をかけ算する（30億×0.34 nm）と約1 mと計算できる．DNAを直径がおよそ0.2 mmのクモの糸に例えると，その長さは100 kmにも達する．

染色体の中で細長いDNAが何段階かに分かれて，規則正しく数百倍の縮小率で折りたたまって収納されている．染色体を少し解きほぐすと，**染色小粒（クロモメア）**とよばれる構造が見える状態になる（図2・10）．それをもう少し詳しく観察すると，直径30 nmの**ソレノイド**とよばれる繊維状の構造体が見えてくる．ソレノイドは**ヌクレオソーム**とよばれる数珠玉構造体6個を1単位にコイル状に巻き付いた形状をしている．ヌクレオソームは4種類の**ヒストン**とよばれる塩基性タンパク質（H2A，H2B，H3，H4と略称する）が2分子ずつ合計8個結合した複合体（ヌクレオソームコア）に約140塩基対のDNA二重らせんが1.75回転して巻き付いたもので，二つのヌクレオソームを連結するDNAの長さは平均60塩基対である．また，ヒストンH1はDNAの巻き始めと巻き終わり部分に結合し，ヌクレオソームコア同士を近づける作用がある．ヒストンはリン酸化，メチル化，アセチル化などの修飾を受けるが，それらはヌクレオソームへのDNAの巻き付けを緩めたり堅くしたりして遺伝子の発現を調節している．

細胞分裂のさいにはわずか 10 時間くらいの短い間に 30 億塩基対の DNA が解きほぐされ，合成されて 2 倍となり，もう一度折りたたまれて二つの娘細胞に正確に分配されるという離れ業を毎回行っている．ここでの間違いは，すぐに染色体異常となって現れる．それを恐れて，ヒトのほとんどの細胞は分裂しないで生きているのである（4・4・1 節参照）．しかし，がん細胞は染色体の異常をもっているため，この禁を犯してつぎつぎと DNA 複製を行うためエラーが蓄積して，さらなる染色体異常を起こしている．

がん細胞については，7 章を参照．

2・4　遺伝子の発現：転写

DNA の遺伝情報をもとにして，さまざまな機能を担う RNA やタンパク質分子

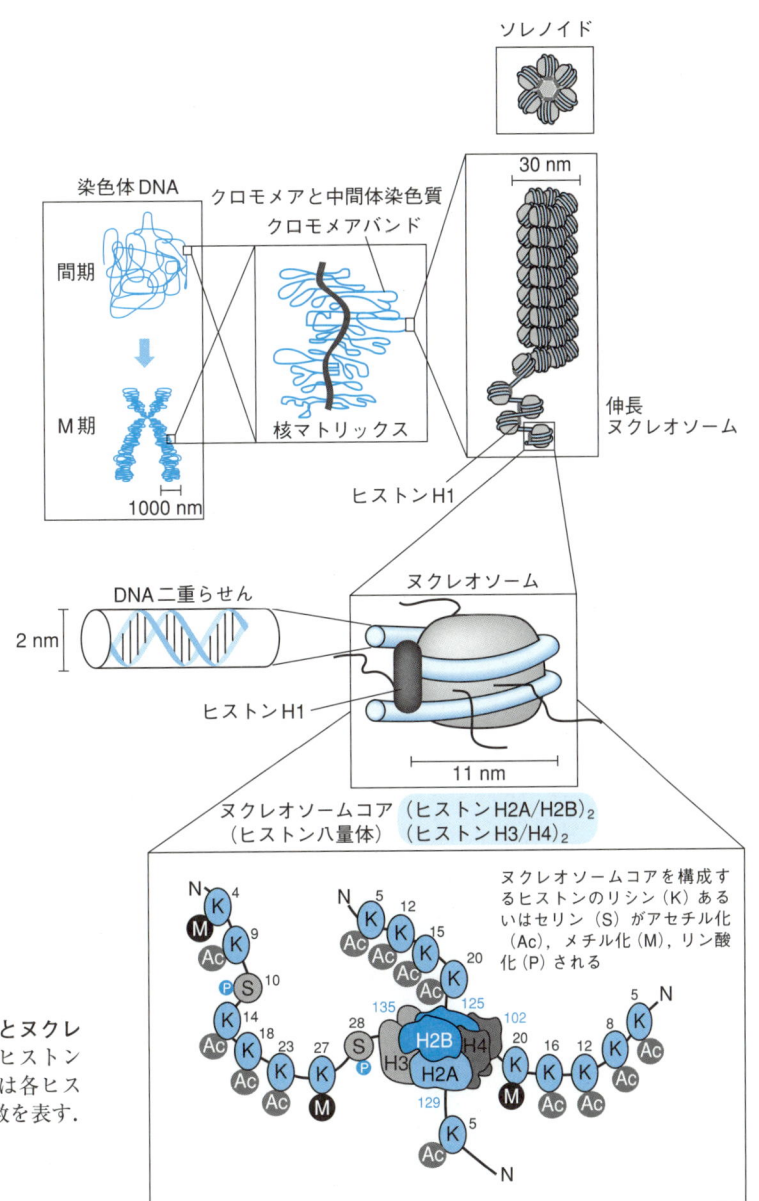

図 2・10　**染色体の折りたたみとヌクレオソーム構造**．黒の数字は各ヒストンの修飾される位置，青の数字は各ヒストンタンパク質の総アミノ酸数を表す．

がつくられることを**遺伝子発現**という．遺伝子の発現によってはじめて，DNA に蓄えれらた情報は役立つことができる．遺伝子の発現は DNA に保存された遺伝情報が RNA へ写し取られる**転写**と，RNA の情報をもとにタンパク質が合成される**翻訳**という二つの過程を経て行われる．

まず，転写について見てみよう．DNA には遺伝情報を蓄えている領域の左側（これを 5′ 上流とよぶ）に，転写を調節する**プロモーター**という領域が存在する（図 2・11）．この領域は特定の短い塩基配列（TATA ボックス）が転写開始の信号となる．DNA の遺伝情報の RNA への転写は **RNA ポリメラーゼ**という酵素によって行われる．RNA ポリメラーゼは DNA 上を滑るように検索してプロモーターを見つけだして結合し，その位置の少し右側（下流）から転写を開始する．プロモーターは遺伝子によって異なるが，一群の遺伝子を転写する共通プロモーターもいくつか知られている．

また，スイッチがいつもオンの状態となっているプロモーターや，環境によってオン・オフが調節できるプロモーターもある．メタロチオネインプロモーターは普通ではスイッチオフの状態にあるが，重金属を加えるとスイッチオンとなり大量発現が実現できる．

RNA ポリメラーゼは DNA の二重らせんをほどいて，一方の DNA 鎖を鋳型（設計図）にして 4 種類の塩基を設計図どおりにつぎつぎと結合させてゆくことで，DNA の塩基配列を RNA に写し取る（図 2・12）．ここで転写された RNA を

> メタロチオネイン遺伝子は哺乳動物の肝臓でおもに発現している遺伝子で，水銀やカドミウムなどの個体にとって有害な重金属が侵入してきたときに肝臓で発現が急激に誘導されて，重金属を捕獲して無毒化できるタンパク質を合成する．

> 真核生物の RNA ポリメラーゼには 3 種類ある．RNA ポリメラーゼ I は rRNA，II は mRNA など，III は tRNA などの転写を行う．

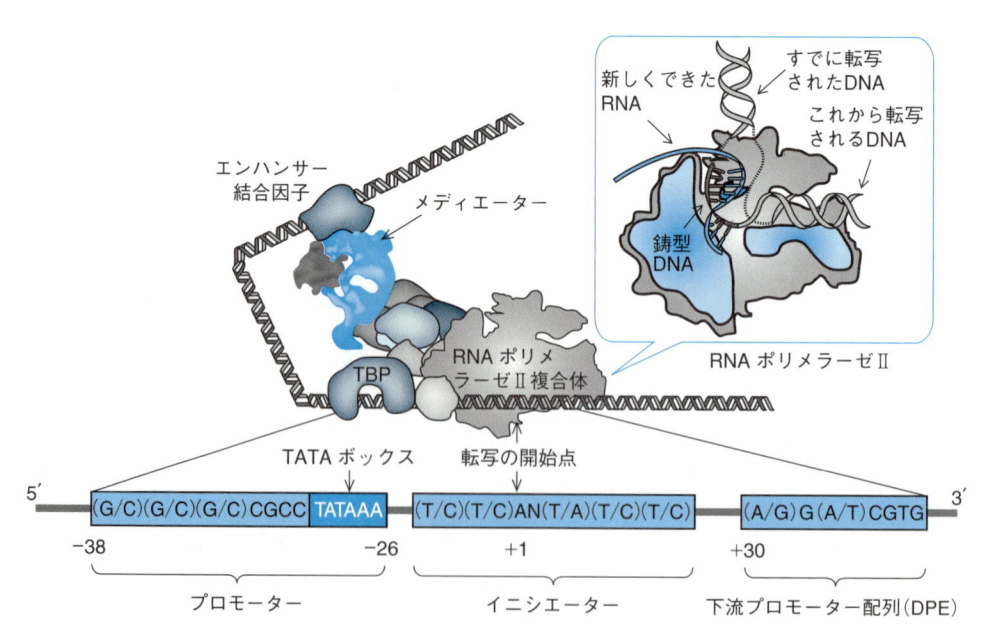

図 2・11 真核生物の転写開始の仕組み（**RNA ポリメラーゼ II の場合**）．遺伝子のプロモーター領域に含まれる TATA という塩基配列に結合した TBP とよばれるタンパク質が転写の開始点を決定する．イニシエーターはプロモーターとして働けるもっとも簡単な配列である（N は四つの塩基いずれでもよいことを示す）．数字は DNA 上の部位を示し，転写開始点を +1 とし，転写下流を +，上流を − で表す．また，**エンハンサー**はプロモーターからの転写を促進する機能をもち，**メディエーター**はプロモーターからの転写に必要な因子を含むタンパク質複合体である．

mRNA（メッセンジャーRNA，伝令RNA）という．mRNAは鋳型DNAと相補的な塩基配列をもっている．

2・5 遺伝子の発現：翻訳

　転写によってmRNAに保存された情報が翻訳されて，タンパク質がつくられる．翻訳は大小二つのサブユニットから構成される**リボソーム**とよばれる巨大なタンパク質とRNA複合体がmRNAに結合することで開始される（図2・12）．

　tRNA（トランスファーRNA，転移RNA）によってmRNAの塩基配列（コドン，後述）に対応するアミノ酸がリボソーム内に運び込まれる．リボソームが合体して生じた二つの空隙（A（アミノアシル）部位，P（ペプチジル）部位）のうち，P部位にホルミルメチオニン（fMet）という修飾アミノ酸を運ぶtRNAが入り，開始コドンであるmRNAのAUG配列に結合する．つぎに，二番目のコドン（図ではCAU配列）に対応するアミノ酸（ヒスチジン，His）を運ぶアミノアシルtRNA^{His}が伸長因子というタンパク質と結合してA部位に入る．この二つのアミノ酸はペプチジルトランスフェラーゼという酵素により連結される．つづいてトランスロカーゼというタンパク質が働いてmRNAを3塩基分移動させてP部位にあったtRNA^{fMet}を放出する．このとき，A部位にあったtRNA^{His}はP部位に移動する．さらに3番目のアミノアシルtRNA^{Ala}が空になったA部位に入り，新たなペプチド延長反応を継続してゆく．やがて終止コドンが現れると，アミノアシルtRNAの代わりに終結因子というタンパク質がA部位に入って延長反応が阻止され，新たに生成したタンパク質がリボソームから遊離される．

リボソームを構成するRNAを**rRNA（リボソームRNA）**という．

tRNAはコドンを読み取るアンチコドンとよばれる部分と，アミノ酸を結合する二つの部分をもつ．

タンパク質の合成を進行させるには，活性化したアミノ酸が必要である．活性化したアミノ酸を運ぶtRNAをアミノアシルtRNAという．

翻訳過程の反応は速やかに進行し，大腸菌では1秒間に18個ものアミノ酸がつぎつぎと結合されて新しいタンパク質が合成される．

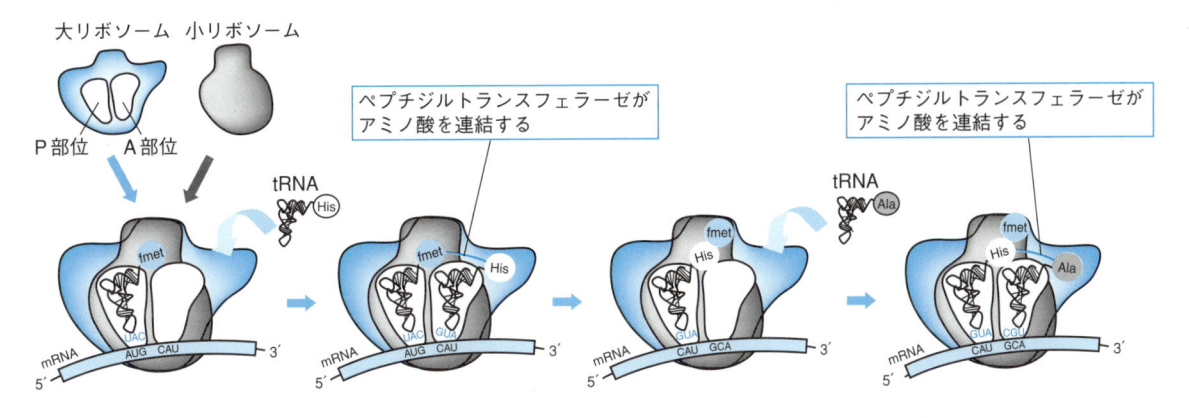

図2・12　翻訳の仕組み（大腸菌の場合）．ヒトを含む真核生物でもほぼ同様な仕組みをもつ．

　mRNAの塩基配列は三つごとにひとつのアミノ酸を規定する．これを**遺伝暗号（コドン）**とよぶ（裏表紙参照）．遺伝暗号は塩基配列の一定の開始点から連続的に読まれ，句読点はない．タンパク質合成の開始点を指定する**開始コドン**としてはAUGが，終止点を特定する**終止コドン**としてはUAA, UAG, UGAが知られている．遺伝暗号には64（＝4×4×4）種類の可能なコドンがあるが，これが3種類の終止コドンと20種類のアミノ酸に振り分けられるために，ひとつのアミノ酸に対していくつかのコドンが重複して使われている．たとえばTrp, Met

は1コドンなのに，Leu, Ser, Arg は6コドンもある．開始コドン (AUG) は メチオニン (Met) コドンとしても使われる．その区別は開始メチオニン (tRNA^{fMet}) とアミノ酸メチオニン (tRNA^{Met}) の両者が存在することで可能となる．開始メチオニンはタンパク質合成の終了後，速やかに除去される．この遺伝暗号は大腸菌からヒトまで，あらゆる生物で普遍的に使われている．

2・6 分断された遺伝子

細胞核をもつ生物（真核生物）のほとんどの遺伝子が意味のない DNA 断片（**イントロン**）で分断されている．これら遺伝子はイントロンを含んだまま転写され，頭部にはキャップとよばれる修飾が，尾部にはポリAとよばれるアデニンのシッポ（200〜300塩基）が付加される．ポリA部分にはポリA結合タンパク質が結合し，mRNAを保護して核膜孔（核と細胞質を連絡する通路，図2・2参照）まで運ぶ．核膜孔を通過するときに，スプライセオソームとよばれる数十種類のタンパク質とRNAから構成される巨大複合体の作用でイントロン部分が除去され（これを**スプライシング**とよぶ），成熟mRNAとなる（図2・13a）．これが細胞質内の小胞体膜上にあるリボソームに運ばれてタンパク質に翻訳される．ここで成熟mRNAに残される遺伝子部分は**エキソン**と名づけられている．ヒトのほとんどの遺伝子ではイントロンのほうがエキソンより数倍から十数倍も長く，何十箇所もイントロンで分断されている例も珍しくない．

イントロンとエキソンとの境界領域には共通な塩基配列が見つかる（図2・13b）．とくに左端はGU，右端はAGとなっており，これを**GU/AG 規則**とよぶ．この共通配列にスプライセオソームの構成因子である小分子RNA (U1snRNA) がイントロンの5′部位に結合することで，スプライシング反応が開始する．次いで，イントロンの中央部にある共通配列のうちのアデニン（A）とイントロンの5′部位とが結合して投げ縄構造になった後に，スプライセオソームによって切り離され，やがてエキソン同士が連結されてスプライシング反応は完了する．

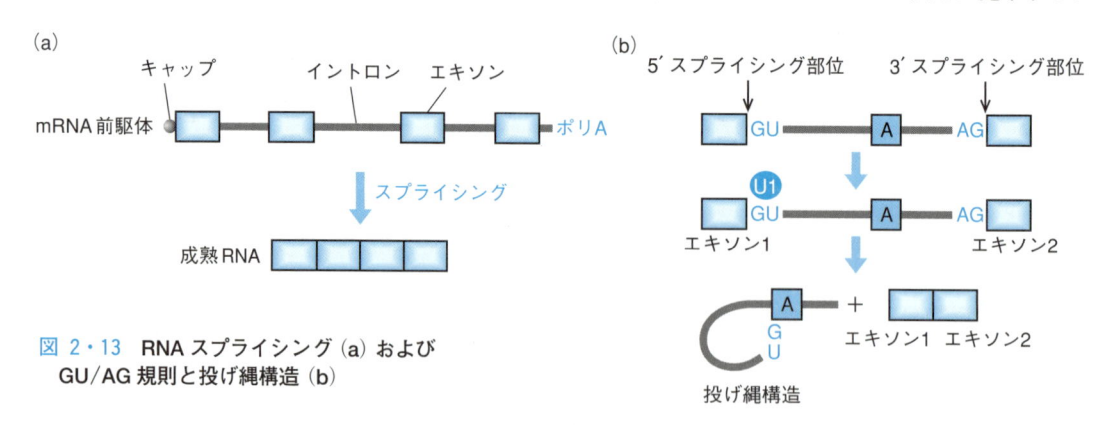

ただし，すべての遺伝子がイントロンをもつわけではなく，少数の例外（インターフェロン，β-アドレナリン受容体，多くの精巣タンパク質の遺伝子など）ではイントロンは見つからない．

図2・13 RNA スプライシング (a) および GU/AG 規則と投げ縄構造 (b)

2・7 エピジェネティクス

遺伝子の情報がどのように生物の働きに反映されているかを研究することを**遺伝学**（ジェネティクス）とよぶ．遺伝情報はすべて A, G, C, T という四つの塩基

配列としてDNAに記録されているはずだが，実際には遺伝情報で決定されていない形質もある．たとえば，遺伝子の塩基配列がまったく同じであるはずのクローン生物（ヒトの場合には一卵性双生児）を同じ環境下で成育させた場合でさえ，異なった特徴を示すことがある．この実体は何であろうか？ それを説明するために登場したのが**エピジェネティクス（後成性）**という考え方で，それは「DNAの塩基配列の変化をともなわない遺伝子の修飾による機能制御が，次世代へと継承される現象」と定義される．生物進化の原動力として重要な役割を果たしてきた遺伝子に，新たな多様性を生み出す可能性を与えるこの概念は，進化の問題を考えるうえでも奥が深い．

エピジェネティクスの実体は遺伝子の働きの調節，すなわち遺伝子発現スイッチの「オン・オフ」制御である．その実現のためにDNAあるいはヒストンが**修飾**される．DNAはアデニンとシトシン（AとC）という二つの塩基がメチル化という修飾を受ける．ヒストンタンパク質は，その特定のアミノ酸残基がメチル化，リン酸化，アセチル化，ユビキチン化，スモ（SUMO）化などの修飾を受けることでヌクレオソーム構造（図2・10参照）を変化させ，巻き付いたDNAの働きを調節する．ヒストン修飾のパターンは次世代に継承されるところから，これを遺伝コードになぞらえて**ヒストンコード**とよぶ．

エピジェネティクスのひとつとして**ゲノム刷込み**がある．これは父親と母親由来の対をなす遺伝子の片方だけが発現し，他方はメチル化により発現されない現象である．たとえばマウスの増殖因子のひとつである*IGF-II*遺伝子（*igf2*）は父親由来の染色体では発現してマウスの成長を促進するが，母親由来の染色体ではゲノム刷込み（メチル化）のためまったく発現しない（図2・14）．逆に，そこから90キロ塩基対しか離れていない*H19*遺伝子は母方にのみ転写活性があり，父方は抑制されている．刷込みは受精・発生後の体細胞分裂において安定に維持されるが，次世代の精子や卵子の形成過程においては，新たな刷込みが起こる．

ユビキチンは74アミノ酸からなる小さなタンパク質で，これが標的のリシン残基を介して結合すると，プロテアソームというタンパク質分解工場（巨大なタンパク質複合体）へ運ばれて分解される（図4・11参照）．スモも同様な作用をもつ小さなタンパク質である．

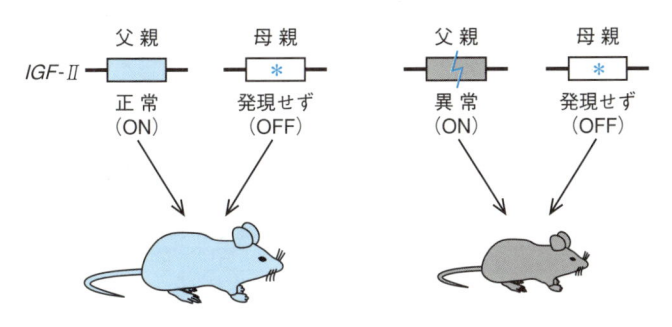

図2・14 *IGF-II*遺伝子のゲノム刷込み．＊はメチル化を示す．

2・8 RNA干渉

DNAはRNAを転写して生み出すが，RNAの中には遺伝子を沈黙させる能力をもつものもある．**RNA干渉**（RNAi）とは小さなRNAを細胞に導入したとき，それと同じ配列をもった遺伝子の発現が抑制される（ノックダウン）ことを意味

する．RNA干渉が最初に発見されたのはまったくの偶然だった．オランダの植物学者ジョーゲンセンとモルのグループは，色の花が咲くペチュニアの花色を濃くしようと考え，ペチュニアが本来もっている色素遺伝子を大量に導入した（図2・15a）．ところが意に反して，花びらには色が白く抜けた白斑が多く含まれていた（1990年）．彼らはこの大発見のチャンスを逃さなかった．すなわち，「追加した色素遺伝子がペチュニアの紫色色素遺伝子の発現を抑えたために斑入りの花ができたのだ」と推論したのである．その後の研究により，追加導入された色素遺伝子が異常と認識され，その mRNA が二重鎖 RNA に変換されて，本来の mRNA もろとも分解されていたことが明らかにされた．過剰に加えた遺伝子コピーと本来の遺伝子の発現がともに抑制される現象は**共抑制**とよばれるようになった．

同じころ，米国のドハティーの研究室でも不思議な現象が見つかっていた（1991年）．彼らはタバコエッチウイルス（TEV）のコートタンパク質をタバコの DNA に遺伝子組換えで組込み，これらをウイルスに感染させてみたところ，予想に反して感染に対して免疫反応を示した．ドハティーはこの原因を，人為的に組込んだコートタンパク質遺伝子の mRNA が過剰発現されたときに，細胞内の分解システムがそれを異常と認識し，その mRNA に対する攻撃が起きたため，ウイルス感染に対する抵抗性が生じたと考えた．

同じころ，線虫の特定の遺伝子を抑えてその機能を解明するため，標的遺伝子の mRNA と逆向きの塩基配列をもつアンチセンス RNA によって不活性化する実験をしていた多くの研究者たちは，mRNA と同じ向きのセンス RNA によっても

ウイルスの遺伝物質を包んでいるタンパク質をコートタンパク質という．

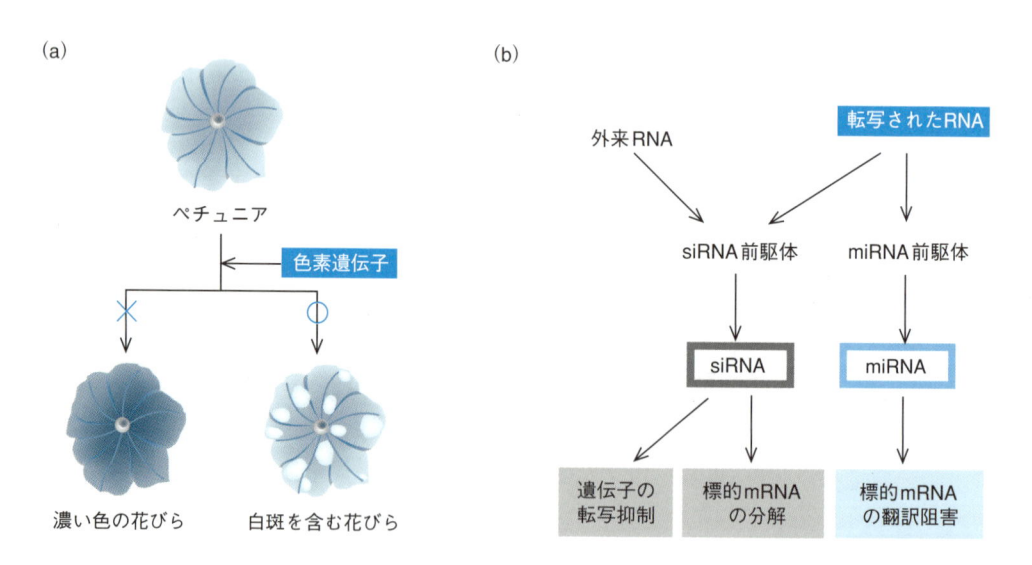

図2・15 **RNA干渉**．(a) RNA干渉の発見のきっかけとなった，ペチュニアを用いた実験，(b) RNA干渉の起こる仕組み．RNA干渉は前駆体から細胞内で切り出されて産生される siRNA または mRNA とよばれる 21～25 塩基からなる小さな RNA 分子によってひき起こされる．このうち，siRNA は標的 mRNA の分解を，miRNA は標的 mRNA の翻訳阻害をひき起こすことによって，標的となる遺伝子発現を抑制する．

遺伝子が不活性化してしまうという予想外の現象に困惑していた．アンチセンスRNAは相補的な一本鎖mRNAと結合して二重鎖構造を形成するため，mRNAは翻訳されず，タンパク質が発現できない．しかし，センスRNAは二重鎖構造を形成できないはずである．

米国のファイアとメロウらは試料としたアンチセンスにもセンスにも極微量の二重鎖RNAが混ざっていて，これらが遺伝子発現抑制システムに信号を送ったのではないかと考えた．そこで，筋肉形成に重要な役割を果たす *unc-22* という

Coffee Time

miRNAとsiRNA

miRNAとsiRNAの類似点と相違点を図に示した．類似点として，❶細胞内にある21〜25ヌクレオチドの長さのポリAテールをもたないRNA分子である．❷細胞内にある，あるいは外来の二重鎖RNA（dsRNA）前駆体からダイサーによって切り出される．❸相同な塩基配列を有する標的RNAに結合して発現を抑制する．

一方，異なる点を列挙すると，❶dsRNA前駆体の構造が異なる．miRNAはヘアピンをもつ約70ヌクレオチドのdsRNA前駆体で，大半のmiRNAはヘアピンの幹（ステム）に位置している．siRNAのdsRNA前駆体にはいまのところ特徴的な構造は見つかっていない．❷miRNAは一本鎖RNAとしてハイブリダイズすることで標的mRNAの「翻訳を阻害する」が，siRNAはdsRNAのまま（あるいは一本鎖RNAとして）作用して標的mRNAの「分解を誘導する」．❸構成するRNA・タンパク質複合体の構成因子が異なる．❹siRNAは標的mRNAに21塩基にわたる完全な一致をもってハイブリダイズするが，miRNAでは標的mRNAとハイブリダイズする塩基は完全にマッチしないものもある．

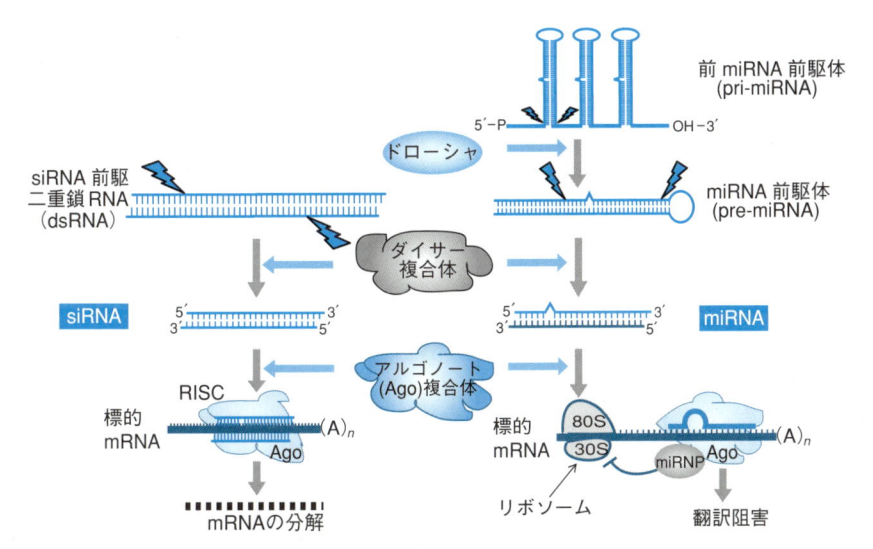

図 **miRNAとsiRNAの類似点と相違点**．まずドローシャとよばれるタンパク質が前miRNA前駆体（pri-miRNA）からmiRNA前駆体（pre-miRNA）を切り出す．このmiRNA前駆体と，前駆二重鎖RNA（dsRNA）はともにダイサー複合体によって切り出されてmiRNAあるいはsiRNAを産生する．これらはともにアルゴノート複合体の働きで標的mRNAにまで運ばれ，そこでRISC複合体あるいはmiRNPも含めた複合体の組合わせとなり，それらの作用によって標的mRNAを分解する，または標的mRNAの翻訳を阻害する．

遺伝子に対応する一本鎖 RNA を線虫に大量に接種してみたが，何の変化も現れなかった．ところが，二本鎖 RNA を接種すると，極微量でも unc-22 が発現されなくなって，線虫は筋肉制御を失ってけいれんを起こした．こうして彼らは RNA 干渉の実体が，二重鎖 RNA によってひき起こされる遺伝子の抑制であることを証明したのである (1998年)．

その後，RNA 干渉は哺乳動物細胞でも起こっている現象であることがわかり，**siRNA**（エスアイ RNA）とよばれる 21～25 ヌクレオチドの小さい RNA が細胞質で mRNA を切断することによりタンパク質への翻訳を阻害することがわかってきた（図 2・15b）．さらに，ヒトやマウスの細胞の中には siRNA とは別種の 21～25 ヌクレオチドの長さの RNA が 100 種類以上も見つかって **miRNA**（マイクロ RNA）とよばれるようになった（⇒コラム）．

これまでに RNA 干渉は mRNA の分解，mRNA の翻訳抑制，細胞核の DNA に作用した転写レベルの阻害という 3 種類の仕組みによって，遺伝子の発現を抑制（ノックダウン）することが明らかにされている．最近では RNA 干渉を利用して病気を治療する医薬品の開発研究が進んでいる（11・7・3節参照）．

2・9 タンパク質を産生しない mRNA

各種生物の全塩基配列解読が終わってみると，意外な事実が浮かび上がってきた．ヒトからは線虫やショウジョウバエと同じくらいの数（約2万種類）の遺伝子しか見つからなかったのである．これではヒトの高等さは説明できない．この謎は転写されるがタンパク質を生み出さない**非翻訳 RNA**（ncRNA）によって解けるかも知れない．マウス細胞内にある 44,147 種類の mRNA の塩基配列をすべて決定したところ，その 53％ が非翻訳 RNA であることがわかったのである．さらに，タンパク質をコードしている mRNA がその逆向きに転写されているアンチセンス RNA によって制御されていることもわかってきた．

非翻訳 RNA のうちには，機能が明らかとなっているものもある（表 2・1）．一方，これまでに見つかってきた多くの非翻訳 RNA は標的遺伝子の発現を制御しているものもある．たとえば，X 染色体不活性化遺伝子 *XIST* から転写される *Xist* mRNA は X 染色体の全長を覆いつくして不活性化の開始と伝播にかかわっている．ヒトの雌（XX）と雄（XY）では X 染色体の遺伝子量は 2 倍の差が出るが，雌では発生初期にどちらか一方の X 染色体が不活性化されることで，X 染色体からの発現量に男女差がないように補償される．この不活性化には DCC とよばれる複合体が，*Xist* や逆向きの *Tsix* を含む複数の ncRNA を転写している *Xic* とよばれるゲノム領域に結合することから始まる．この結果，ヒストンの修飾が減少して転写が抑制される．

このほかゲノム刷込みされている *Igf2*（インスリン様増殖因子）遺伝子の発現は，母親由来の染色体から転写される *H19* という非翻訳 RNA に抑制的に制御されている．

転写産物の網羅的解析からヒトゲノムの大半は転写されており，その 98％ 以上が ncRNA であることがわかってきた．ヒトではタンパク質をコードする遺伝子は約 22,000 で線虫（約 19,000）と大差ない．ところが全ゲノムに対するタンパク質非コード領域の割合はヒト（43％），線虫（30％）と，ヒトのほうが高い．
ヒトが高度に進化してきた背景に ncRNA が大きな役割を果たしてきたのかもしれない．

Xic: X 染色体不活性化中心

表 2・1　RNA の種類と機能

種　類	機　能
❶ tRNA（転移 RNA）	翻訳過程で伸長中のポリペプチド鎖に特定のアミノ酸を移す（2・5 節）．
❷ rRNA（リボソーム RNA）	翻訳機械であるリボソームの主要な成分である（2・5 節）．細胞内にある RNA の約 95 ％を占めるほど量が多い．
❸ snRNA（核内低分子 RNA）	核に見られる一群小型 RNA の総称でスプライシング装置（スプライセオソーム）の成分として見つかった．特定のタンパク質と複合体（snRNP）を構成して機能し，ほかにもテロメアの維持などさまざまな役割を果たす．
❹ snoRNA（核小体低分子 RNA）	核小体に局在する一群小型 RNA の総称で，特定のタンパク質と複合体（snRNP）を構成して，rRNA の修飾（メチル化など）を行う．その配列によって box C/D と box H/ACA の 2 種類に分けられる．
❺ gRNA（ガイド RNA）	編集装置の一部として RNA 編集を制御する．
❻ mRNA 様 ncRNA	タンパク質をコードしない mRNA の総称．もともとはタンパク質をコードしていたが，壊れて遺骸となっていた偽遺伝子が復活して元の遺伝子の発現調節に関与する例もある．
❼ siRNA（エスアイ RNA） miRNA（マイクロ RNA）	p.33 のコラム参照
❽ mRNA の非翻訳領域	独立した分子ではないが塩基配列として機能しているものもある．たとえば，mRNA の翻訳されない領域にあるリボスイッチは特定の物質を直接結合することで転写終結や翻訳を制御する配列であり，SECIS（セレノシステイン挿入配列）は翻訳終止の代わりにセレノシステイン挿入の指示を出す．
❾ srpRNA	細胞質にある RNA－タンパク質複合体（SRP）の構成因子（4.5S RNA）で，細胞外に分泌されるタンパク質がもつ共通のアミノ酸配列（シグナル配列）を認識して制御する．

ヒトをはじめとした多くの真核生物の細胞内にはタンパク質の設計図コピーとして働く mRNA 以外に，RNA そのものとして独自の働きをする機能性 RNA が数多く知られている．

3　進化の理論

淘汰に生き残るのは，最も強い種でもなく，最も賢い種でもない．それは変化に最も鋭敏に反応できる種である．
チャールズ・ダーウィン（1809～82）『種の起源』

　生命の不思議のなかでもとりわけ大きな謎は，「どうして地球上にはこのように多くの種類の生命体が存在しているのだろうか？」という疑問である．実際，地球が誕生してからおよそ46億年たった現在，地球は多種多様な生命にあふれた天体となっている．自然の厳しさを考えると，生命の生存に適した温暖な気候とオゾン層により宇宙からの放射線より守られている現在の地球は奇跡であるとさえいえる．この奇跡がいつまで続くかはわからないが，地球の歴史を思い起こすと（1章参照），永遠には続かないことを心にとどめておかねばならない．生命はこの間，いく度かの大絶滅という試練を乗り越えて，そのつど，生き延びた種がつぎの時代に繁栄した．そして，現代では高度に知的なヒトが地球を支配している．

　このように，生物の種が何世代にもわたる形態変化を起こしながら異なる種に分岐し多様化する現象を**進化**（しんか）とよぶ．「なぜ生物が進化するか」という難問に，人類がこれまでどのような挑戦をしてきたかをこの章で概説しよう．

3・1　ダーウィンの進化論

　生物の種が共通の祖先から生じ，それが時間とともに変化して多彩な種へと変化する「進化」という概念を初めて体系的に説明したのはダーウィンである．彼は若い頃，小さな帆船ヴィーグル号に博物学者として乗り込んで，1831～36年の5年間にわたる地球一周の航海をした（図3・1）．そのさいに各地で観察した動植物が英国で見慣れていたものとあまりにも異なって多彩なことを知り，「種は神が創った独立不変のものだ」というキリスト教の教えに大きな疑念を抱くようになった．それよりも「共通の祖先から環境に適合して多彩に変化して別々の種が生じる」と考えたほうが，現実を説明できるのではないかと考えるようになった．

　しかし当時のキリスト教の教会の支配が強い英国で，聖書の記述を否定することになる「進化」という考えを出版することは危険な賭けであり，妻が敬虔なキリスト教信者だったこともあって公表をためらっていた．それから20年以上も

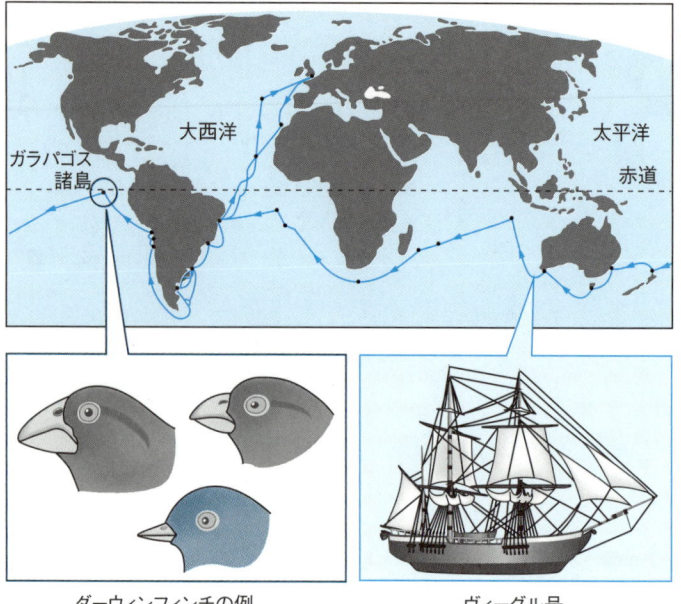

図 3・1　ダーウィンのヴィーグル号による航海． ダーウィンは5年にわたる航海（1831〜36年）の途中で立ち寄ったガラパゴス諸島で，近縁の生き物の形態が島ごとに違うことに驚いた．やがて詳しく観察してみると，たとえばフィンチは昆虫，花の蜜，植物の種子など，食べ物の種類により，くちばしの形や大きさなどが異なることに気づいた．ダーウィンはフィンチの祖先が異なる環境（食べ物）に適したフィンチに変化したと考え，自然選択説を唱えるに至ったのである．現在，14種のフィンチが確認されている．

構想を暖めていたある日，ウォレスから受取った手紙に同じ考えが書かれているのに驚き，先を越されまいと，その年に進化学説をウォレスの論文と並列して発表した（1858年）．

その概念が広く世間に知れわたるのは，ダーウィンが翌年に名著『種の起源』として出版してからである．この本の衝撃はすさまじく，当初は宗教界から激しい反対を受けたが，それを無視したかのような爆発的な売れゆきによって読者層が急速に広まった．すぐさま賛否両論の議論が沸き起こったが，やがて**ダーウィンの進化論（ダーウィニズム）**として広く受入れられるようになった（図3・2）．

それによると生物の進化は遺伝，変異，選択（淘汰）という三つの原理に基づいた**自然選択**の結果であるとされる．生物の繁殖力は環境の収容力をはるかに超えているため，生まれた子のすべてが生存・繁殖することはなく，生まれた子ども同士や他の生物との間で生存競争が起き，その中から環境への適応に有利な形質をもつ個体が選択（淘汰）されてきた結果，有利な変異が保存されるとともに不利な変異が棄却されることで，生物進化が起こってきたというのである．

3・2　用不用説と獲得形質の遺伝

ダーウィンに先立ってフランスのラマルクも「生物は単純なものから複雑なものへ進化する」と発表していた（図3・2）．ただし彼の理論は，生物が「共通の

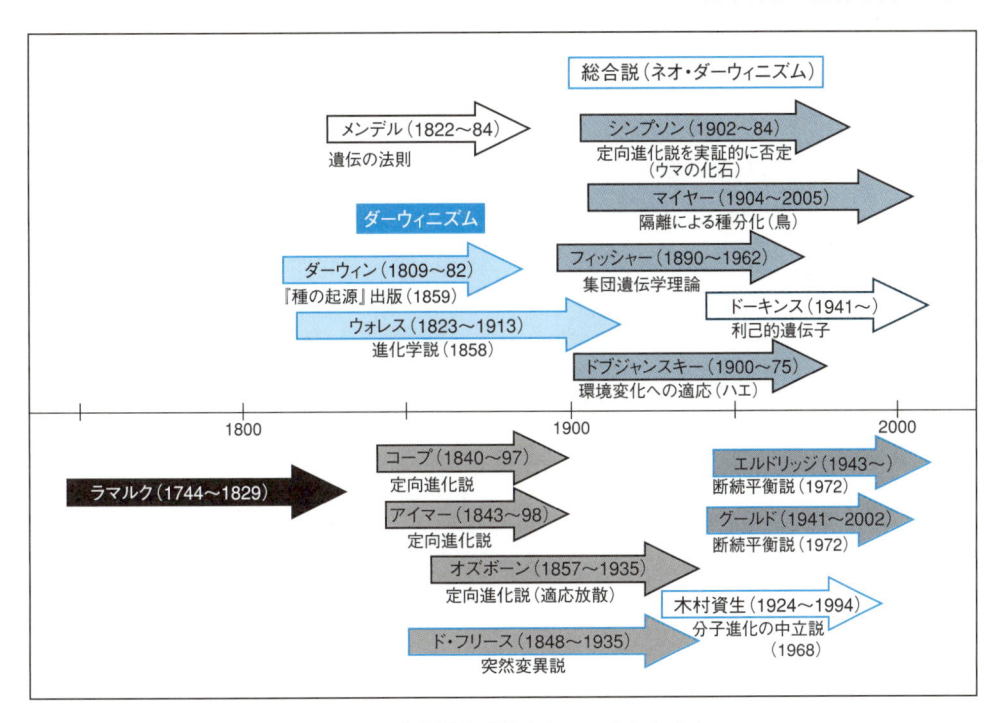

図 3・2 進化論を唱えた人々の生きた時代

祖先から進化した」のではなく，「複雑な構造をもつ生物は昔に生じ，単純な生物はごく最近生じた」と考えていた点で間違っていたため受入れられなかった．彼はさらに「生物は新しい環境条件に応じて変化していく」と考え，環境に適応する機構として，生物がよく使用する器官は発達し，使わない器官は退化するという**用不用説**と，そうして獲得した形質が子孫に伝わることで進化が起こるという**獲得形質の遺伝**仮説も提唱した．

この考え方，および類似の理論を**ラマルキズム**とよぶ．しかし，その後のさまざまな実験による検証でラマルキズムはことごとく否定されてきた．ただし，「生物の行為によって後天的に生じた構造上の変化が次世代に遺伝する」と指摘したことは誤りであったが，「環境が進化に影響を与える」という指摘は生殖細胞への影響を考慮したり，後述の「動く遺伝子」の効果を取入れる観点などからは完全に否定されたわけではない．

ワイスマンは生物を構成する細胞を生殖細胞と体細胞に分けて考えるべきだと指摘し，次世代に形質を遺伝させることができるのは生殖細胞だけであって，体細胞が獲得した形質は遺伝しないと主張してラマルキズムを批判した．実際，生殖細胞に生じた遺伝的な変化しか遺伝しないことは，その後の生物学の進展により証明されてきた．それでもなお，ダーウィニズムの「変異が偶然に生じてランダムに進む」点に反論して，進化の主体性を生物側に求める主張は繰返し起こっている．

これらの理論を説明するのに，祖先は首が短かったが，高い樹上の食物を獲得しようとして伸ばした首が発達して，現在のように首が長くなったというたとえがよく用いられる．

厳密にいえば，ラマルクは「獲得形質の遺伝」という言葉は用いていない．彼が使った用語は「獲得物の（保存）転移」である．なにしろ，メンデルが生まれていない彼の時代は「形質」も「遺伝」も用語として成立していなかったばかりか，「体細胞」と「生殖（胚）細胞」の区別さえもなされていなかった時代なのである．後の時代に生まれた厳密な用語を用いて，彼の提唱した概念が曲解され否定されているのは誠に気の毒である．

これらはひとまとめに，ネオ・ラマルキズムとよばれるが，いずれも旗色が悪い．

3・3 総合説(ネオ・ダーウィニズム)

メンデルが打ち立てた遺伝学(1865年)(⇒コラム)によると、進化においては不連続な突然変異が重要である。ところが、ダーウィンは徐々に連続的に変化しながら進化すると提唱していたため、初めは遺伝学がダーウィンの進化論に対立する思想とされた。その後、20世紀に入ってさまざまな学問分野がめざましく進展し、メンデルとダーウィンの思想は対立しないことがわかってきた。むしろ、メンデル遺伝学を取入れることにより、ダーウィニズムの弱点であった「形質の違いはどこからくるか」を突然変異という形で説明することが可能となった。それまでになかった新しい形質を生む遺伝子が突然変異により出現した後で、それが自然淘汰により生き残るという説明はわかりやすい。

フィッシャー、ドブジャンスキー、マイヤー、シンプソンらは1930年以降、つぎつぎと遺伝学を取入れた進化論を提唱した(図3・2)。これらは、科学の各分野を現代的に総合するという意味で**総合説**とひとくくりにされるが、現在では**ネオ・ダーウィニズム**とよぶことが多い。彼らの進化論は、少しずつ異なっているため「ネオ・ダーウィニズム」という名前の進化論があるわけではない。しかし、いずれも進化の単位を遺伝子とし、自然淘汰を進化の原動力とする点では一致している。一方、ダーウィンが部分的に認めていたラマルクの「獲得形質の遺伝」は徹底して排除する。

3・4 定向進化説と構造主義

ダーウィニズムは、自然淘汰をひき起こす「形質の違いが生じる原因」を何も説明せず、「偶然」にゆだねている点が弱点とされた。そこでド・フリースは突然変異によって、新しい種が生まれるという説を発表した。一方、化石に詳しいアイマー、コープ、オズボーンら古生物学者の一部が**定向進化説**を提出した(図3・2)。「進化は環境にかかわりなく生物に内在する力によって決まった方向に定められており、ランダムな変異が淘汰によって方向づけされたものではない」という主張である。

そこでは生物には進化の方向を決めている何かがあると仮定し、恐竜の体やマンモスの牙が巨大化したことが例としてあげられる。生物に内在する力を仮定する点ではラマルキズムに近いが、環境に適応する高度な方向への進化を主張することなく、適応とは無関係に一定方向に進むものとみなしている点でラマルキズムとは一線を画す。しかし、当初の定向進化説はネオ・ラマルキズムと見なされて否定的な評価が強い。一方、研究対象の構造的要因を重視する構造主義にもとづいた進化論者も「突然変異は偶然に起こるだけではなく、何らかの必然性を生む構造的要因が生物にある」と考え、それこそが進化の重要な原動力となっていると提唱している。

たとえばウマの化石を年代順に並べてみると、小さな体で足の指が四本ある先祖から、いくつかの中間的な形を経過して現在の大型のウマへつながっていることが知られている。これはウマの進化には一定の方向が定められていたからだとみなすのである。あるいはオオツノシカの巨大なマンモスの長大で曲がった牙な

もし「生物の内在する力」として形態形成や発生あるいは突然変異にかかわる遺伝子の制御における制約をも含めるのならば、その仕組みを研究する価値があるかもしれない。

メンデルの遺伝の法則

オーストリアの修道士だったメンデルは,「遺伝因子」という新たな概念を導入し,「優性と劣性という強弱効果をもつ遺伝因子が父母から1個ずつ子供に伝わることが遺伝である」という仮説を立てた. たとえば, 高い背丈 (T) のエンドウ (優性) と低い背丈 (t) のエンドウ (劣性) を考え, 父親は2個の優性 (TT) を, 母親は2個の劣性 (tt) をもつと仮定する (図 a). 交配の結果生まれる子供 (F1) 世代のエンドウは, Tt という遺伝型をもつため, 優性である T の形質が勝ってすべて背丈が高い. ところが, 孫 (F2) の世代では 1:2:1 の比率で TT, Tt, tt という3種類の遺伝子型に分かれ, 高い背丈 (TT と Tt) と低い背丈 (tt) のエンドウが 3:1 の割合で生まれるはずである.

この仮説を実証するため, 彼はエンドウ豆を選び, 牧師の仕事をこなしながら, 修道院の裏庭に植えたエンドウを丹念に観察した. 栽培して何年もかけて実験を続けた. エンドウは花の色や豆のシワといった判別しやすい不連続性の形質をもち, 花びらが閉じているため風媒による自然交配の可能性が低く受粉操作も簡単で, 食用であるため本業と兼任していても誰も非難しないというすぐれた実験モデル生物であった. 彼は (高い・低い背丈) のみでなく, (丸・シワ豆), (黄・緑色の豆), (紫・白色の花), (ふくらんだ・くびれたさや), (黄・緑色のさや), (腋生・頂生の茎) という区別しやすい七つの形質に注目した (図 b). そして, 予想通り交雑の結果生まれた子供 (F1) の世代では親 (P1) の形質の一方のみが現れ, 孫 (F2) の世代では 3:1 の割合で両親の形質が現れた (図 a). これをメンデルの**分離の法則**とよぶ.

メンデルは同時に遺伝する二つの形質の遺伝様式も分析し, たとえば黄色・丸豆 (RY) と緑色・シワ豆 (ry) を交配すると, F1 はすべて黄色・丸豆 ($RrYy$) となり, F2 における黄色・丸豆, 黄色・シワ豆, 緑色・丸豆, 緑色・シワ豆の比は二つの形質が独立に遺伝した結果, 9:3:3:1 となった (図 c). これをメンデルの**独立遺伝の法則**とよぶ.

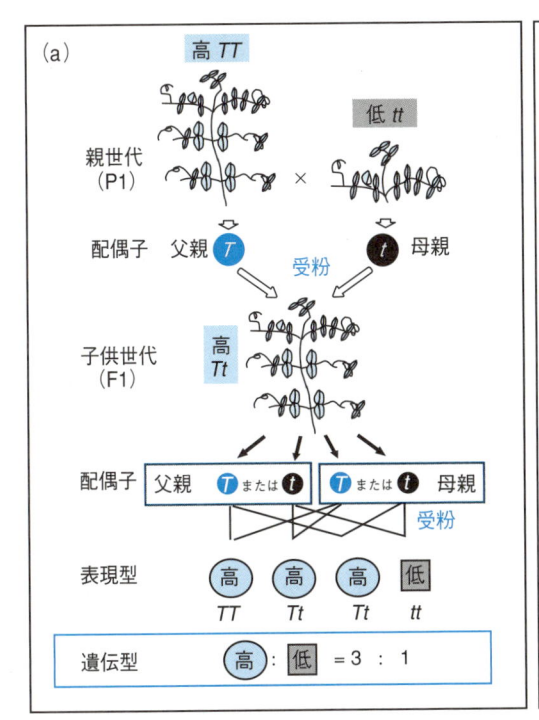

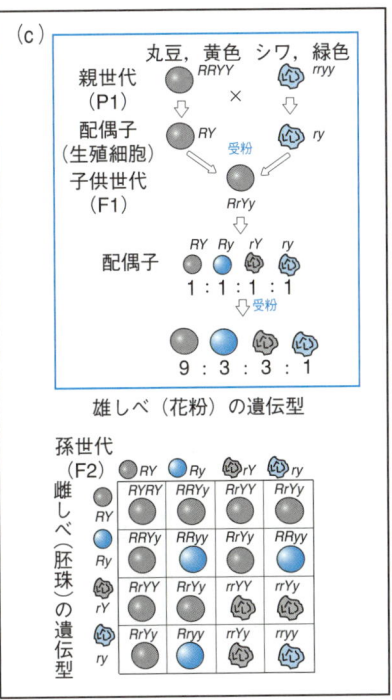

図 メンデルの遺伝の法則. (a) メンデルの分離の法則, (b) メンデルが注目した七つの形質, (c) メンデルの独立の法則

(b)

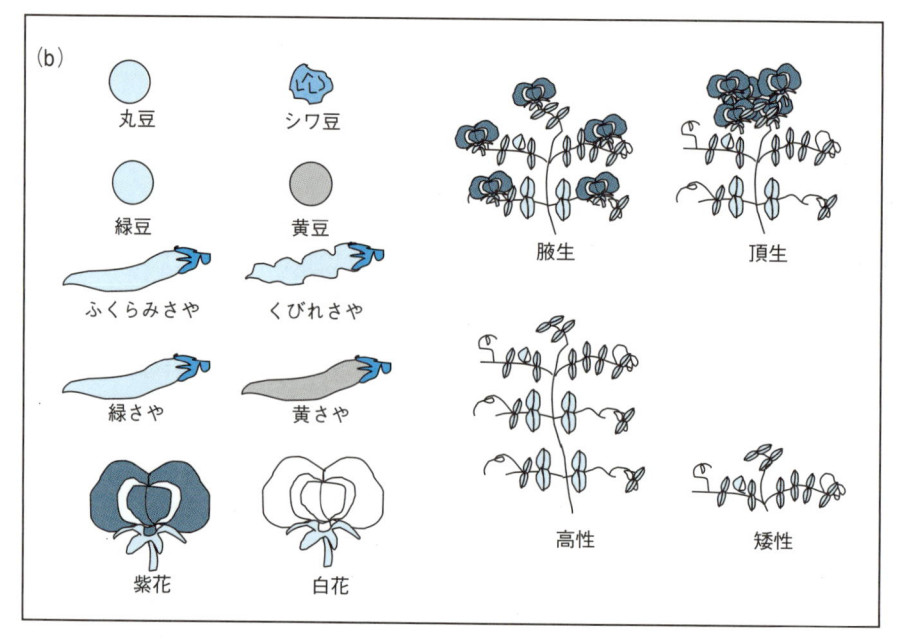

丸豆　シワ豆　緑豆　黄豆　ふくらみさや　くびれさや　緑さや　黄さや　紫花　白花　腋生　頂生　高性　矮性

図　メンデルの遺伝の法則（つづき）

どは，実用的ではないため淘汰に不利なはずだが，定向進化が働いたため進化にブレーキが効かなかったと説明する．

ただし，この現象も性淘汰という概念にもとづいてダーウィニズムで説明できる．すなわち，淘汰には不利な性質であっても雌が魅力を感じれば恋が芽生えて優先的に子孫が増えるからである．たとえば「大きくて立派な牙」は，樹皮を剥いだり根を掘り起こしたりするために有利であったため，雌が優先的に選択してきたのだが，「大きな牙」の形に雌の人気が高まってしまうと，本来の機能が忘れ去られて極端に走り，実用的でない大きさと形に陥ってしまったと考えられる．

「恋愛は理屈ではない」ことは事実だが，いくら雌に人気が出たとしても生存に不利な状態に陥った生物は結局のところ自然淘汰にもちこたえられずに種としては絶滅してしまう．自然は甘くないのだ．

3・5　中立進化説

現存生物や過去の化石などを比較した個体レベルの比較による考察が主であった進化の研究も，20世紀の後半になると分子生物学の進展によりDNAの塩基配列やタンパク質のアミノ酸配列の比較として分子レベルで行われるようになってきた．なかでも集団遺伝学は，遺伝子頻度の変化率を数値化することで生物集団の遺伝的構造を研究できる点ですぐれていた．数学が得意な木村資生（きむらもとお）は（図3・2），世界中で蓄積されてきたデータを高度な数学を用いた集団遺伝学的手法によって解析しているうちに妙なことに気がついた．これまで進化の原動力とされてきた遺伝子の変異が進化とは無縁であるという結果が出てきたのである．ダーウィニズムの根底を揺るがしかねないこの結果に最初は呆然とし，一時はダーウィニズムが間違いかとさえ思った．しかし，やがて考察を深めるにつれてダーウィニズムはやはり正しいという結論に落ちついた．「遺伝子の

変異が進化の原動力」という常識が間違っていたのだ．

　彼はこの結果にもとづいて**中立進化説（分子進化の中立説）**を提唱し（1968年），「たいていの突然変異は有害なので自然選択によって除去されるため，子孫の個体に残ってゆくのは有利でも不利でもない中立的な突然変異であり，それが遺伝的浮動によって定着した後で淘汰により適応的な進化が起こる」と指摘した．指摘されてみると，ダーウィン自身も自然選択が働かない中立的な変異があると述べていたし，ショウジョウバエの遺伝学を確立したモーガンも中立説に似た考えをすでに提唱していた（1932年）．

　こうして，「中立的な突然変異の蓄積は環境が激変したときには，突如，淘汰に有利な遺伝子となって自然選択によって広まる遺伝子が出てくる」と説明する中立説はダーウィニズムの正しさを数学的に初めて裏付けた理論として，現在では多くの支持を得て定説となっている．分子レベルでは従来の説明のようにすべて自然淘汰によって説明するのではなく，生物の生存にとって有利でも不利でもない中立的な突然変異が大半であるという主張は，やがて分子生物学の進歩によって可能となった遺伝子の塩基配列やタンパク質のアミノ酸配列の比較により進化を論ずるという「分子進化論」（3・7節参照）を展開するうえでの理論的な基盤となった．実際，遺伝子の変異率は分子時計として種分化の起きた時期や，生物種間の系統関係などを精密に推測することを可能にした．

数理統計学という新たな武器をもって提出された，この斬新で精密な学説は，提出当初から大きな注目を浴びた．

進化の過程では淘汰の選択圧には重要でない遺伝子は失われることがある．子孫の数が膨大ではない（たとえばヒト）の場合には，もし集団が二つに分離したときには，片方の集団では消失した遺伝子が，他方の集団では残っているといったような，偶然的（ランダム）な変動，すなわち「浮動」が起きて，異なる遺伝子のセットをもった集団へと変化していく．これを"遺伝的浮動"とよぶ．偶然的な配偶子の選別によっても種の分化は起こりうるのである．

3・6 断続平衡説

　ダーウィニズムの味方は，当初は傍流だった化石を扱う古生物学からもでてきた．エルドリッジとグールドは（図3・2），変化しつつある中間段階の化石が見つからないというダーウィニズムの弱点を補正するため，**断続平衡説**を提唱した（1972年）．彼らは三葉虫や陸貝などの化石の研究から，新しい形態をもつ化石はある時代の地層に突如として現れ，その後はずっと形態を変化させないという傾向があることを経験から知っていた．彼ら以前の考え方では「進化はゆっくりと進む」という漸進主義が主流であったが，進化のスピードは種によっても時代によっても変化しているのではないかと気づいたのである．ガラパゴス諸島に棲むダーウィン・フィンチとよばれる（図3・1参照），ダーウィンが進化論を発想するきっかけとなった鳥は，人間が変化を観測できるくらいの短期間で種が分化することが知られている．逆に，生きた化石とよばれるシーラカンス，メタセコイア，イチョウ，カブトガニといった生物は何億年も昔からほとんど形態を進化させないまま現在も生き延びている．

　彼らはこれらの事実から，「種の分化は個体や集団の変異の結果としてではなく，突然の絶滅や新種の出現が原動力となっており，その結果，種は断続的に進化する」と指摘した（図3・3）．たしかに，遺伝子変異の中でも生物の形態形成を制御する遺伝子の変異は，遺伝的には少しの変化でも大きな形態上の変化をもたらすものがあるだろうことは容易に想像できる．実際，ショウジョウバエではひとつの小さな突然変異によって，子供に翅が一対増えたり，頭の触覚を脚に変化したりして，その形質が子孫に受継がれるという実験的な証拠もある．この学

この説に対する反論として，まず，進化の単位となっているのは生殖によって遺伝子の交流が起きる繁殖集団であるが，彼らが化石の形態によって比較した対象がそもそも同一種であるかどうかが不明な点にある．繁殖集団から急激に形態が変化して種分化したのか，すでに漸進的に分化してしまっていて当時すでに生殖的隔離の状態にあったのかどうかという区別は化石だけからでは検証できない．逆に，生殖隔離が進み種の分化が生じた場合でも，形態は大きく変化していない場合も考えられる．断続平衡理論は急激に形態が変化していることと種分化を一義的に結びつけている点に問題があるという指摘もある．最近では化石の研究が進み，不明だった中間型が発見されたことによる反論もある．

図 3・3 断続平衡説のモデル. 種に大きな変化が起こるのは,新しい種ができる分化のときだけである.旧種は新種には明確な違いがあり,両者は混在して共存することもあるが,やがて旧種が絶滅することもある.

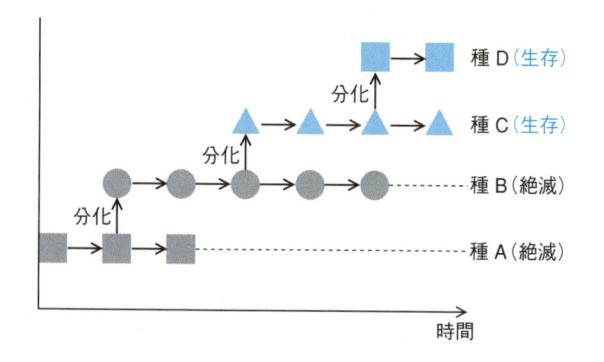

説は発表当初から漸進主義に修正をせまるものとして注目された.

ただし古生物学者である彼らが,化石の変遷を目の当たりにして到達したこの結論には反論も多い(前ページの脚注参照).しかしながら断続平衡説は,ダーウィニズムにおける漸進主義一辺倒の考え方に疑義をはさんだという貢献は大きい.

3・7 分子進化学

近年の分子生物学の急速な進展により,多種類の生物から膨大な量の遺伝子塩基配列とタンパク質のアミノ酸配列が公表されるようになったおかげで,進化が分子レベルで論じられるようになった.生物間の相同なタンパク質のアミノ酸配列の違いが過去の進化を反映していると考える**分子進化学**では,遺伝子変異やアミノ酸置換が100万年に何回起こるかという頻度を「分子時計」として採用し,進化速度を計算することで進化の歴史を定量的に追ってゆく.定性的な比較にとどまらざるをえない表現型と比べて,定量的に生物の進化を推定できる有効な手段である.その成果として,たとえば多彩な生物種の同類のタンパク質などの配列情報を比較すると分子レベルの系統樹が描けるようになってきた(図3・4).**分子系統樹**は,形態などの表現型の比較に基づいた従来の系統樹とおおむね一致するが,微細な部分で異なっていて意外な発見をもたらすことも多い.

実際,形態学的には酵母に分類される出芽酵母と分裂酵母は,分子レベルで個々の遺伝子などを比較すると,ヒトとは同じ程度の距離で乖離していることがわかっている.

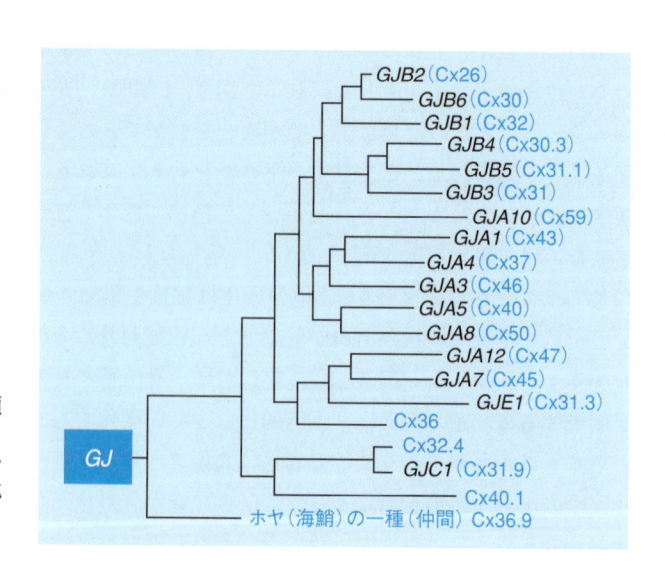

図 3・4 分子系統樹の例. たとえばヒトで20種類知られているコネキシン(4章参照)について,アミノ酸配列の比較から,それらが太古の時代にひとつであった祖先コネキシン遺伝子(*GJ*)が進化の過程で重複して細分化していった歴史がわかる.

棲み分け理論

今西錦司（1902～1992）はカゲロウの生態観察から**棲み分け理論**を提唱し，生物は競争するよりも棲む場所を分け合うことで別々の環境に適合しながら外部形態を変化させて進化していくと主張した．

彼はカゲロウには三つの種があり，境を接して「棲み分け」ているとともに，形態も異なることに注目した．たとえば，渓流では流れの緩い両岸部には砂の中に埋没するタイプのカゲロウが棲んでいて，それらは潜るのに適した尖った丈夫な頭を進化させている．一方，流れが速い中心部の流れの中では泳ぎやすい流線形をしたカゲロウがいて流れの中に棲んでいるとともに，流水の抵抗が少ない平らな形をして吸盤によって石にしがみついて過ごすカゲロウも見つかる．これらは決して競争によって追いやられたわけではなく，「最初から競争することを避け共生する生き方をし，獲得した環境に適合するために形態などが進化して」という主張であった．すなわち，競争に勝ったものだけが生き残り進化してきたという「弱肉強食の世界」のダーウィンの進化論と真っ向から対立する「共生の世界」が，今西の「棲み分け理論」理論である．

この今西理論は競争をすべて否定しているわけではなく，「できるかぎり無駄な闘争を避けて種族維持の万全を図るというのが自然の原理・原則であろう」という見解である．この平和的な発想は日本でおおいにもてはやされたが，一神教世界の中に多神教を説くようなもので，海外での受けは決してよくはない．実験的な根拠が乏しいこともあって，日本でも学問的に継承されることも少ないが，傾聴に値する貴重な理論である．

生命は形態的に過去3回の大革命を遂げているが，そのつど遺伝子レベルでの大革新も起こしてきたことが分子系統樹の研究から明らかにされてきた．まず約23億年前の真核生物の誕生のときには，小胞体やミトコンドリア，ゴルジ体などの細胞小器官（2章参照）に関与する遺伝子群がゲノムの中に取込まれた．次いで，約10億年前の多細胞生物が登場したときには細胞間の相互連絡にかかわるシグナル伝達系の遺伝子群が生まれている．また約5億年前の脊椎動物の誕生ころには，組織を特徴づける多くの遺伝子も新たな遺伝子重複によってコピー数を増やしている．類似な機能を果たしている遺伝子群の分子系統樹を描くことで，その遺伝子群の生命史における誕生の時期が正確に推測できる．

> いまや進化論は単なる論説にとどまらず検証が可能なサイエンスのまな板にのったといえよう．

生物のゲノムの中には重複して生じたと考えられる類似な遺伝子が見つかっている．たとえば，血液の中で酸素を運ぶヘモグロビンは数個の類似遺伝子が発現して少しずつ違う役割を分担している．ヘモグロビンは筋肉にあるミオグロビンや植物のマメに見つかるレグヘモグロビンとともに共通の祖先から重複進化してできたらしい（図3・10参照）．

> リボソーム遺伝子はゲノムあたり400～2000コピーも存在する．

大野乾（おおの すすむ）は（図3・2），1970年に**遺伝子重複**こそが進化の原動力であると唱えた（図3・5）．なぜなら，遺伝子重複によって倍化された遺伝子の一方に致命的な変異が入っても変異が劣性であるかぎり，正常なもう一方が守ってくれる．表現型には影響しないで闇に隠れた重複遺伝子は，やがて新しい遺伝子といってよいほど塩基配列が異なった遺伝子と変化して，遺伝子の多様性が増すと考えたのである．彼の言葉を借りると，ゲノムは「最初の一創造，その後の百盗作」である．実際，重複した一方に多数の変異が蓄積して機能をもつタンパク質を産生できなくなるまで壊れてしまった偽遺伝子がヘモグロビン遺伝子

> 壊れた遺伝子を排除しないで子孫へ伝えている理由は何か．環境の大異変があったときにこれらが復活することで淘汰を生き延びるのではないかとも推測されているが，その謎はまだ解かれていない．

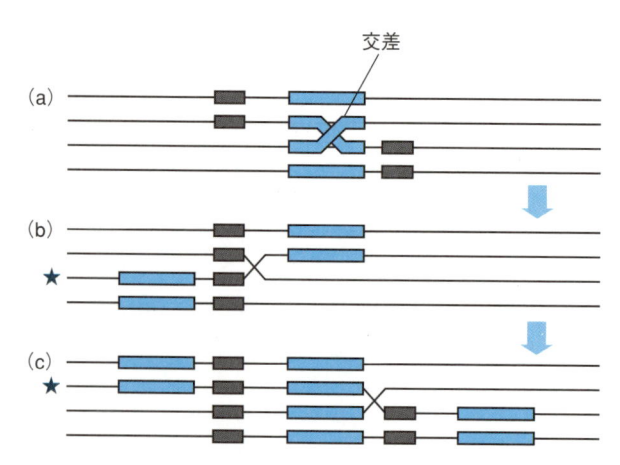

図 3・5　大野乾が唱えた**遺伝子重複**が起こる分子機構のモデル．青は遺伝子を，黒は動く遺伝子（SINE，LINE など，次節参照）を示す．(a) 普通は相同遺伝子同士で交差が起きるが，(b) 黒の列が青に対してゲノム上の逆の位置にある場合には，黒が相同遺伝子と勘違いされて減数分裂のさいに交差を起こしてしまう．(c) その結果，その近くの青もいっしょに交差され，娘ゲノムのうちのひとつに青が重複して生成される（★印）．

などで数多く見つかっている．

3・8　反復配列と DNA の寄生

　ヒトをはじめとした各種生物のもつ全ゲノム DNA の塩基配列が決定されたことで，驚くべき事実が明るみにされた．その 90 % 以上がさまざまなタイプの単純な繰返し（反復配列）からできている「がらくた（ジャンク）」だったのだ．たとえば，**マイクロサテライト**とよばれる 2〜7 塩基の繰返しが数十回以上も続く反復配列（CACACA・・・・など）が，ヒトのゲノムのあちこちに散在している（図 3・6）．役に立たないどころか，その存在は危険でもある．事実，3 塩基の繰返し数の異常な増大が原因となって発症する病気も見つかっている（6・7 節参照）．反復の単位が 7〜40 塩基の反復配列は**ミニサテライト**とよばれ，これもゲノム全体で数万箇所にわたって散在している．これらの反復配列には個人差があるので，個人の識別に有用な道具となっている（10・1 節参照）．

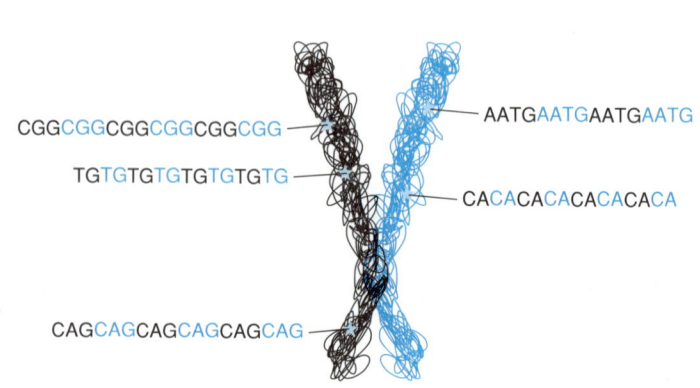

図 3・6　**マイクロサテライト**．ヒトのゲノムのあちこちに散在する 2〜7 個の塩基配列からなる繰返し配列のことをマイクロサテライトという．

一方，**LINE**（ライン）とよばれる数百塩基以上の長いDNA断片を反復単位とする反復配列は，AIDS（エイズ）ウイルスなどのレトロウイルスと同様に逆転写酵素（RNAをDNAに翻訳する酵素）遺伝子をもつだけでなく，自身を切り出してゲノム上の別の位置に挿入することで移動できる遺伝子セットももっている（図3・7）．これらは長い進化の時間をかけてつぎつぎとヒトのゲノム内に潜入してきたウイルス遺伝子の残骸と考えられている．LINEは本来ならRNAポリメラーゼIIによりmRNAに転写されるべきものである（2・4節参照）．

他方，LINEの一部が欠失した構造をもつ**SINE**（サイン）も知られている

ヒトゲノムは約500,000コピーのLINEを含むが，これはゲノム全体の21％にあたる．一方，トウモロコシではゲノムの80％，コムギではゲノムの90％がレトロトランスポゾン（後述）である．まさに，ウイルスのゲノム内への進入は好き放題といった感じがする．

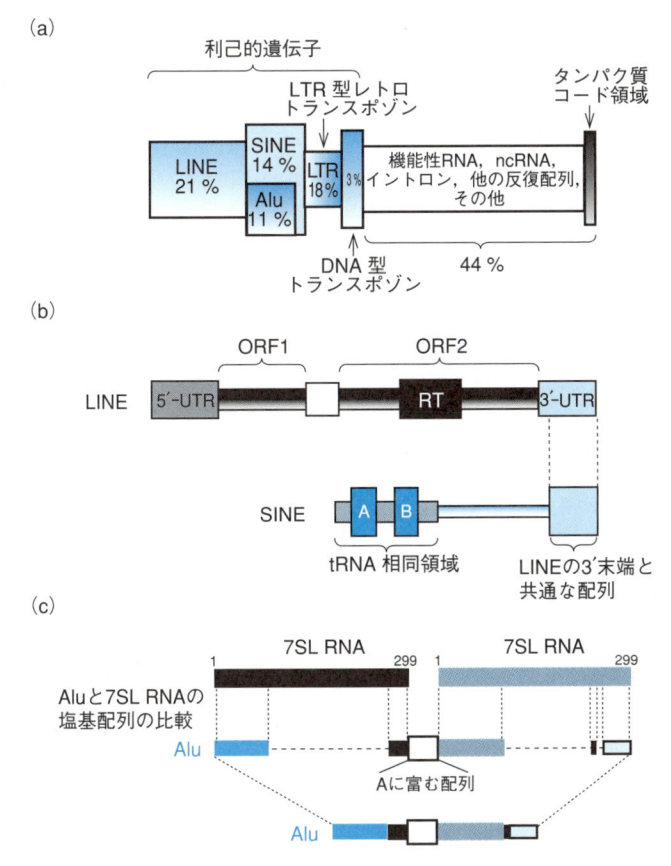

図3・7 **LINEとSINE**．(a) ヒトのゲノムの内訳．タンパク質をコードする領域は数％にすぎず，あとは機能が未知の領域で占められている．最近ではイントロンなどから配列される非翻訳RNA（ncRNA）にも機能があることがわかってきた．LINE, SINEなどの利己的遺伝子と考えられる領域はゲノム全体の半数近くを占めている．(b) LINEとSINEの構造の比較．SINEはtRNAに類似した塩基配列をもっているため，tRNAの断片がゲノム上に分散して取込まれたものと考えられている．ところが，内部に逆転写酵素（RT）をコードにしているLINEとは異なり，SINEの内部には転移に必要な酵素などはまったくコードされていない．それでもSINEがゲノムの中をあちこちと転移できる理由は，3′-UTRとよばれる領域に，逆転写酵素の反応を開始させるために必要な塩基配列がSINEにも含まれていることにある．これを利用してLINEのもつ逆転写酵素をちゃっかり借用しているのである．ORT（オープンリーディングフレーム）はタンパク質をコードしている領域を指す．(c) Aluと7SL RNAの塩基配列の比較．Aluは7SL RNAの一部分を切り出し，Aに富む配列をはさんで重複した形でゲノム内に侵入し，そこから爆発的に拡散していったものと考えられる．

SINEはヒトゲノムの中に約100万コピー以上も存在し、その約14％を占める．

SINEの一種であるAluはヒトゲノムの10％以上を占めるほど多く（100万コピー以上；3000塩基に1個）見つかる短い反復配列である．*Alu* Iとよばれる制限酵素の認識配列を両端にもつために、ゲノムDNAを*Alu* Iで切断すると約300塩基対のDNA断片が切り出されることから、Aluとよばれるようになった．哺乳類のゲノム中に見つかった約40種類のSINEのほとんどはtRNAに由来する配列であるが、Aluは塩基配列の酷似性から7SL RNAの中央部分が削取られ、それが二つのコピーとなってできたと考えられている．

哺乳類ではトランスポゾンは、① 自律増殖可能なLINE、② LINEの一部が欠失したSINE、③ いったんRNAに変わるレトロトランスポゾン（LTR）、④ DNAのままのトランスポゾンの4種類に分類される．

現在、多くのヒトが感染しているヒト免疫不全ウイルス（HIV）をはじめとしたさまざまなレトロウイルスはレトロトランスポゾンのように振舞う．これらがゲノム内に入り込んで寄生したまま子孫に伝わると新たなレトロポゾンとしてひき継がれてゆくだろう．現時点でもトランスポゾンの侵入と移動は続いているのだ．

（図3・7）．SINEは数百塩基以下のDNA断片を単位とする反復配列である．SINEは本来ならRNAポリメラーゼIIIによりtRNA, rRNA, その他の核内低分子RNAに転写されるべきものである．SINEの一種である"Alu"は霊長類にしか見つからない約300塩基対を単位とする反復配列で、ヒトのゲノム中に何十万コピーと散在する．Aluは、ヒトやチンパンジーといった真猿類が、メガネザルなど原猿類から分かれた後の約4千万年前に真猿類で急増しており、ヒトではチンパンジーの8倍ものAluが見つかる．ヒトの知性とAluの関係があるか否かは謎のまま残されている．Alu配列の直後にはmRNAに類似の「ポリAテール」領域が続くことから、mRNAが起源となっているかもしれない．

Alu以外の大半のSINEは、タンパク質の翻訳を制御するtRNAを起源とする．SINEは細胞がストレスを受けると転写が誘導されることから、その転写産物であるRNAがタンパク質の翻訳抑制を解除している可能性が考えられている．

さらに驚いたことには、ウイルスが潜り込んだまま、あるいは死んで残骸（偽遺伝子）となった数百塩基にわたる塩基配列が、これまたゲノムのあちこちに多数見つかっている．これを**レトロ偽遺伝子**とよぶ．この起源は**トランスポゾン**とよばれるゲノム内を自由に動きまわる遺伝子断片で、LINEやSINEもトランスポゾンに由来する．

各種生物のゲノム塩基配列の比較から**レトロトランスポゾン（レトロポゾン）**は、哺乳類が登場した2億5千万年前ごろに爆発的に増えたことがわかってきた．DNAを複製する機能をもつため、自らのコピーをつくってはゲノムに挿入していくレトロポゾンはゲノムサイズが大きくなるもうひとつのメカニズムである．さらには、出てゆくときに隣接するDNAの一部をいっしょにもち出すといういい加減さをもつため、元来はヒトのゲノム内にあった正常な遺伝子の一部をヒトゲノムのほかの場所へ、あるいは他の生物のゲノム内にさえへ移動させる（水平移動）ことで、生物ゲノムのもつ遺伝情報を多様化する働きもする（3・11節も参照のこと）．

トランスポゾンは遺伝子重複と並んで、進化を生み出す原動力のひとつであろう．たとえば生理活性物質であるプロスタグランジン受容体の遺伝子のように、トランスポゾンが挿入されたおかげで異なるタイプの受容体を産む遺伝子が生まれたという例もある．あるいは脳で発現して重要な役割を果たしているマウスの*BC1*やヒトの*BC200*という遺伝子は、元来はレトロポゾンとして挿入された配列が、機能をもって発現されるようになったものである．興味深いことにショウジョウバエのトランスポゾン（P因子）は、野外から採集された系統には存在しないため、わずか数十年前にどこかの実験室内で水平移動によりゲノム内にもち込まれたと考えられている．

3・9 イントロンの起源と進化

上述の反復配列とは別の形で「がらくたDNA」に分類されるのは、**イントロン**である．ほとんどすべてのヒト遺伝子は多数のイントロンとよばれる介在配列により分断されており、タンパク質を生み出す**エキソン（エクソン）**とよばれる

部分はゲノム上で離れて存在する．これがスプライシングという仕組みによってひとつに集合する（2・6節参照）．サイズの大きなタンパク質を生み出す遺伝子では10個以上のエキソンに分断されているのも多数あり，これらは**可変スプライシング**という仕組みによって個体の組織に特異的なエキソンの選択が起こっている（図3・8）．1個の遺伝子から部分的に同一な多種類のタンパク質が産生できる仕組みを採用しているのである．それゆえ，選び方を間違えるような，あるいは新たな選択を可能とするような変異が起こると，まったく異なった組合わせのエキソンの集合体ができ，そこから新たなタンパク質が生み出される．これに遺伝子重複が組合わさったり，エキソンの分断がさらに細かくなるような変異が入ったり，エキソンの前後が入れ替わったりするような変異が入れば，新たな機能をもったタンパク質は無限に進化できるだろう．このエキソンの差し替えによる遺伝子の再編成は**エキソン・シャフリング**とよばれ，進化の過程で遺伝子に多様性を与えてきたと考えられている．

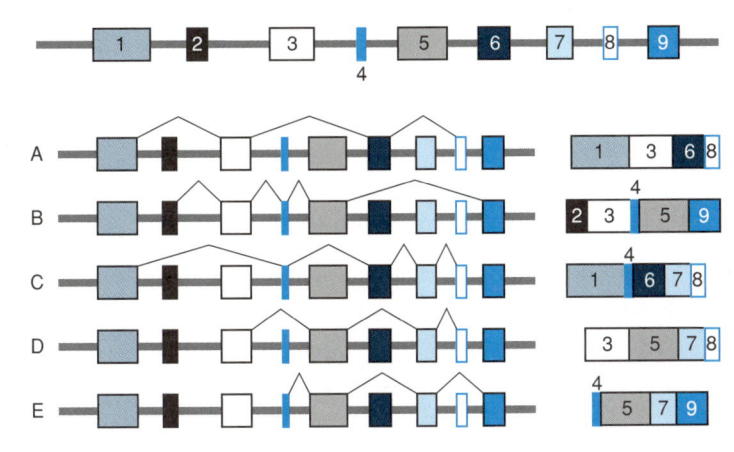

図 3・8　**可変スプライシングの仕組み**．ひとつの遺伝子のもつエキソンの組合わせは自在に変化しうるため，同じ遺伝子から異なる塩基配列をもつ多種類のmRNAが転写され（A～E），それぞれのmRNAからは異なるアミノ酸配列をもつタンパク質が産生される．それらのうちの多くは共通な塩基配列をもつが，たとえばAとBのように共通する塩基配列をもたないmRNAが転写されることもありうる．

では，イントロンはどこからきたのであろうか？　その起源には二つの説があった．ひとつは先住説で，イントロンは太古の昔，真核生物と原核生物が分岐する以前から祖先遺伝子には存在していたのだが，原核生物や出芽酵母ではスリム化のためにイントロンが抜けていったという．もうひとつは後生説で，イントロンは太古には存在しなかったのだが，進化の過程で真核生物のゲノムの中に侵入して拡散していったという．この二つの説はイントロンが発見された20年以上も前から大論争を生んできたが，最近では核型イントロンについては後生説が優勢となっている．なぜなら，スプライシングの逆の反応を通じてゲノムの中にDNA断片を挿入する能力をもつグループⅡイントロンとよばれる感染性の動く遺伝子が見つかったからである．

イントロンの種類

イントロンには,以下に列挙するような起源が異なるいくつかの種類が知られている.

❶ GU-AG イントロン:真核生物の大半の遺伝子がこの種類の属する.イントロン左端が GU,右端が AG という塩基配列をもつ.

❷ AU-AC イントロン:ヒト,植物,ショウジョウバエなど約 20 の遺伝子で見つかった,例外的に左端が AU,右端が AC という塩基配列をもつイントロン.

❸ グループⅠイントロン:真核生物の細胞小器官遺伝子に見られるイントロンで,なかには自己触媒により自己スプライシングする能力をもつものもある.

❹ グループⅡイントロン:原核生物,菌類や植物の細胞小器官遺伝子に存在するイントロン.特徴的な二次構造をとり,自己スプライシングする.

❺ グループⅢイントロン:真核生物の細胞小器官遺伝子に存在する.グループⅡイントロンに類似しているが,その特徴的な二次構造から,個別に分類されている.

❻ ツイントロン:二つ以上のグループⅡ・グループⅢイントロンから構成される多重イントロン.ひとつのイントロンが他のイントロンに埋込まれた形などが見つかっている.

❼ tRNA 前駆体イントロン:真核生物の tRNA 中アンチコドン・ループ内に見られるイントロンで,長さは短い.

❽ 古細菌のイントロン:古細菌の tRNA および rRNA 遺伝子内に存在するイントロン.

細菌でイントロンの挿入が起こっていないのは,感染が起きなかったからなのか,感染された細胞が進化してなったからなのかは不明である.

グループⅡイントロンは,特徴的な二次構造をとり,自己スプライシングする能力をもつ.数多くの実験により,グループⅡイントロンはゲノムに潜り込んだり,ゲノムから出ていったりできることが証明されている.太古に生まれたグループⅡイントロンは長い時間をかけてほとんどの真核生物ゲノムの中に感染し,拡散していったと考えられるが,それが排除されなかったのは,イントロンが淘汰に何らかの有利さをもたらしたからかもしれない.

3・10 利己的遺伝子

(次ページの脚注)人類は,DNA の分子構造まで解明して,それを操作しつつあるというように,DNA の牙城の本丸まで攻めつつあるのだ.そのため,DNA はセットした時限爆弾のスイッチをすでに押したかも知れない.人類を抹殺するには宇宙から彗星を降らす必要はない.人類は DNA のプログラムどおり,核戦争やバイオテロなど自滅する手段も並行して発展させており,いつ自滅してもおかしくない状況におかれているのだから(12 章参照).

このようにヒトをはじめとして多くの生物のゲノムの大半が「がらくた遺伝子」で成り立っている不思議は,DNA とは何かという問題とともに,DNA を運んでいる生命とは何かという問題にまで到達する.ドーキンスは著書『利己的な遺伝子』の中で「生物は遺伝子という利己的な複製子が自らのコピーを残すためにつくり出した乗り物にすぎない」と提唱した(図 3・9).そこでは DNA が生き延びるか否かが最重要であって,生物が生き延びようと必死になっているのは DNA からの指令というのである.乗り物は個体のみでなく集団であってもよい.そうすると,自らは子孫を残さずひたすら女王バチに献身する働きバチ(不妊階層)の利他的な行動が,同じ遺伝子をもつ女王バチの繁殖を助けることで集団として自分と同じ遺伝子が繁殖するから,というふうにうまく説明できる.これは個体ではなく,遺伝子そのものの残りやすさに重点をおいた特色ある仮説で,個体の表現型は遺伝子が自分のコピーを残すために最適となるように淘汰されてきたというのである.その意味で,この仮説はダーウィニズムの適者生存の考え方

を受継ぐ進化論のひとつでもある．

　この仮説は人類にとって不気味な未来を予言する．なぜなら，DNAにとってその生物の存在が邪魔となれば，その生物は絶滅することになる．その意味では現在の人類はすでにDNAの敵になっているのかもしれない．それは，環境を破壊し，エネルギーを使い尽くしかねない人類は，DNAが累々と育んできた地球上の生命の存続にとって，もはや邪魔な存在となりつつあるからである．

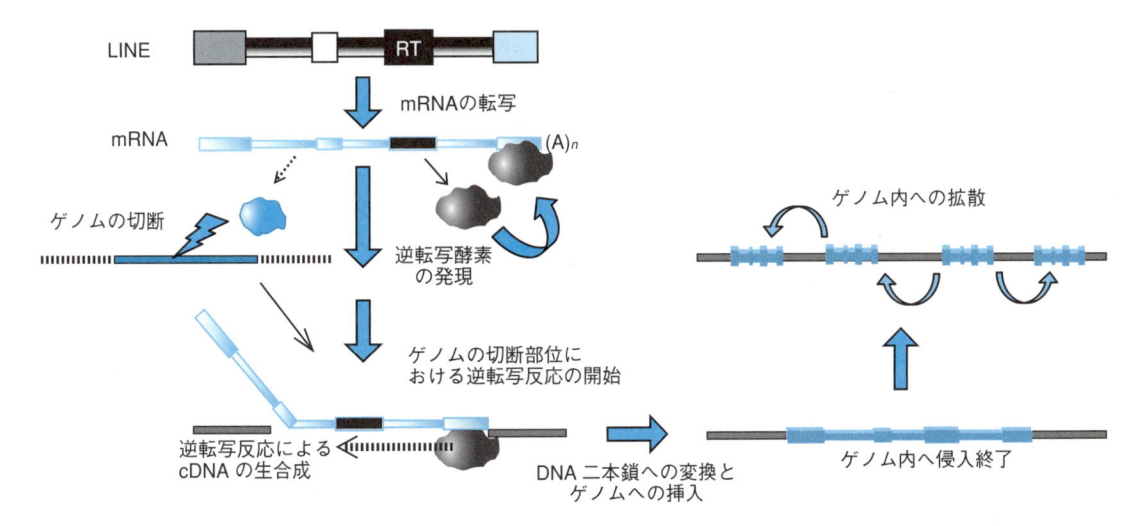

図 3・9　利己的遺伝子の代表例である LINE/SINE のゲノム内への侵入と拡散．LINE はゲノム DNA を直接標的として切断し，そこで逆転写を起こして挿入され，同様な仕組みを繰返して，ゲノム内へ拡散してゆく．SINE は自分では逆転写酵素をもたないので，LINE のものを借りて，同様な仕組みでゲノム内へ挿入され，拡散してゆく．

Coffee Time

文化の進化論とミーム

　ドーキンスはさらに理論を展開し，ヒトが育んできた文化の中にも遺伝（伝達）・変異・選択（淘汰）される実態があると提唱した．そしてそれを伝達する因子として，遺伝子に相当する「文化の伝達や複製の基本単位」としての**ミーム**の存在を指摘した．遺伝子が受精によって子孫を残したり，ウイルスとして感染したりするように，ミームは脳（心）から脳（心）へと伝達，拡散してゆき，競争に勝ったミームが文化を形成してゆくというのである．それ以来ミームという言葉は，多くの生物学者，心理学者，認知科学者らによって繰返し取上げられ肉付けされていった．ミームを内包したマインド・ウイルスが人々の心に感染すると，感染した人の行動をコントロールし，維持，増殖したウイルスがつぎつぎに人々に伝染してゆく．

　たとえば，「Tシャツを着る」というファッションが定着した過程は「今から約80年前に米国海軍でTシャツの形をした男性用下着が突然変異により発生し，以後このミームは軍事用品として米国軍隊に拡散したが，第二次大戦後には米国流の民主主義のシンボルとして世界中の人々の心に忍び込むこととなった」と表現することもできる．実際，世の中の流行や世相，あるいは災害時に飛び交うデマなどには何らかのミーム・ウイルスが存在すると考えると理解しやすい．ヒットラーの時代のドイツに急速に浸透して恐怖の非道を生み出したナチス・ミームは流行性の思考感染の典型例である．

3・11 ゲノムプロジェクトと進化

さまざまな生物種で，つぎつぎとゲノムのDNA配列が決定されたおかげで，ゲノム全体における遺伝子再編成のレベルでも進化を論じることが可能となった．異なる生物種のゲノムを比較してみると，予想もしなかった新事実がつぎつぎと明るみにされている．

まず多くの近縁の細菌のゲノムを比較したところ，ほとんどの遺伝子がゲノム上で位置を大きく，しかも，ランダムに変えていたのである．これは異なる生物種間で遺伝子が移動している（**水平移動**）ことを意味する（図3・10）．系統樹における幹から枝への流れに沿わず，種の壁を乗り越えて枝から枝へ主としてウイルス（トランスポゾン）にのって飛んでくる遺伝子がたくさん見つかったのである．これまでの進化論では遺伝子は同じ種の中で垂直方向に伝わるものであり，種の壁を越えて水平に移ることはないというのが大原則であったが，それが壊れたのだ．遺伝子は予想をはるかに超えてダイナミックで，ゲノム内で頻繁に位置を変えたり，他の種に水平移動したりするなどした結果，いろいろな起源をもつ遺伝子群のモザイクから成り立っていることになる．そして，このようなゲノムのもつ柔軟さこそが，DNAを遺伝情報としてもつ生命が地球に誕生して以来起こった幾多の天変地異にめげずに生き延びてきた理由であろう（1章参照）．

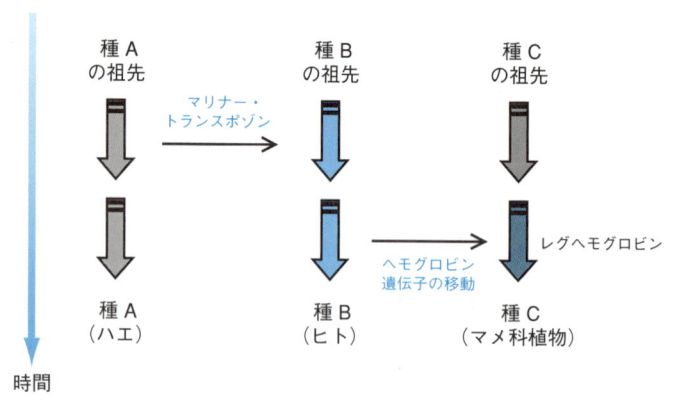

ジャガイモにさえヒトのヘモグロビンによく似たレグヘモグロビンが見つかっているなどはその一例である．

図 3・10 遺伝子の水平移動（伝播）．たとえば，ハエのマリナー・トランスポゾンはヒトの祖先において水平移動したらしく，ヒトには数多くの水平移動の痕跡が見つかる．このようなトランスポゾンはヒトの祖先となった哺乳類の祖先から，ある時期マメ科植物の祖先にヘモグロビン遺伝子を水平移動させ，それを取込んだマメ科植物がレグヘモグロビンとよばれる酸素結合型タンパク質として発現するようになった．レグヘモグロビンは窒素固定に必須な役割を果たしている根粒細菌が好気呼吸をするのに必要な酸素を供給するという重要な役割を担って，現在でも活躍している．興味深いことにレグヘモグロビンの存在のため，根粒細菌が働いている根粒部分（バクテロイド組織）は赤色を呈する．

生物界はゲノムDNA量の規模によって，以下の四つに分類できる．

① 数百万塩基対程度のDNA量をもつ原核生物：生活環境から考えて，将来もこれ以上ゲノムDNA量は増加しない仕組みをもっていると考えられる．実際，イントロンもないし反復配列も少ないため，がらくた遺伝子は多くない．

② 数千万塩基対程度の DNA 量をもつ単細胞性の真核生物である菌類（カビや酵母など）：DNA を核内に収納できる核をもつなど構造が複雑になった分だけ DNA 量は増えたが，単独で生きているかぎりはこの DNA 量で推移するであろう．

③ 数億から数十億の DNA 量をもつ真核生物：ヒトを含むほぼすべての動物と一部の植物が含まれる．多細胞化した個体を維持するために菌類より 100 倍の DNA 量が必要となっている．しかし，実際にはその 9 割はがらくた遺伝子であるため純増は 10 倍である．ただし，後述のように「がらくた」だと思われていた遺伝子にも，重要な機能が出てきたことを考えると，100 倍という数値は重要であろう．

④ 多くの高等植物と少数の脊椎動物（肺魚やサンショウウオなど）：ここに分類される生物はヒトの 100 倍以上の DNA 量をもつ．マツバラン（シダ類）は実に一兆塩基対もの DNA 量をもつ．ただし，この異常に多い DNA 量は直列に重複した遺伝子を膨大な数所有しているためである．

ゲノム全体を見わたしてみると，タンパク質合成の情報をもつ遺伝子が密集している領域（遺伝子密林）と，タンパク質合成の情報をもつ遺伝子がない塩基配列が延々と続く，不毛な領域（遺伝子砂漠）が見つかっている．ただし，タンパク質合成の情報をもたなくても RNA として機能している可能性も示唆されてきた．全 cDNA（数万種類）と全ゲノム（30 億塩基対）の塩基配列を比較したところ，全ゲノムの約 7 割が RNA として転写されており，そのうち半数以上の RNA がタンパク質合成の情報をもたない非翻訳 RNA（ncRNA）であった（2・9 節参照）．この遺伝子という概念を根本からくつがえした発見（2005 年）は「RNA 新大陸」とよばれる．

現在，ncRNA の働きを巡って新たな報告が続々と出されている状況である．ここから，進化の原動力に対しても大きな発見がもたらされることが期待されている．

3・12 環境適応と進化

ここまでわかってはきたものの，何が生物を進化させるかという問題は未知のまま残されている．ダーウィニズムにおいてはあくまで偶然に突然変異が起こるとされる．もし環境情報が遺伝情報に取込まれるということを唱えるなら，ラマルキズム一派として異端視される状況はいまでも変わっていない．しかし，ダーウィニズムの継承者の一人であるメイナード＝スミスでさえ，例外的に「環境によって適応的な性質を獲得した」事例として三つをあげている（脚注参照）．

しかしながら，これらの例よりもはるかに不思議なのは「コノハムシ」や「ハナカマキリ」における昆虫の形態的な擬態である．コノハムシは，周囲の「木の葉」に，ハナカマキリは周囲の「ランの花びら」にそっくりな形態をとっている．青葉に似せたのもいれば，枯葉に似せた種類まで存在する．さらに驚いたことには木の葉の虫に食われた跡まで真似をしているだけでなく，産み落とした卵まで木の実にそっくりである．これらは本当に偶然に生じたのであろうか？

現在の知識を動員した，遺伝子レベルでのこれら不思議な現象の説明としては，眠っていた遺伝子の再活性化，遺伝子がコピーされ重複した結果，後成的に起きた DNA やヒストンのメチル化やアセチル化の子孫への伝達（エピジェネティク

① ミジンコは捕食者がいるところではトゲを発達させるが，この性質は卵を通して子どもに伝えられる．② 植物（タバコなど）を高肥料で育てると起こる形態の変化は，肥料がなくなった環境でさえ何世代かにわたって遺伝していく．③ 動物が親から教わった食べ物は親がいなくなった状況でも子どもに伝えられる（文化的伝達）．

ス），Hsp90 による変異の隠蔽と環境激変による顕在化（図 3・11），ncRNA の新たな機能などがある．そしてこれらの変化が生殖細胞（精子や卵）で起これば，確実に子孫へ伝わる．たとえば，3・8 節で述べた Alu を含む SINE は一般的に生殖巣のみにおいて転写が見られ，個体にストレスがかかると転写量が膨大となることが知られている．生殖細胞において多様性を実現している遺伝子組換えに ncRNA が参加している可能性も示唆されている．これらの現象が偶然ではなく，環境の情報を遺伝子へ取込む分子レベルでの仕組みが解明されれば，ダーウィニズムはさらに強固な理論となるであろう．

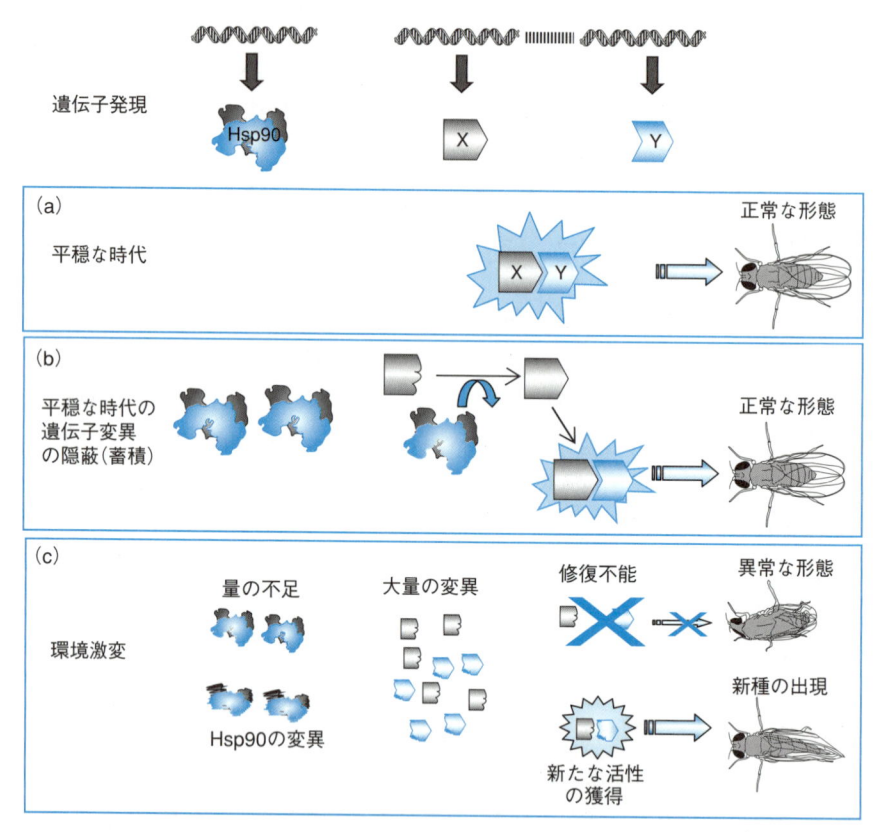

図 3・11　**Hsp90 による変異の隠蔽（蓄積）と顕在化の仕組み．** Hsp90 は，すべての生物にあるシャペロンとよばれるタンパク質の一種で，環境からのストレスや遺伝子の変異で立体構造が狂ったさまざまなタンパク質を正常に戻す役割をもつ．(a) いま，二つ集まってはじめて機能する形態形成に重要な X と Y というタンパク質を考えよう．もし，X に少しの変異が生じても Hsp90 が十分に存在すれば修正してくれるので問題ない．(b) それゆえ，進化の過程で起きた微小な変異はゲノム内隠蔽（蓄積）されてしまう．(c) しかし，環境の激変により変異の程度が修復の限度を超えていたり，Hsp90 そのものが壊されてしまうと，隠し切れずに一挙に形態異常をもつ個体が激増してその種は絶滅してしまう．あるいは，そこから新種が出現することもあるだろう．この仕組みは断続平衡説（3・6 節参照）を説明する分子モデルのひとつとして説得力がある．

4 細胞が増える仕組み

細胞はすべての生物の基本的な構造・機能単位であり，生命の特徴を表す最小の単位である．細胞はひとつの細胞から二つの娘細胞への分裂を導く一連の過程である細胞周期を経過することで増殖する．この過程はすべての生物の成長と分化を支え，それらの遺伝や進化において中心的な役割を果たす．それゆえ，細胞周期がどのように進み，制御されているかを理解することは生物学における重要な課題である．
ポール・ナース（ノーベル賞受賞講義，2002）

　生命の不思議なところは，生きていることとともに増殖することである．生きている間は環境の変化を察知しながら，それを**シグナル**として細胞内へ伝達してゆく．ヒトのように多くの細胞が集まって個体を構成している場合には，細胞の間での情報交換も大切である．環境の状況によって増殖すべきだというシグナルが伝達されると，細胞は分裂して元の細胞の複製をつくりながらつぎつぎと増えてゆく．これらの現象はどのような仕組みで進んでいるのだろうか？　これは長年の大きな謎であったが，最近になってその仕組みの大筋が明らかにされてきた．

4・1　増殖シグナルの伝達様式

　細胞は生きてゆくために常に外の世界の動きを察知して，細胞内のさまざまな部分へシグナルを伝えている．シグナル伝達の仕組みは，以下のように大きく三つに分けられる（図4・1）．

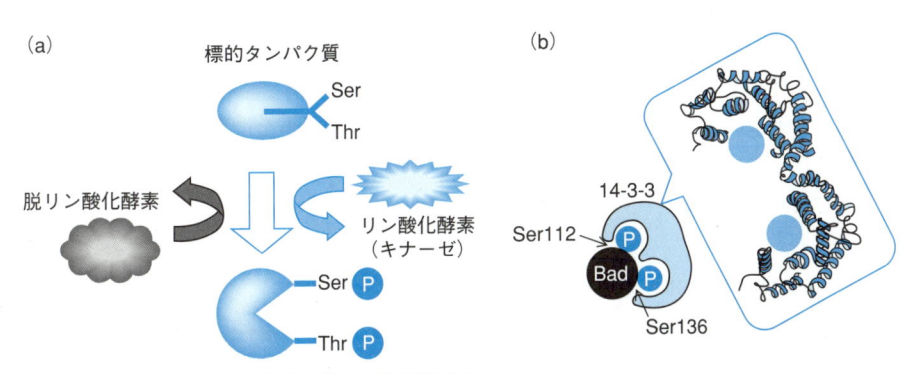

図4・1　シグナル伝達の仕組み．(a) 標的タンパク質はリン酸化酵素によって特定のセリン（Ser）あるいはトレオニン（Thr）がリン酸化されることで立体構造を変化させ，活性化する．役割を果たすと脱リン酸化酵素が働いて元の状態に戻る．(b) リン酸化された部分を特別に認識して結合し，別の場所へ運ぶ機能をもつ14-3-3とよばれるタンパク質が知られている．たとえば，Badというタンパク質のSer112，Ser136のリン酸化を認識して結合する．

a. リン酸化

タンパク質の中にある特定のアミノ酸（セリン，トレオニン，チロシン）にリン酸が付加されると立体構造が変化する（図4・1a）．これが「活性化のシグナル」となる．細胞内には標的タンパク質をリン酸化する働きをもつ**キナーゼ**とよばれるタンパク質が3000種類くらい存在する．キナーゼ自身も標的となるため，たてつづけに活性化されることでドミノ倒しのようにつぎつぎとリン酸化が起こる．これを多段の滝（カスケード）になぞらえて**キナーゼ・カスケード**とよぶ．シグナルの終点は核内での特定の標的遺伝子の転写誘導で，その働きによって細胞の増殖が誘導される．

> キナーゼは英語ではカイネースと発音する．

> 逆にリン酸化されることで不活性化される標的もいくつか見つかっており，リン酸化されることが分解の印となる場合もある．この場合にはシグナルはそこで消滅して終点まで達しない．

b. タンパク質複合体の形成と解離

リン酸化されたアミノ酸を認識して特異的に結合するタンパク質もある．あるいはリン酸化による立体構造の変化により，タンパク質同士が複合体を形成したり解離したりして伝達されるシグナルもある．**14-3-3**という奇妙な名前のついたタンパク質は標的のリン酸化された部分に結合して（図4・1b），たとえば核内から細胞質へと移動させる．

> このほか，リン酸化とは無関係に形成されるタンパク質複合体も形成と解離のタイミングを調節することでシグナル伝達に重要な役割を果たす．

c. 脱リン酸化

リン酸化されたタンパク質も，いつかは脱リン酸化されて元の状態に戻る（図4・1a）．細胞内には脱リン酸化酵素も多数存在しているが，キナーゼほどは特異性が高くない．脱リン酸化は多くの場合，標的タンパク質の不活性化をひき起こすが，後述のCDK1というキナーゼ（4・4・2節参照）のように，脱リン酸化されることで活性化されるタンパク質もある．

4・2 シグナル伝達経路の種類

細胞は細胞膜の表面にさまざまな種類のシグナルに対する**受容体**(レセプター)を備えており，それらが常時作動しているため環境の変化は瞬時に感知される．感知されたシグナルは細胞膜の内側で待機しているさまざまなシグナル伝達タンパク質を経て細胞核へ伝えられ，最終標的である遺伝子を働かせて，必要なタンパク質を生合成する．そのシグナル伝達の経路は，以下のように大きく四つに分けられる．

a. 薬物受容体を介したシグナル伝達経路

体液の中には"リガンド"とよばれる外界のシグナルを伝達する小さな分子が流れており，細胞膜に埋まって待ち構えている受容体に結合すると細胞内へシグナルが伝わる．なかでも**Gタンパク質共役受容体**（GPCR）は細胞膜を7回貫通する共通の構造をもち，リガンドと結合すると立体構造を変化させて細胞質側で待機している**Gタンパク質**にシグナルを伝達する．

Gタンパク質は「オフ」の状態ではα, β, γという三つのサブユニットで構成される三量体として存在するが，シグナルを受取るとαに結合していたGDP

> Gタンパク質はGTPをGDPに加水分解する働きをもつタンパク質で，特に細胞内へのシグナル伝達として機能するものをいう．

が遊離し，代わりに GTP が結合して伝達に必要なエネルギーを供給する（図 4・2）．その結果，β・γ が α から解離し，別経路へもシグナルを伝達する．哺乳動物細胞では 100 種類以上の GPCR とともに，16 種類の α，5 種類の β，11 種類の γ が知られており，組合わせの違いによりさまざまな種類のシグナルが伝達されている．

とりわけ，α は種類によってシグナル伝達の特性に大きな違いをもたらす．たとえば，$α_i$ はアデニル酸シクラーゼ（AC）に結合して活性を抑制するが，$α_s$ は逆に AC を活性化して大量の環状 AMP（cAMP）を産生してシグナルを増幅する．cAMP は A キナーゼ（R_2C_2）に結合し，触媒サブユニット（C）をつぎつぎと遊離させて活性化し，さらにシグナルを増幅する．活性型 A キナーゼは標的タンパク質の特定のセリンあるいはトレオニンをリン酸化することで代謝酵素や転写因子を活性化する．

役割を果たした $α_s$ は GTP を GDP に変換して元の不活性型に戻る．一時的に活性化された標的タンパク質も脱リン酸化酵素によって短時間のうちに不活性化される．大量産生された cAMP はホスホジエステラーゼによって分解され 5′-AMP に戻る．

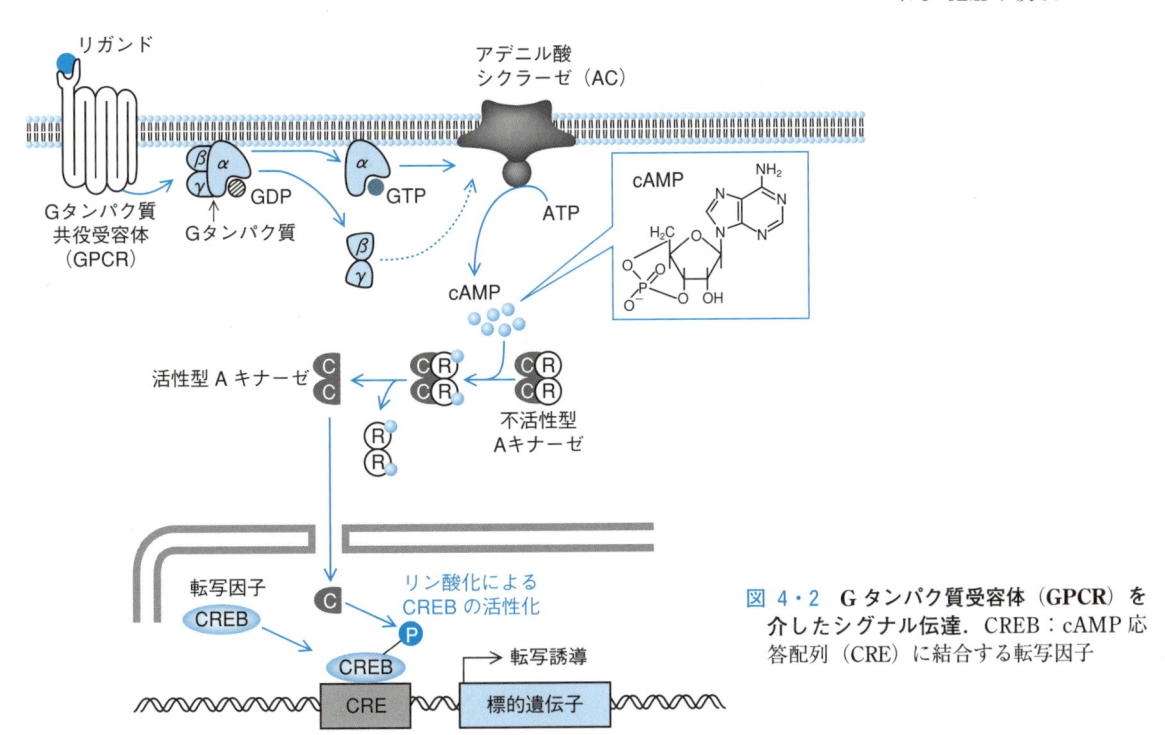

図 4・2 G タンパク質受容体（GPCR）を介したシグナル伝達．CREB：cAMP 応答配列（CRE）に結合する転写因子

b. ホスファチジルイノシトールの分解とカルシウムイオン濃度調節によるシグナル伝達

リン脂質の一種であるホスファチジルイノシトール（PI）は細胞膜の細胞質側に存在して別の経路のシグナルを伝達する．G タンパク質の $α_q$ サブユニットはホスホリパーゼ C（PLC）β を活性化するが，この酵素は脂質キナーゼにより PI にリン酸基が付加された PIP_2 をジアシルグリセロール（DAG）と IP_3 に分解する（図 4・3）．このうち DAG はカルシウムイオン（Ca^{2+}）依存性の C キナーゼ群（11 種類ある）に結合して活性化し，その結果，多くのタンパク質のセリ

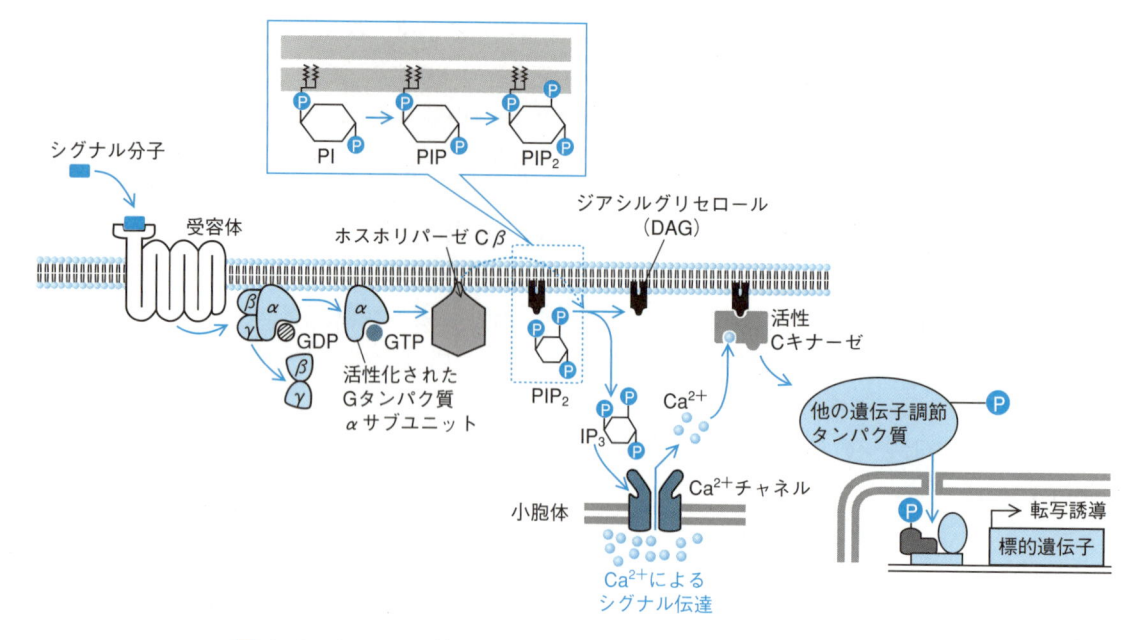

図 4・3 ホスファチジルイノシトール (PI) の分解によるシグナル伝達

ン・トレオニンがリン酸化されて細胞増殖や分化を制御する.

一方, IP_3 は細胞質内を拡散して小胞体膜上の IP_3 依存性 Ca^{2+} チャネルに結合し, それを開いて小胞体に貯蔵されていた Ca^{2+} を放出させ, 細胞質内濃度を 0.1 μM から 5 μM くらいまで上昇させる. Ca^{2+} は種々の Ca^{2+} 結合タンパク質に結合してさまざまな細胞応答をひき起こすという形で, さらにシグナルをさまざまな部位に伝達する.

c. 増殖因子によるシグナル伝達

増殖因子 (EGF) によって運ばれる増殖のシグナルは**増殖因子受容体** (EGFR) によって感知される (図 4・4). 増殖因子が結合した受容体は二つの分子が集合した二量体を形成し, お互いに相手の特定のチロシンをリン酸化する. 次いで, このリン酸化チロシンを察知したアダプター分子 (Shc, Grb2 など) が結合する. Grb2 は Sos と結合してシグナルを伝達し, Sos は Ras タンパク質を不活性型 (Ras-GDP) から活性型 (Ras-GTP) へ転換する. Ras-GTP は GTP の放つエネルギーを使ってキナーゼ・カスケードのスイッチを押す.

すなわち, まず Raf キナーゼ (別名 MAPKKK: MAP キナーゼ・キナーゼ・キナーゼ) を活性化したのち Ras-GDP へ戻る. 活性化された MAPKKK は MAPKK (MAP キナーゼ・キナーゼ) をリン酸化して活性化し, MAPKK は MAPK (MAP キナーゼ) をリン酸化して活性化する. 活性化された MAPK は核に移行して転写制御因子 (Jun, Elk-1 など) をリン酸化することで標的遺伝子 (*fos* など) の転写を誘導する. *fos* 遺伝子の産物である Fos は Jun と結合して AP-1 転写制御因子となり多彩な標的遺伝子を転写誘導する.

Ras はマウス肉腫ウイルスのがん遺伝子 *ras* により産生されるタンパク質である. 分子量が 21,000 であることから, P21 ともよばれる.

AP-1 は発生・分化・増殖およびがん化において重要な機能を果たしている.

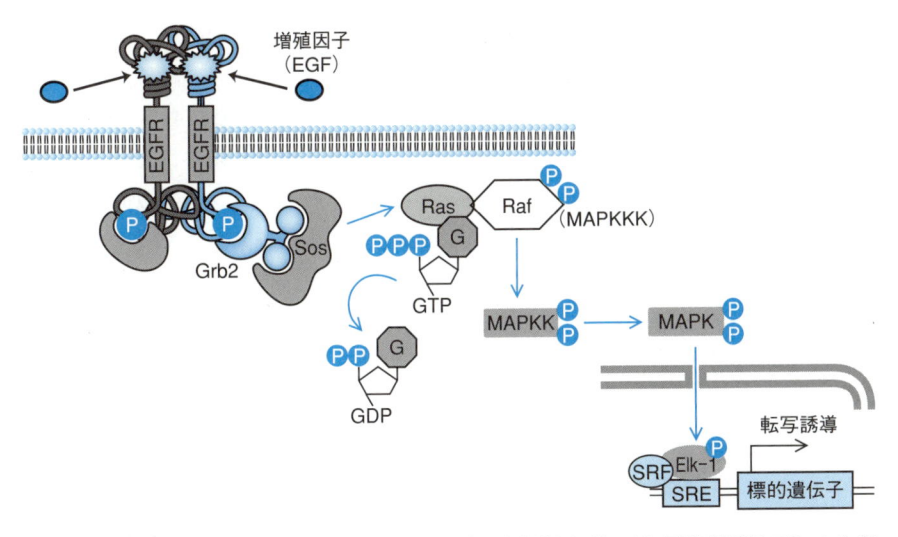

図 4・4 **増殖因子によるシグナル伝達**. SRF(血清応答因子)は転写抑制因子 Elk-1 などと複合体を形成し,SRE(血清応答配列)に結合する.血清の刺激によって Elk-1 などの転写活性化能が増強し,遺伝子発現を誘導する.

d. 核内受容体

ステロイドホルモン,レチノイド,ビタミン D などの疎水性のシグナル伝達物質は細胞膜を容易に通過できるため,細胞質に存在する**核内受容体**に直接に結合する.受容体はいずれも中央領域に DNA 結合領域をもつ.普段はこの領域に阻害タンパク質(Hsp90)が結合しているが,ホルモンが受容体の C 末端側にある結合部位に結合すると立体構造を変化させて阻害タンパク質を離脱させ,二量体を形成する(図 4・5a).この二量体は細胞質から核へと移行し,標的遺伝子の転写制御配列に結合し,標的遺伝子産物の発現を誘導することで多彩な生理変化を誘起する.

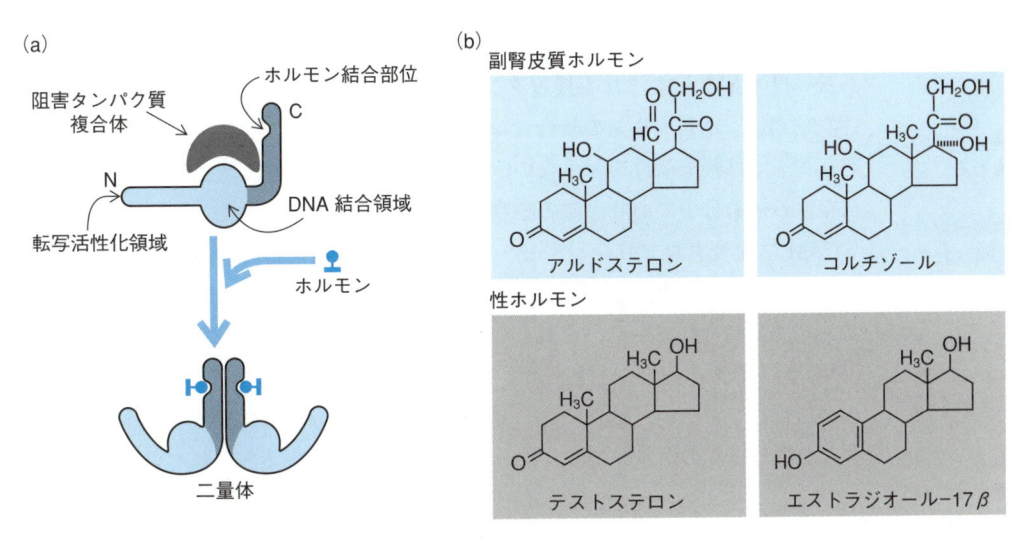

図 4・5 **核内受容体によるシグナル伝達**.(a) 核内受容体へのホルモンの結合,(b) ステロイドホルモンの例

ステロイドホルモンは四つの環状構造からなるステロイド骨格を共通してもつ（図4・5b）．副腎皮質の最外層にある顆粒層からは電解質代謝に関与するアルドステロンなどの鉱質コルチコイドが，束状層からは糖質代謝に関与するコルチゾールなどの糖質コルチコイドが分泌される．また，男性ホルモンとして精巣からテストステロンなどが，女性ホルモンとしてプロゲステロンなどの黄体ホルモンや，エストラジオールなどの卵胞ホルモンが卵巣から分泌される．天然のステロイドホルモンは肝臓で速やかに代謝されて薬としては使いにくいので，分解されにくいステロイドホルモン薬が化学合成されている（8・7節参照）．

> ステロイドホルモン薬は抗炎症作用や免疫抑制作用など多彩で強力な薬効を示すが，炎症を根本的に治療するわけではないので，薬がきれるとふたたび炎症が起きる．さらに転写制御という影響力の強い作用を本来もっているため，予想を超える副作用も現れやすい．

4・3 細胞の接着と結合の仕組み

シグナルの伝達は細胞間の**接着**と**離脱**や**細胞間の物質の伝達**によっても行われる．ヒトなどの多細胞生物では細胞同士が周囲と協調しつつ，秩序正しく接しながら連携して組織をつくり上げている．細胞の接着と結合は，以下の5種類に分類される特殊構造で成り立っている（図4・6）．

a. 密着結合（タイトジャンクション）

密着結合では細胞間がダウンジャケットの縫い目のように密着して結合されている（図4・6a）．この結合は4回膜貫通型の**オクルディン**および**クローディン**とよばれる2種類のタンパク質が細胞膜の中で共重合することで構成されている．赤と白の2色の糸がより合わさってはじめて，強力な糸として細胞膜という布地をしっかりとつなぎ合わせているというイメージがわかりやすい．細胞膜に埋まって浮かんでいる膜タンパク質は密着結合のつなぎ目を超えて移動することができないので，分画された膜タンパク質は混じりあうことができなくなり，細胞膜の特定の部域に局在させられる．

> 腸上皮組織の場合，管腔側と組織内が密着結合によって外側と内側に厳密に分断されるため，溶質は自由に組織の内側に入ることができない．この機能によって密着結合は組織の外部から異物などが侵入することを防ぐ障壁としても役立っている．

b. 接着結合

隣合った細胞間の接着結合は細胞膜の表面に突き出した同じ種類の**カドヘリン**あるいは**CAM**とよばれる接着タンパク質同士の結合によって成り立っている（図4・6b）．カドヘリンの結合にはカルシウムイオンCa^{2+}が必要とされ，Ca^{2+}非存在下では接着活性を示さない．一方，CAMはカドヘリンとは異なりCa^{2+}非依存性の接着分子であり，隣の細胞のCAMと結合する．

CAMは免疫グロブリン（8・5・1節参照）と似た構造をしていて多数の近縁タンパク質（サブタイプ）が知られている．カドヘリンにも30種類以上ものサブタイプが知られており，それらはEカドヘリン（上皮細胞型），Nカドヘリン（神経型），Pカドヘリン（胎児型）の三つに分類される．同じカドヘリン同士でしか結合しないため，胎児において組織がつくられる（個体発生の細胞分化）過程における細胞のグループ化に関与する重要な分子であるとされている．

> CAMは異なる膜タンパク質と結合することもある．

> たとえば脊椎動物の神経管が閉じる時期の胚の背面にある上皮で，神経管になる領域の細胞ではEカドヘリンからNカドヘリンへと発現パターンが変化することが知られている．カドヘリンの細胞質側領域には，βカテニンやαカテニンとよばれるタンパク質が結合しており，それらを介して細胞骨格分子であるアクチン繊維やマイクロフィラメントとつながっている．

c. デスモソーム結合

デスモソームは円盤状のタンパク質と，細胞の外側に向かって細胞膜を貫通す

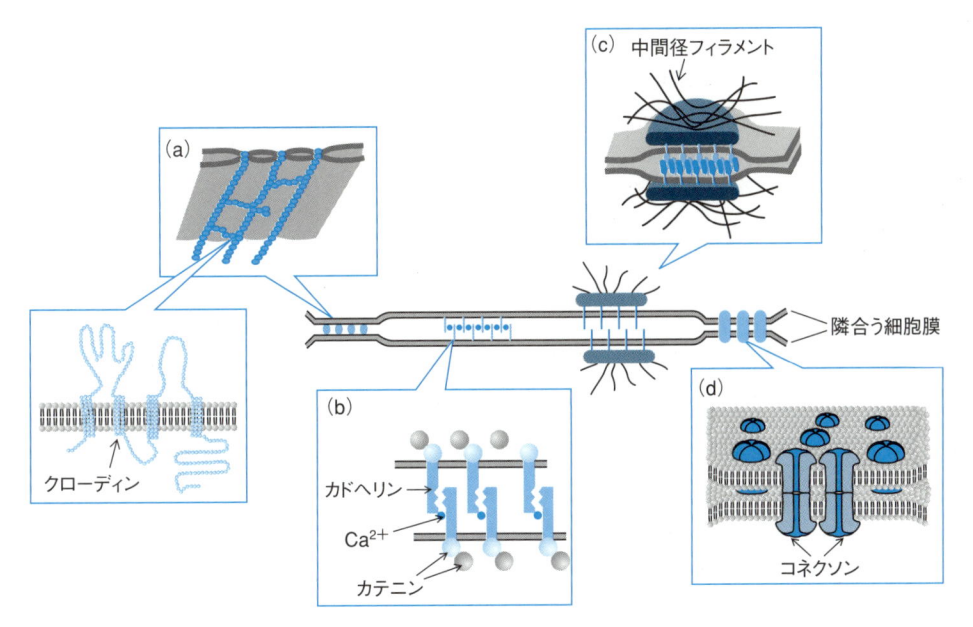

図 4・6 細胞の接着と結合．(a) 密着結合，(b) 接着結合，(c) デスモソーム結合，(d) ギャップ結合

る接着分子で構成されている細胞膜上の円形構造体である（図 4・6c）．接着分子としてはデスモグレインやデスモコリンといったものが知られている．これらの分子は接着結合のカドヘリンと似た分子構造をもっているため，カドヘリンファミリーに入れられている．しかし，デスモソームの細胞質側を裏打ちするタンパク質は，接着結合とは異なり，プラコグロビンを結合因子とした中間径フィラメントである．

中間径フィラメントは直径 10 nm の細胞内繊維状構造のことをいう．

d. ヘミデスモソーム結合

上皮細胞の底にあるデスモソーム様構造のことをいう．接着する相手が細胞ではなく細胞外基質の基底層と直接結合している点でデスモソームとは異なるため，**ヘミデスモソーム**とよばれる．ヘミデスモソームの接着分子はインテグリンというタンパク質であり，関連する細胞骨格はデスモソームと同様，中間径フィラメントである．

ヘミ：半分

e. ギャップ結合

ギャップ結合では隣接する細胞同士の 2 枚の細胞膜を貫くように二つの**コネクソン**とよばれる構造体がチャネルを構成しており，そこを通路としてイオンや 1 kDa までの小さな分子が細胞間を移動している（図 4・6d）．コネクソンは 4 回膜貫通型で円柱形の構造をもつコネキシンとよばれるタンパク質が六つ集まってできており，六つの円柱がよじれることでチャネル（1.5 nm）が開閉してイオンや化学物質の細胞間移動を調節している．チャネルは細胞質のカルシウムイオンの濃度が低いと開き，高いと閉じる．

ヒトでは 20 種類のコネキシンが見つかっており，組織や細胞の種類によって使い分けがなされている．このうちコネキシン 26 は先天性難聴の原因遺伝子であるが，転移性の高い悪性のがん組織で過剰発現していることから細胞内における新たな機能も示唆されている．

4・4 細胞が増える仕組み：細胞周期

正常な細胞を栄養条件の良い環境で培養すると，一日半くらいかけて細胞分裂して 2 倍となる．細胞が増えるときには必ず**細胞周期**という順序を経ることがわかってきた．

4・4・1 細胞周期とは

細胞周期は四つの時期に分かれる（図 4・7）．その最初の時期（ヒトでは数時間かかる）は **S 期**とよばれ，その間にすべての遺伝子（DNA）が 2 倍に複製される．次いで複製した DNA（染色体）が娘細胞に分配される **M 期**では，約 30 分の間に顕微鏡下で染色体がめまぐるしく動く．卵子が受精してすぐ後の発生のごく初期にはこの二つの時期が S⇒M⇒S⇒M⇒S⇒M⇒S⇒M と迅速に 4 回ほど繰返されるが，その後は S 期も M 期もなかなか始まらなくなる．すなわち，外観は何も際立った変化は観察できない潜伏期間が生じてくる．それらは G_1 **期**，G_2 **期**とよばれる．ヒトの細胞では G_1 期（6〜12 時間），G_2 期（3〜4 時間）が配分されている．

細胞はいったん増殖を開始すると G_1⇒S⇒G_2⇒M⇒G_1 という順序で規則正しく細胞周期を繰返して増殖してゆく．この順序は**チェックポイント制御機構**によって厳密に守られているのみでなく，逆向きには決して進行しない．G_1 期と S 期の境目にはスタートとよばれる関所（R 点）がある．いったん，この関所を通過すると外界の状況がどのようなものであれ，細胞周期が開始する．チェックポイントでは細胞周期の進行に異常が検出されると，細胞周期を一時停止させ

S：DNA Synthesis
M：mitosis（有糸分裂）

その様子を演劇に例えれば，上演は一日半もかかるのに，舞台の幕が開いて染色体の演技を観客が楽しめるのはわずかに 1 時間弱という奇妙な演目である．

チェックポイントはビール工場における瓶詰めベルトコンベアーの監視係と同じ働きをする．すなわち，いつもは監視室から瓶詰め作業をモニターしているが，1 本でも瓶が倒れたら急いでスイッチを切ってベルトコンベアーを一時停止させる．すぐにインターホンを使って作業場の係の人に倒れた瓶の取除きを命じ，元どおりになったと判断したらベルトコンベアーのスイッチをふたたびオンにして作業を再開させるのである．

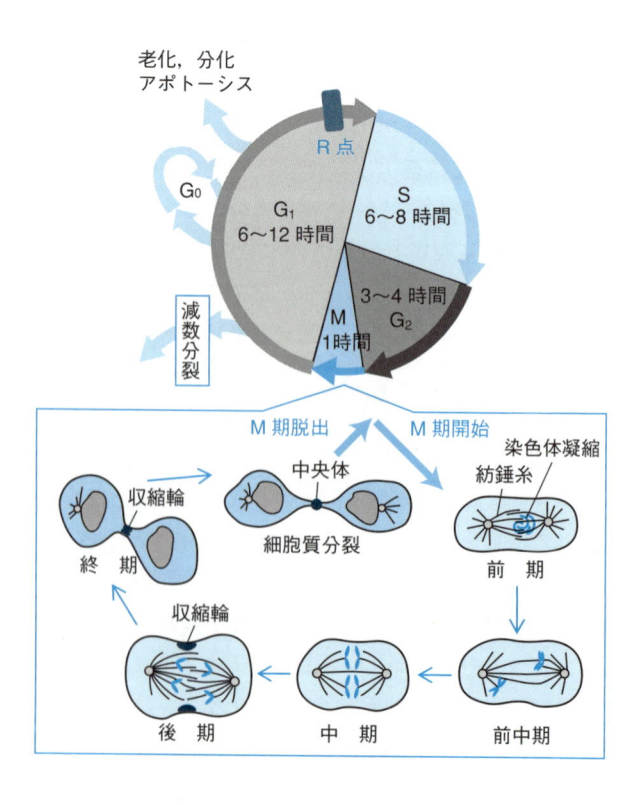

図 4・7 細胞周期

て修復機構を出動させる．

　個体の大半の正常細胞は増殖していない．他方，がん細胞は常に増殖している（7章参照）．細胞周期から外れて増殖を休止している時期は**静止期**（G_0 **期**）とよばれる．もし環境が悪いという決裁が下された場合には，細胞はスタートを通過できないため，S 期に進まずにそのまま G_1 期にとどまるか，静止期に入る．細胞の置かれた環境によっては，分化，老化，アポトーシス（⇒ 6 章のコラム），減数分裂などへ進むべき信号を受取ることもあるが，それらの状態への分岐点も現在のところは，この G_1 期の R 点前に存在すると考えられている．

4・4・2　細胞周期のエンジン

　細胞周期を動かすエンジンが見つかっている．その実体は**サイクリン**および**サイクリン依存性キナーゼ**（**CDK**）という二つのタンパク質から構成される複合体である．単細胞の酵母では 1 台のエンジンで回っているが，ヒト細胞では数台のエンジンが役割を分担している．

　主力エンジンは CDK1 というキナーゼ（別名 Cdc2）とサイクリン B という 2 種類のタンパク質から構成される（図 4・8a）．エンジンを動かすガソリンの役割を果たすのは，タンパク質を構成するアミノ酸のうちセリンあるいはトレオニンのリン酸化である．すなわち，CDK1 は標的タンパク質の特定のセリン・トレオニンをリン酸化する酵素活性をもつ．細胞周期の間にサイクリンの存在量は増減するが，CDK1 の量は一定であるため，CDK1・サイクリン複合体の酵素活性は増減するサイクリンの量に連動して周期的に変動する（図 4・8b）．標的をリン酸化する仕事を終えればサイクリンは速やかに分解され，不活性な CDK1 のみが残る．

たとえば CDK2 は G_1 後期から G_1/S 期にかけてサイクリン E と結合するが，S 期に入るとサイクリン E は分解されるため，主としてサイクリン A と複合体を形成するようになる．また，サイクリン D は G_1 中期から後期にかけて発現し，CDK4 または CDK6 と結合して活性化する．

(a) 細胞周期エンジン　サイクリン　CDK　標的タンパク質　Ser　Thr　→　Ser Ⓟ　Thr Ⓟ
リン酸化による立体構造の変化（活性化）

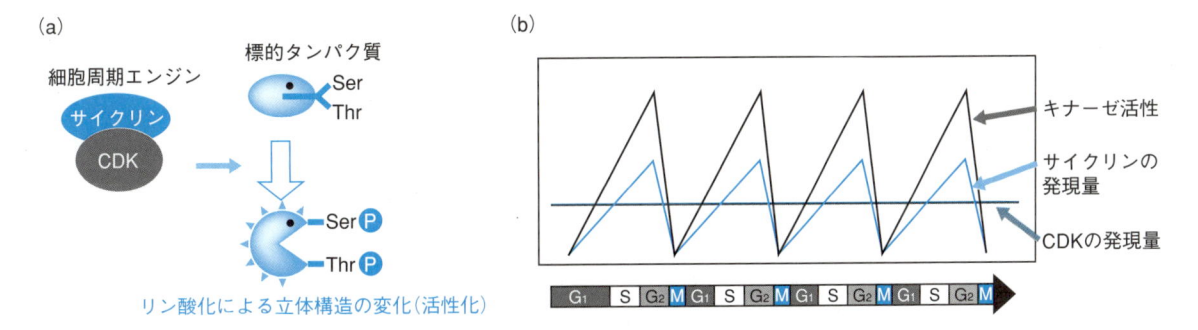

(b) キナーゼ活性　サイクリンの発現量　CDK の発現量　G_1 S G_2 M G_1 S G_2 M G_1 S G_2 M G_1 S G_2 M

図 4・8　**細胞周期エンジンが働く仕組み**．(a) 細胞周期エンジンの構成因子（サイクリン・CDK）と標的タンパク質における Ser/Thr のリン酸化による活性化，(b) キナーゼ活性の周期性は CDK ではなく，サイクリンの周期的な発現によって達成される．

4・4・3　細胞周期エンジンの動く仕組み

　細胞周期エンジンが回転するにはリン酸化が重要な働きをする．たとえば G_2/M 期の移行期で働くエンジンでは，まずサイクリン B が CDK1 と複合体を形成する（図 4・9）．サイクリン B は G_2/M 期において存在量がピークとなるが，

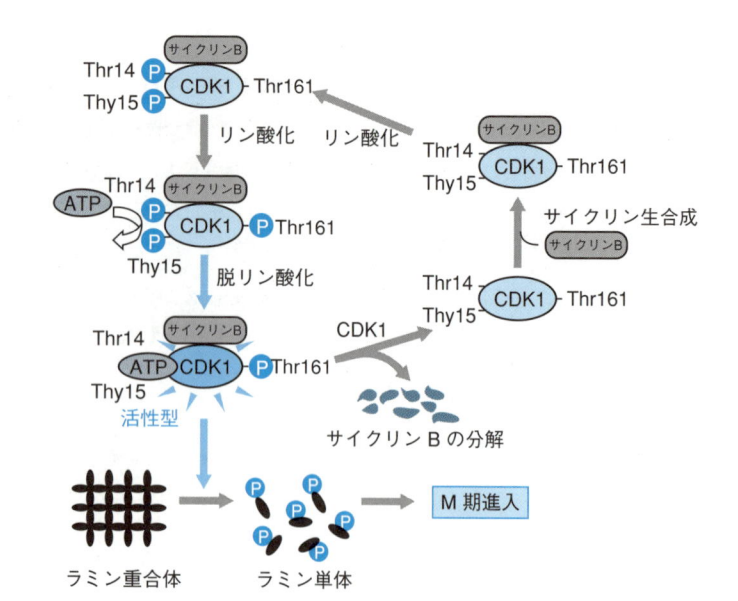

図 4・9 真核生物の細胞周期（G$_2$/M 期）における制御機構のモデル

CAK も CAK 活性化酵素によって Thr170 がリン酸化されることでキナーゼ活性が制御されている．

CDK1 が活性化されるためにはリン酸化酵素によって CDK1 の Thr14 と Tyr15 の 2 箇所のリン酸化が必要になる．次いで，CAK（サイクリン H/CDK7）が Thr161 をリン酸化すると，エンジンは待機状態に入る．

M 期に進入を許可する信号が入ると脱リン酸化酵素によって Thr14/Tyr15 が脱リン酸化され，サイクリン B/CDK1 は活性型に変化する．活性型サイクリン B/CDK1 は速やかに標的タンパク質をリン酸化することで M 期が誘導され，その後は M 期特有のスケジュールに従って有糸分裂が進行してゆく．たとえば，核膜の内側を重合によって網目状に裏打ちしているラミンをリン酸化し，重合をほどいて袋状の核膜を崩壊させると，染色体凝縮や紡錘糸の伸長など染色体分配に必要な M 期に特異的な現象がつぎつぎと開始する．さらに細胞が M 期を終えて新たな G$_1$ 期に進入するときには，サイクリン B の分解が必須である．こうして細胞周期エンジンは 1 回転し，つぎの G$_2$ 期に至るまで不活性な状態に止まっている．

4・4・4 細胞周期のブレーキ

エンジンを暴走させないため，細胞周期エンジンには **CKI**（CDK インヒビター）とよばれるブレーキが備わっており，CDK キナーゼを阻害している（図 4・10）．これらが欠損するとキナーゼ活性が暴走して細胞は際限なく分裂し始め，やがて悪性のがん細胞となる．CKI はサイクリン/CDK 複合体に結合することで活性を阻害しており，キナーゼ活性を発揮すべき時機が到来するとプロテアソーム系により分解される（後述）．哺乳類ではこれまでに 2 グループ（合計 7 個）の CKI が発見されている．これらの調節は 4・1 節で示した「タンパク質複合体の形成と解離」によって行われる好例である．

第一グループの分子は CDK と強固に結合することでサイクリンの結合を競合

的に阻害している（図4・10a）．これらの CKI は分子のほとんどがタンパク質分子間の結合に重要なアンキリンリピートとよばれる反復アミノ酸配列からできている．第二グループの分子は CDK/サイクリン複合体を押さえ込むように結合してキナーゼ活性を阻害する（図4・10b）．たとえば p21（分子量 21,000 のタンパ

(a) サイクリンとの競合による結合阻害

(b) 複合体への結合によるキナーゼ活性阻害

図 4・10　細胞周期のブレーキ

周期的な転写誘導

　細胞周期の特定の時期にだけ遺伝子の発現を誘導する仕組みもある．これは主として G_1 期後期で起こり，そこでは数多くの S 期開始に必要な遺伝子群が，転写制御因子 E2F によって G_1/S 移行期でピークとなるように転写誘導されている．標的遺伝子の上流には E2F モチーフとよばれる特別な塩基配列が見つかるが，E2F はここに結合して標的遺伝子の転写を誘導する．ヒトでは 6 種類の E2F 様タンパク質（E2F-1〜E2F-6）と二つの E2F 類似な DP（DP-1, DP-2）が存在し，1 分子の E2F と 1 分子の DP が結合して転写を活性化する（図）．

　一方，pRB というタンパク質は G_1/S 移行期以外では E2F/DP 複合体に結合して標的遺伝子の転写誘導を抑制している．ここにサイクリン D/CDK4 あるいはサイクリン D/CDK6 が近づいてきて pRB をリン酸化すると，pRB は立体構造が変わって遊離する．その結果，抑制が解かれて活性した E2F/DP-1 複合体が S 期開始に必要な遺伝子をいっせいに転写誘導する．上述の CKI によって CDK キナーゼが不活性化されると，リン酸化標的である pRB をリン酸化することができず，pRB がいつまでも E2F 転写制御因子に阻害的に結合し続ける．その結果，E2F の標的遺伝子である S 期開始制御遺伝子群が転写誘導を受けることができずに，細胞周期は G_1/S 期に停止したままになって増殖が抑制される．

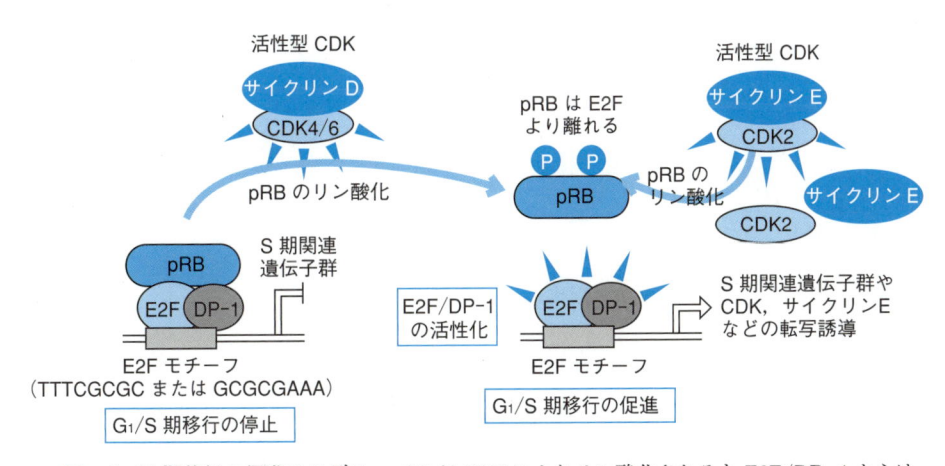

図　G_1/S 期移行の促進のモデル．pRB が CDK によりリン酸化されると E2F/DP-1 からはずれ，抑制を解かれた E2F が S 期関連遺伝子の転写を誘導する．

ク質）は DNA 損傷の信号を受けた転写因子（p53）による転写誘導によって発現され，いくつかのサイクリン・CDK 複合体に結合して細胞周期を数箇所でいっせいに停止させる．

4・4・5 細胞周期に依存的な分解

サイクリンをはじめとして，多くの細胞周期調節因子はある特定の時期で役割を果たした後には急速に分解される．その仕組みは二つの過程に分けられる．第一は目印をつけるステップ，第二は目印がついたタンパク質を分解するステップである（図4・11）．目印の代表格は76個のアミノ酸からなる**ユビキチン**（Ub）で，標的タンパク質のリシン（Lys）残基に付加されたのち，ユビキチン自身の7個のリシン残基のいずれかにつぎつぎと付加されて，ポリユビキチン鎖を形成する．

> ユビキチンの付加は活性化酵素（E1），結合酵素（E2），連結酵素（E3），延長化因子（E4）の連携プレーで進んでゆく．標的の特定アミノ酸がリン酸化されていると目印をつけることになっている．

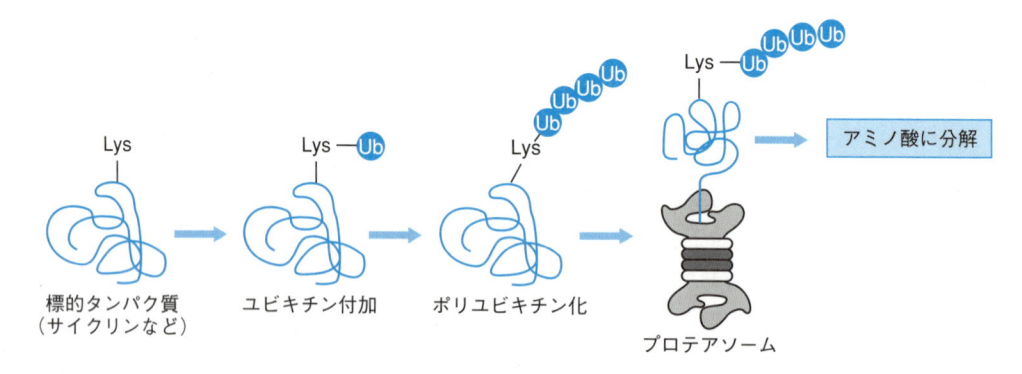

図 4・11 細胞周期調節因子の分解の仕組み

ユビキチン化されたタンパク質を見つけて分解するステップでは，**プロテアソーム**とよばれる巨大な複合体が作用し，標的タンパク質を ATP の出すエネルギーを利用してアミノ酸にまで分解する．この後でユビキチンは再利用される．プロテアソームは七つずつの α, β サブユニットが $\alpha_7 \beta_7 \beta_7 \alpha_7$ というふうに4層に重なった円筒型構造をしており，標的タンパク質はこの円筒を通過するさいに分解される．

細胞周期的なタンパク質分解が行われている時期は2箇所あり，G_1/S 期においては SCF が，M 期においては APC/C が，それぞれの時期で特異的なユビキチン連結酵素（E3）を働かせて作用している．細胞周期を円滑に進めるために，一方が働いているときには他方は休んでいるという具合に，これも細胞周期エンジンによるリン酸化によって調節されている．

> SCF と APC/C は構成するタンパク質はまったく異なるが，細胞周期に連動して標的にユビキチンを付加して分解へ導くという，類似な機能を果たしているタンパク質複合体である．

4・4・6 染色体の分離と細胞分裂

細胞周期の中でも最も華やかなのは M 期であろう．M 期での染色分体分離の準備は DNA 複製の時期（S 期）から始まっている（図4・12）．まずコヒーシンが複製された DNA が離れないよう外側から取巻くようにしてつなぎ止める．コヒーシン複合体は細長いひものような立体構造をとる．これが2本結合して輪

(直径約 40 nm) をつくり，DNA を外側から取囲むことで複製された DNA が離れないようにつなぎとめている．M 期の開始時期になると染色体はフランスパンのような形に凝縮する．

　M 期に入ると前期，前中期，中期，後期，終期とよばれる一連の変化が 1 時間くらいの間に進んでゆき，細胞質分裂によって M 期が終わる．M 期中期の後半で，染色分体の赤道面における整列が完了したというシグナルを受けると，コヒーシンがプロテアソームによって分解される．そこで初めてコヒーシンによる束縛が解け，各姉妹染色分体は紡錘糸に引っ張られて娘細胞へと分配される．それにともなって細胞質の中央が，餅をちぎるようにくびれて細胞は二つに分裂する．この後，新たに生まれた細胞の中で染色体は凝縮が解けて核内へ分散してゆく．

中期において染色分体の赤道面における整列が完了したというシグナルを受けると染色分体は紡錘糸に引っ張られて娘細胞へと分配され後期へと進む．コヒーシンの輪を切断することで，このスイッチを押すのはセパレースである．染色体の整列完了のシグナルが出るまではセキュリンがセパレースに結合して，ゴーサインが出されるまでは働けないように抑え込んでいる．整列完了のシグナルが APC/C 複合体へ伝達されると，セキュリンがユビキチン化され，その後プロテアソームで分解される．コヒーシンによる束縛が解けた各姉妹染色分体は，以前からずっと力をかけ続けていた紡錘糸に引っ張られて，娘細胞へと分配されてゆく．

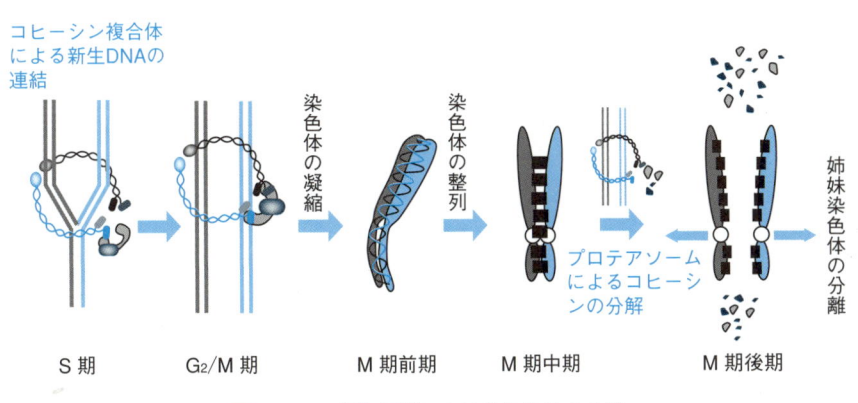

図 4・12　細胞周期における染色体の分離

5 性と生殖の不思議

「だって私の国では、もしあなたがこんなふうに長い間とても速く走ったら、きっとどこか他の場所へ着いてしまうわ」アリスはまだちょっと息を切らしながら言った．「そりゃあ、なんてのろまな国なんだい」女王は言い放った．「ここではね、同じ場所に留まっていたければずっと走っていなきゃあならないんだよ．もしどこか別の場所へきたければ、少なくとも今の2倍の速さで走らなければならないのさ」．
ルイス・キャロル（1832〜1898）『鏡の国のアリス』

単細胞で生きている生命は増殖して自己を複製するが、多細胞生物では生殖を行って子孫を増やす．「どうやって生命は生まれるか？」という謎は、生命の不思議のなかでもとりわけ奥が深い．現在生きている自分は長い地球史のある瞬間に誕生したのであるが、その仕組みを理解すると、いまこうやって生きていることが低い確率を奇跡的に勝ち抜いた結果であることに驚きを感じ得ない．

キャロルの『鏡の国のアリス』に出てくる"赤の女王"の台詞を借りて、「生存競争に生き残るためには立ち止まらずに常に進化しなければならない」という「赤の女王伝説」をヴェーレンは唱えたが（1973年）、これを「無性生殖に比べ、2倍のコストがかかる有性生殖が淘汰に勝ち抜いた」という理由の説明に用いたのはハミルトンである．なぜなら、宿主よりも進化速度の速い寄生者などに対抗するうえで有利だから．

一人の男性が生きている間に精巣でつくられる精子の数は膨大である．一度の射精で数億個の精子が放出されるが、そのうち、卵管を泳ぎ上がって待機している卵子のところまでたどり着けるのは数百個であろう．その努力も卵子が排卵されてお留守であれば無駄となる．その意味でも、受精と誕生は奇跡の賜物である．

5・1 生殖細胞と減数分裂

地球の生命史のなかで「性」の出現は大きな出来事であった．別個体の両親が半分ずつもち寄った遺伝子セットが**生殖細胞**の合体により組合わされ、生まれる子供には親とは少しだけ異なった遺伝情報が伝わるという仕組みは、変異が生じる可能性を飛躍的に高めることで生物の多様化を加速させた．その起源が6億年以上前の先カンブリア時代（原生代）にあることは間違いないが、いつであるかは特定できていない．

精子や卵子などの生殖細胞は、① 遺伝子組換え、② 染色体の数が半分になる還元分裂、③ 2回連続して起こる核分裂という、三つの特徴をもつ**減数分裂**によって生み出される．この結果、父あるいは母に由来する一組の染色体しかもたない生殖細胞ができる（図5・1）．

生殖細胞以外の細胞である**体細胞分裂**では核分裂は1回で、染色体の数は変化しない．

第一減数分裂の直前で起こる**遺伝子組換え**は，両親由来の遺伝情報を部分的に交換する．そこではまず父母由来の染色体が交差し，そこから少しずつ入れ替わることで断片的に混ぜあわされる．その結果，個々の精子や卵子は父母の遺伝子の組合わせを少しずつ異なった割合でひき継ぐ．子供の特徴が，ある点では父親似でも他の点では母親似であったり，その程度が子供同士で少しずつ違ったりする理由はここにある．生物の進化を推し進めてきた謎の力（3章参照）は，この

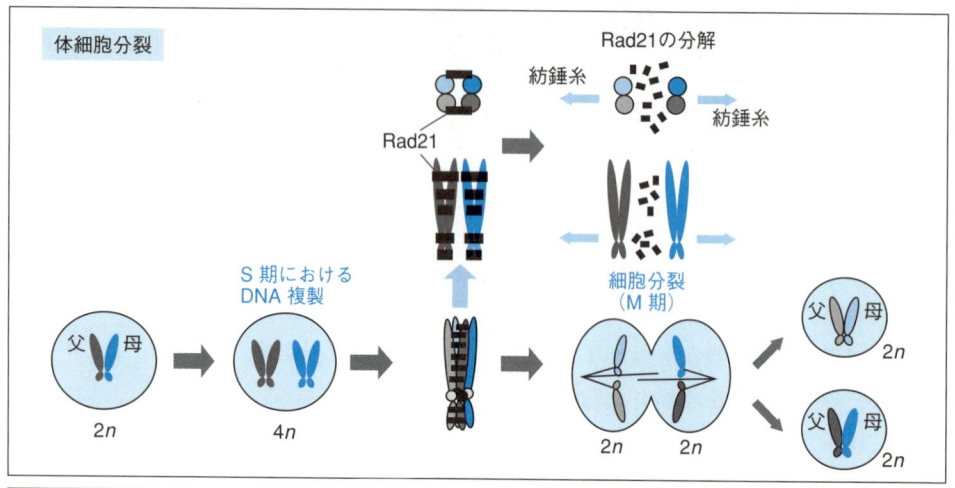

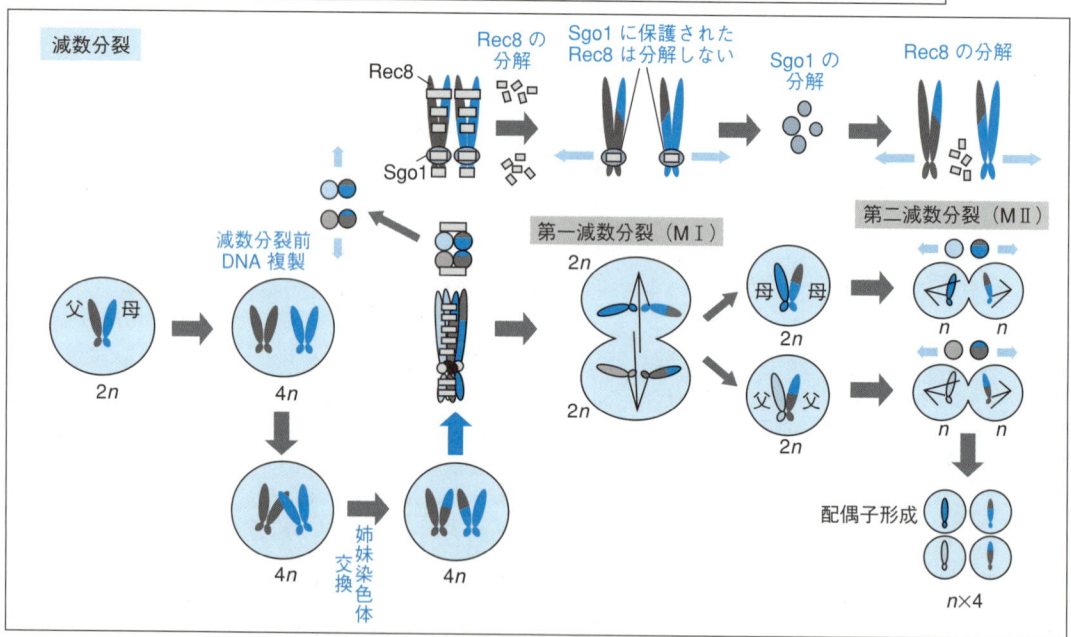

図5・1　体細胞分裂と減数分裂の違い．減数分裂は以下の2点で体細胞分裂と異なる．① 遺伝子組換えによって父母由来の相同染色体の一部が交換される．② 姉妹染色分体は，MIでは父あるいは母に由来した一対の姉妹染色体が分離することなく娘細胞に分配される．すなわち，MIにおける染色体分配の方向は体細胞分裂とは異なる．この還元分裂とよばれる現象は動原体に存在するRec8（減数分裂に特異的なコヒーシン）がSgo1によって保護されることで分解から免れるために起こる（図5・2参照）．やがてSgo1が分解されると，動原体に残ったRec8も分解され，MIIでは体細胞分裂のときと同様に一対の姉妹染色体が均等に分配されることで一倍体となり，そのまま配偶子（精子や卵子，あるいは胞子）を形成する．

生殖細胞を生み出すときに達成される未解決の複雑な仕組みのなかに潜んでいるのかもしれない．

5・2　還元分裂の仕組み

遺伝子組換えが終わってすぐに始まる**第一減数分裂**（MI）では，染色体の数が半分になる**還元分裂**が起こる（図5・1）．体細胞分裂では父母由来の染色体が2倍になったうえで，（父母）と（父母）の組合わせで染色体分配が起こるが，還元分裂では（母母）と（父父）の組合わせで分配される．そのため，セントロメアとよばれる染色体の中心部分が離れることなく同じ方向に引っ張られる．この仕組みを支えているのはモアワン（Moa1）とシュゴワン（Sgo1）とよばれる，減数分裂の間だけ発現されている二つのタンパク質である．シュゴワンはセントロメアに局在して（母母）と（父父）の染色体をつなぎとめているコヒーシン（Rec8）のうち，セントロメアのまわりに存在するものだけを分解から保護している．そのおかげで，（母母）と（父父）の染色体は第二減数分裂（MII）における染色体分配の時期までつなぎとめられたままでいられる．モアワンもセントロメアに局在するが，その働きはシュゴワンのおかげで離れないようになったセントロメアを同じ方向へ向かせることで，（母母）あるいは（父父）の染色体が紡錘糸により同じ方向へ引っ張られて還元分裂が達成できる（図5・2）．

シュゴシン（守護神）と名づけられたタンパク質にはシュゴワン（Sgo1）とシュゴツー（Sgo2）の二つが知られている．

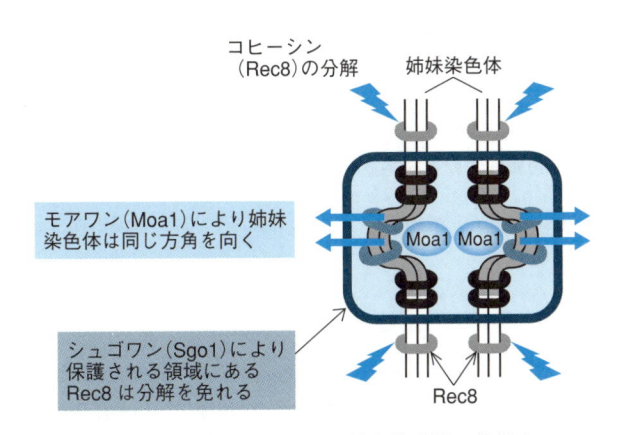

図 5・2　減数分裂における染色体分配の仕組み

続いて起こる**第二減数分裂**では，体細胞分裂と同じ仕組みで，父のみあるいは母のみ由来の一対の姉妹染色体がもう一回分配される結果，それまで二倍体であった染色体が一倍体となり四つの精子あるいは卵子に分配されてゆく（図5・1）．これらが受精によって合体して初めて元の二倍体となり，新たな生命が誕生するのである．

卵や精子の生殖細胞は23（n）本の染色体をもつ一倍体であり，体細胞は46（$2n$）本の二倍体である．

5・3　精子・卵の形成と受精・発生

減数分裂によって形成された精子と卵は**受精**によって合体する．できた受精卵は**発生**という一連の過程において細胞分裂を繰返し，分裂してできた細胞は分化

減数分裂を開始させる仕組み

ヒトを含めた高等動物の生殖細胞は減数分裂のみを行う．どのようにして，減数分裂は開始されるのだろうか？その解決の糸口が分裂酵母を用いた研究によってもたらされた．

分裂酵母は栄養が豊富であると体細胞分裂を行って増殖し，栄養が不足すると減数分裂を行って胞子をつくる．栄養豊富な分裂酵母では，減数分裂においてのみ発現するmRNAが選択的に取除かれるために，減数分裂は抑制される．これは，mRNAが体細胞分裂で間違って発現されると，mRNAのDSRとよばれる塩基配列にMmi1というタンパク質が結合して分解が促進されるために起こる（図a）．一方，減数分裂の開始はMie2というタンパク質がDSRを認識したMmi1を捕獲することで，mRNAが分解から保護されることによってもたらされる（図b）．このような仕組みは，ヒトを含む高等動物でも同様に働いていると推測されている．

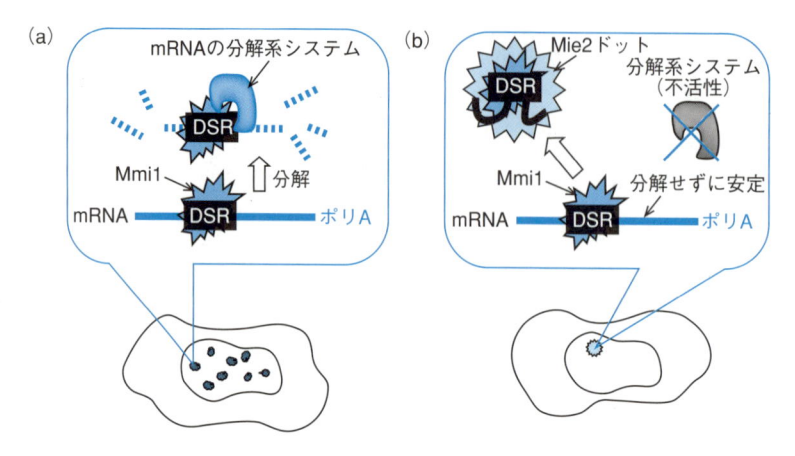

図 Mmi1/DSRを介した減数分裂に特異的に転写誘導されるmRNAの安定性の獲得のモデル．(a) 栄養増殖期．DSRを認識したMmi1がmRNAの分解システムを活性化して分解を促進する，(b) 減数分裂期．DSRを認識したMmi1がMie2ドットに捕獲されるためmRNAは分解から保護される．

してさまざまな器官を形成し，やがて一個体としての誕生を迎える．

成人男性の精巣では2ヵ月以上もかけて，精祖細胞（1個）⇒第1精母細胞⇒第2精母細胞（2個）⇒精子細胞（4個）と減数分裂を過ごしたのち，成熟精子へと分化する．女性では出生前の胎児において卵祖細胞から成熟した卵子へと変化していく過程が始まっており，出生後の思春期以降に終了する．胎児のときに数十万個にまで増えた卵祖細胞の8割近くは出生時までには消失し，残った約4万個のうち約400個が卵娘細胞になり，月経が始まって閉経するまで定期的に排卵される．卵母細胞は出生時に第一減数分裂の前期を終了したところで止まったまま，排卵の直前まで再開されない．排卵が起こると第一減数分裂の中期まで進んで待機状態となる．このとき大部分の細胞質はひとつの卵にひき継がれ，残りの細胞は退行変性する．

図5・3は受精の仕組みを示したものである．交接により射精され，長い道のりをやっと卵子にたどり着いた精子は放射冠（顆粒細胞の層）を通過し，ゼラチ

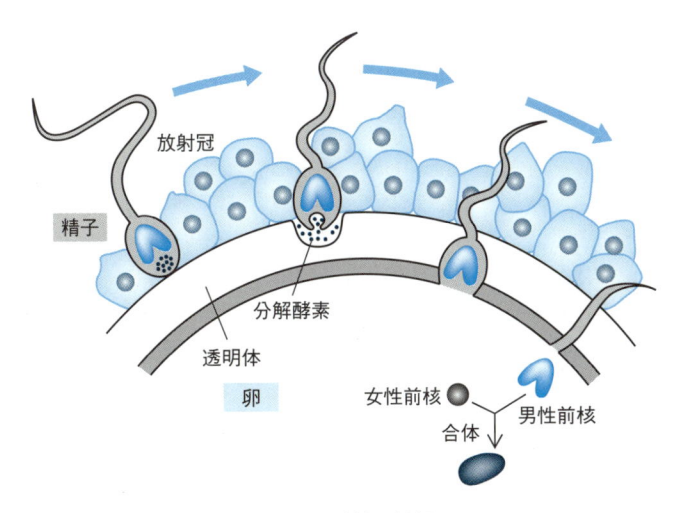

図 5・3 受精の仕組み

ン状の透明帯を破った後で卵の細胞膜を貫通する．ここで精子の頭部を覆っている先体がふくらみ，先体に小孔が生じて分解酵素（アクロシンなど）が放出されて透明帯が融解する（先体反応）．精子が透明帯を通過すると，CD9（卵側）とイズモ（精子側）という二つのタンパク質を介して卵と精子の細胞膜が融合し，その後，精子の頭部と尾部が卵細胞の細胞質内へ侵入する．このとき精子の尾のミトコンドリアは細胞外へとり残されるため，男性のミトコンドリア DNA は子孫へ伝達されない．たび重なる受精を防ぐため，透明帯が何らかの変化を起こして，ほかの精子は通過できなくなる．卵へ侵入した精子の核は男性前核となり，精子の尾は消えてゆく．やがて男性前核と女性前核が合体するが，このときこそが新しい「生命誕生の瞬間」であろう．

ヒトの場合，受精卵は受精してから 30 時間くらいたったところで発生を始める．まず 2 個，4 個，8 個の細胞へと分裂（卵割）し，そこから桑実胚，胚盤胞と変化しながら約 3 日をかけ，子宮腔を目指して卵管内を移動する（図 5・4）．

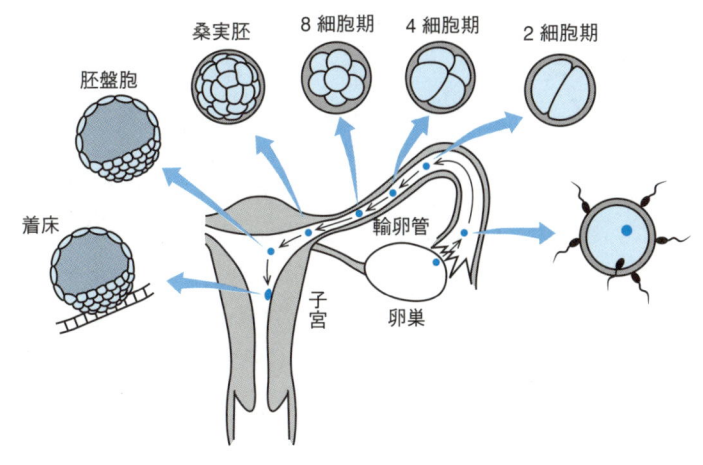

図 5・4 受精から初期発生まで

単為発生によるマウスの誕生

受精することなく卵だけから発生して子孫を増やす現象をする**単為発生**または**処女生殖**とよぶ。たとえばミツバチでは，卵が受精して発生すると雌（働きバチや女王バチ）になり，未受精で染色体が半数のまま発生すると雄になる。鳥や爬虫類を含む多くの脊椎動物でさえも単為発生が見られる。哺乳類はこの戦略を捨て去って久しいが，その理由はゲノム刷込み（2・7節参照）により精子や卵子の形成過程において何らかの形で遺伝子に「しるし」あるいは「記憶」が刷込まれており，その「しるし」をもち寄らないと発生できない仕組みがあるからだとされる。

では，その「しるし」を遺伝子操作によってなくしてしまったら，単為発生するだろうか。マウスでは近くに座位する二つの遺伝子（*H19* と *Igf2*）がゲノム刷込みを受けており，雌の *H19*（発がん・発生を制御する）のみと，雄の *Igf2*（増殖促進因子）のみが働くようにセットされている。成熟卵に別の卵の核を移植すると，*Igf2* はどちらも雌由来になるため働かない（逆に *H19* は働きすぎて発現量が2倍となる）。そこで，まず未受精卵を *H19* 遺伝子のスイッチがオンに，*Igf2* 遺伝子のスイッチがオフになるよう遺伝子操作し，その核を普通の成熟卵にミクロピペットで導入した。すると，この核はあたかも精子由来の核と同じゲノム刷込みを受けた *H19* と *Igf2* をもち寄ったことになったためか，正常に発生し，子供が生まれたのである。この仔マウスは「かぐや姫」にちなんで「カグヤ」と名づけられた。

体外受精では，精子と卵子を取出して体外で受精させた後，そのまま受精卵を培養し，2～4細胞期胚となったところ（2日目）で子宮腔に胚移植する。着床率を上げるために，胚盤胞まで分割させてから（約6日目）胚盤胞移植することも可能である。

胚盤胞は子宮腔内に達すると約6日かけて子宮内膜に取込まれ，やがて埋没して一体化する。これを"着床"という。胚盤胞の中では内細胞塊（ICM）と外細胞塊（OCM）の間に液が充満した胞胚腔が生じている。そのうち内細胞塊は多くの器官に分化できる能力をもっており，ここから分化して胎児となる。他方，外細胞塊は栄養膜細胞になり，やがて胎盤へと分化して胎児の発育を支えてゆく。

5・4 体の左右の軸形成

おおむね左右対称である動物の体も，心臓は左側に，肝臓は右側にあるというふうに左右が非対称性の臓器もある。**左右の非対称性**を支配する左右軸（L/R）は，発生の初期に前後軸（A/P）と背腹軸（D/V）が確立した後で決定されることがわかってきた（図5・5）。

ノードはマウスでは約6.5日ころに胚中央に生じる。この時期は胚の原条の前側先端にオーガナイザーができて頭部形成を誘導するころにあたる。

① 左右軸の決定は，まずノード（結節）とよばれる小さなくぼみの中および周辺において始まる。ノードの底には繊毛があり，それらが毎秒10回転という高速で左回転することでノードの中に右から左に向かう水流（ノード流）をひき起こしている。このノード流によって，遺伝子の左右非対称性の発現が生じる。

② つづいて，左右非対称性を指令するシグナルがノードから側板中胚葉へ伝達される。このシグナルを受けて，ノード流の向きにより，ノーダル（Nodal）やレフティツー（Lefty2）というタンパク質が左側面でのみで発現する。また，ノーダルが発現誘導するレフティワン（Lefty1）は胚の中央にある神経底板に発現して，ノード流によって運ばれてくる因子が右側に漏れでないように防いでいる。

③ 左側側板中胚葉では，ノーダルによって転写因子（Pitx2）の発現をひき起こし，臓器の左右非対称な形態形成が誘導される。

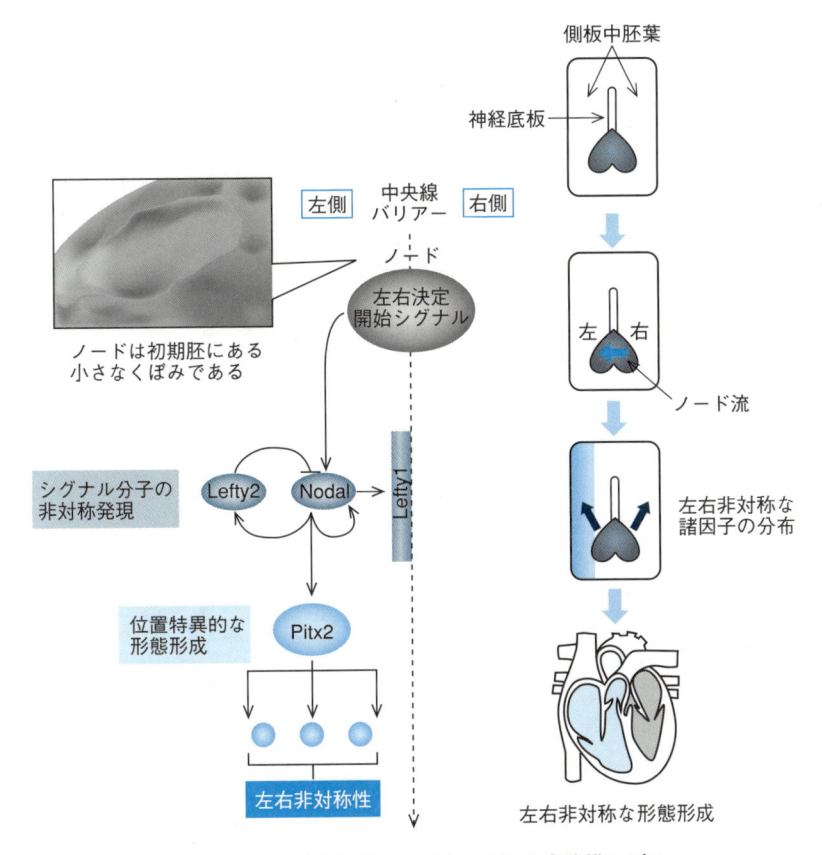

図 5・5 発生初期における左右軸決定機構モデル

胚の一部にあるノードという小さな池で起こっていることを頭の中に描いて見ると，不思議な光景が浮かび上がってくる．なぜなら，池の底で多数の繊毛が音も立てずに回転して流れが生じており，右岸の細胞膜からくびれて生じた膜性小胞（NPV）が，流れに沿って左岸に流されてゆく（図5・6）．やがて左岸へ近づくにつれて，小胞から形態誘導物質が放出されることで左右の勾配が生じ，ノーダルやレフティの左側に特異的な発現が誘導される．

ヒトや魚（ゼブラフィッシュ）でも同様のことが起こっていると予想されているが，鳥やショウジョウバエではノード流はなく，異なった仕組みで左右軸の決定がなされている（脚注参照）．

5・5 幹細胞とES細胞

自己増殖能と分化能をあわせもつ未分化な細胞を**幹細胞**と総称する．初期胚には**胚性幹細胞**（**ES細胞**，embryonic stem cell）があり，そこからさまざまな組織や器官を構成する特殊な細胞へと分化する．マウスでは受精4日後に卵巣を除去し，受精した胚が子宮に着床するのを遅らせることで採取できる胚盤胞の内細胞塊には，あらゆる細胞に分化できる全能性の未分化細胞がある．内細胞塊を顕微鏡下で分離して採集し，特殊な培養液で培養するとES細胞の株を樹立できる

たとえばショウジョウバエでは細胞の中に張り巡らされているアクチン骨格というレールに沿って移動するモータータンパク質であるミオシンI（Myo31DFとMyo61F）の働きのバランスで決まっている．細胞の左右を決める未知のタンパク質の移動をMyo31DFが特定の方向へ向かわせ，Myo61Fが逆の方向へ向かわすという働きの強弱関係で内臓の左右が決められているらしい．
ノード流も微小管というレールに沿って移動するモータータンパク質であるキネシン（図11・5参照）によってつくられていることを考えると原理はよく似ている．

図5・6 ノードにおける左右非対称性を指令するシグナルが伝達される仕組み. 小胞からは，ソニック・ヘジホック（Shh）というタンパク質とビタミンAの一種であるレチノイン酸（RA）が放出される．

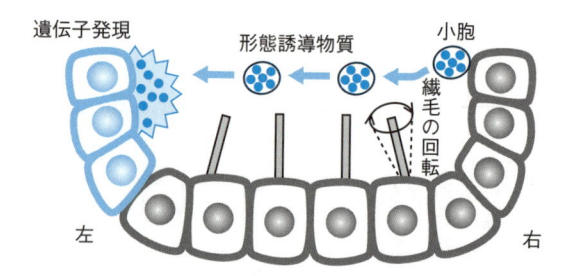

生殖細胞は特別な始原生殖細胞が分化して生じるが，これを培養して樹立された **EG 細胞**（embryonic germ cell）も胚性幹細胞の1種である．

（図5・7）．ES細胞は正常細胞でありながら不死性を獲得しており，シャーレの中で培養すればいつまでも分裂を続けることができる．しかも分化の全能性をもつため，培養液に分化誘導因子を加えると脳や筋肉を構成する特殊な細胞へ分化する．

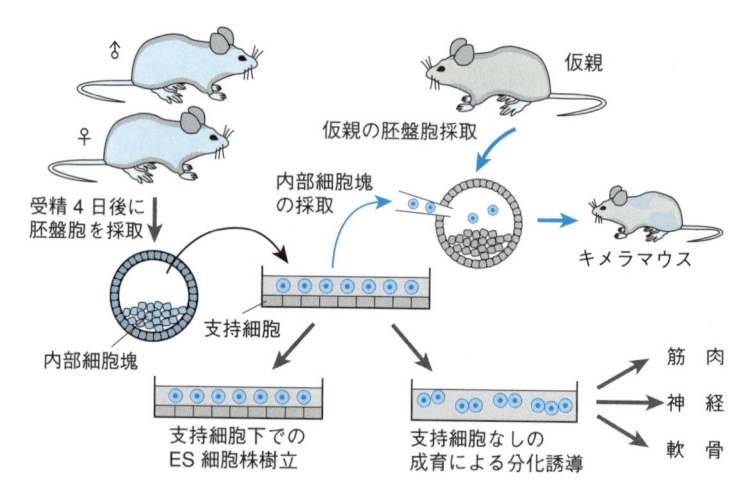

図5・7 ES細胞の樹立の手順

　ES細胞は受精後5〜7日が過ぎたヒトの初期胚（受精卵）からも樹立できるはずである．将来，分化をうまく操作する技術が進展すれば，移植のための人工臓器を工場で大量につくることも夢ではなくなった現在，ヒトのES細胞に寄せられる期待は大きい．しかし，「受精した段階ですでに一個人として認めるべきだ」というキリスト教的価値観の強い欧米ではES細胞の樹立という行為そのものが倫理的に問題あるという考え方もあり，規制が厳しく研究が自由にできない．日本でも厳重な規制の範囲内で慎重に研究が進められている．

ニッチ（語源となった仏語ではニッシュと発音する）とは，元来は西洋建築でよく見られる神像や花瓶を置くために設けられた壁の小さなくぼみ「壁がん」の呼び名である．

　幹細胞の周辺には，増殖と分化をともに達成できるという幹細胞状態を維持する生体内の微小環境として，**幹細胞ニッチ**が見つかっている．幹細胞ニッチでは幹細胞の未分化性を維持する因子とともに分化シグナルを抑制する因子が産生されている．幹細胞は単独ではシャーレの中で育たないが，胎児からとりだした繊維芽細胞をシャーレの中で一層に生やしてニッチとし，その上層に幹細胞を増殖すれば多分化能を維持させたまま培養できる．養育細胞から産生されるLIFと

よばれる分泌性のタンパク質を培養液に添加すると，支持細胞層（フィーダー）なしで ES 細胞を培養できる．

5・6　ヒトの体の中にある組織幹細胞

幹細胞が初期胚のみでなく成人の体の中にも見つかったことで，再生医療の展望が一気に開けたといって良いだろう．なにしろこの幹細胞を自在に操作する技術を開発さえすれば，自分の体の一部を採取して新たな臓器をつくるのだから，移植による拒絶の心配もないし，ヒト ES 細胞で生じたような倫理上の問題もない．

たとえば骨髄には**造血幹細胞**と**間葉系幹細胞**の二つの幹細胞がある．造血幹細胞からは常に多様な血液細胞が分化しており，血液内に絶え間なく新鮮な血球を供給している．間葉系幹細胞からは脂肪細胞，軟骨細胞，骨細胞などが分化している．神経には自己複製能をもった神経幹細胞が見つかっており，グリア前駆細胞や神経前駆細胞へと変化したのち各種神経細胞へと分化する．オスの精巣には精子の幹細胞が見つかっており，一生にわたって精子へと分化させ続けている．

皮膚は表皮と真皮から構成され，その境には基底膜がある（図 5・8a）．表皮は基底膜から外側に向かって基底層，有棘層，顆粒層，角化層の 4 層からなり，基底層には未分化な表皮幹細胞が基底膜に接して存在する．体毛や頭髪は外界に接している部分を毛幹，皮膚に埋もれているものを毛包とよぶ．毛包の基部は毛球とよばれ，毛母と毛乳頭で構成される．毛包の上部には皮脂腺があり，外毛根鞘に存在する毛隆起（バルジ）に幹細胞が存在して毛包細胞のみでなく表皮細胞や皮脂腺にも分化する（図 5・8b）．目の角膜は上皮，実質（直交に配列したコラーゲン繊維からなる），内皮から構成される．角膜と結膜の境界部分のリンバスとよばれる角膜周辺部には角膜上皮幹細胞が存在し，分化するにつれて中心部へ移動することで，生理的な角膜の再生維持や組織損傷に備えている（図 5・8c）．

寿命が短い消化管上皮にも幹細胞が存在して再生による組織の新陳代謝を担っている．腸では陰窩とよばれる領域には腸内分泌細胞，円柱上皮（栄養分を吸収

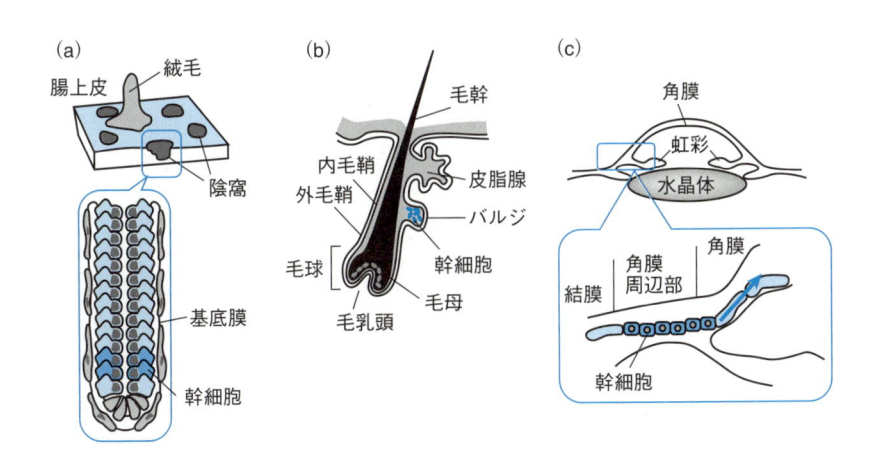

図 5・8　腸上皮，毛，角膜の幹細胞の存在する位置の模式図

する），杯細胞，壁細胞があるが，これらは少数の幹細胞から分化により生じる．肝臓は切除によって高い再生能を示す臓器である．ただし，この肝再生は残存した肝細胞の分裂によって達成される．胎児には肝芽細胞があり，肝細胞あるいは胆管上皮細胞に分化する．肝臓の幹細胞の候補としては小型肝細胞やオーバルセルがあり，この由来として骨髄細胞があげられている．骨格筋には「サテライト細胞」とよばれる幹細胞が骨格筋細胞と基底膜の間に見つかる．普段は細胞分裂をしていないが，外傷などのストレスにより筋前駆細胞へと分化して筋繊維と融合する．

> たとえばラットでは肝重量の70％を切除しても1週間でもとに戻る．

　最近，マウスのしっぽからとった皮膚の細胞から全能細胞がつくられた（2006年）．この研究ではES細胞で特異的に働いている24個の遺伝子のうち特定の4個の遺伝子（*Oct3/4, Sox2, Klf4, c-Myc*）を導入しただけでES細胞のごとく全能性を示したという（9・2節参照）．この細胞は**誘導多能性幹細胞**（**iPS細胞**）とよばれ，マウスの皮下に注射すると神経組織，軟骨組織あるいは消化管のような構造に分化した．シャーレの中でもiPS細胞から神経，心筋，肝臓細胞などが分化してきた．ヒトの体細胞に適用すれば，受精卵を使わずとも患者の中のありふれた体細胞を使って病気や事故で損なわれた組織や臓器を補う拒絶反応のない再生医療が実現できるかもしれない．

> 人工多能性幹細胞ともいう．

　組織を再構築して医療に役立てることを目指して，幹細胞や組織を構成する細胞を操作する技術は**組織工学**とよばれる分野も進展している（9・3節参照）．その進展の原動力のひとつである培養液中での臓器再生ができれば，組織を再構築して医療に役立てることができるかもしれない．その夢の実現への第一歩がモデル生物において踏み出された．アフリカツメガエルでは受精卵の分裂がある程度進んだ胚の中で神経に分化する「予定外胚葉」が臓器再生に重要な働きをする．実際，これをアクチビンとよばれるタンパク質を含む培養液中で小腸，心臓，腎臓，眼などへ分化誘導することが可能となった（図5・9）．まだ自在に操作できる段階ではないが，21世紀中には，ある程度のレベルまでは実現できるかもしれない．

5・7　受精卵クローン

　クローン動物とはゲノムの塩基配列がまったく同一な個体のことをさす．一卵性双生児は自然界で発生するまれなクローン個体で，1個の受精卵が発生の途中で偶発的に2個に分かれてしまい，それぞれが独立に成育して生まれたものである．

　哺乳動物では受精卵が1回だけ分裂（卵割）して二つの細胞（割球）に分かれたときに卵管から受精卵を採取し，シャーレの培養液中に移す．酵素（プロナーゼ）により卵を覆う透明帯を溶かし，顕微鏡下で操作して毛細ガラス管の中に胚を出し入れして，割球を分離する．それらをシャーレの中の培養液中で培養すると，そのまま独自に発生を続け，正常のものより一まわり小さいが機能は正常な胚盤胞にまで成長する．これらを別々の仮親となる雌の子宮に移植して，仮親の胎内で成育をさせると正常どおりに出産し，2匹のクローン動物が生まれる．

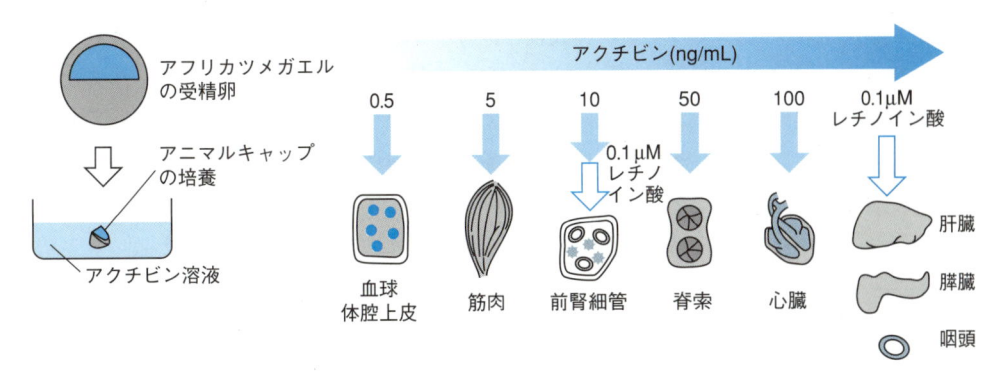

図 5・9 **培養液中での臓器再生**．アフリカツメガエルのアニマルキャップは試験管内で多種類の臓器に分化する．培養液にアクチビンを加える（時にはレチノイン酸をいっしょに加えて）やると，その濃度に応じてさまざまな臓器に分化した．

受精卵クローンの最初の成功はマウスで達成された（1961 年）．実験では黒毛のマウスと白毛のマウスの卵管から，それぞれ受精後 3 日たって 3 回ほど分裂を済ませた 8 細胞期の胚が採取された（図 5・10）．顕微鏡下で胚の外側の透明帯を切り裂き，取出した両方の胚を極細のガラス針を使って結合させたまま，培養液につけておくと数時間後には両方の胚は 2 倍の大きさの 1 個のキメラ胚として成長した．この集合胚を仮親マウスの子宮に移植して成育させると，白黒が混在した毛色のキメラマウスが生まれてきたのである．

その後，ヒツジとヤギの異種間キメラであるギープが作製されたときには，ギリシャ神話の世界がこの世に出現したとして物議をかもした（1984 年）．ギープは全身の骨格や髭の形はヤギに似ているが，角や体毛はヒツジの特徴を備えた奇妙な合体動物である．ただしヤギとヒツジとは染色体数が異なるため，ギープは一代かぎりの動物で，交配によって子孫をつくることはできない．

キメラという名称はギリシャ神話に出てくる，頭はライオン，胴体はヤギ，尾は大蛇からなる火を吐く架空の怪獣の名前に由来する．

ギープ：ヤギ（goat）とヒツジ（sheep）の合成語

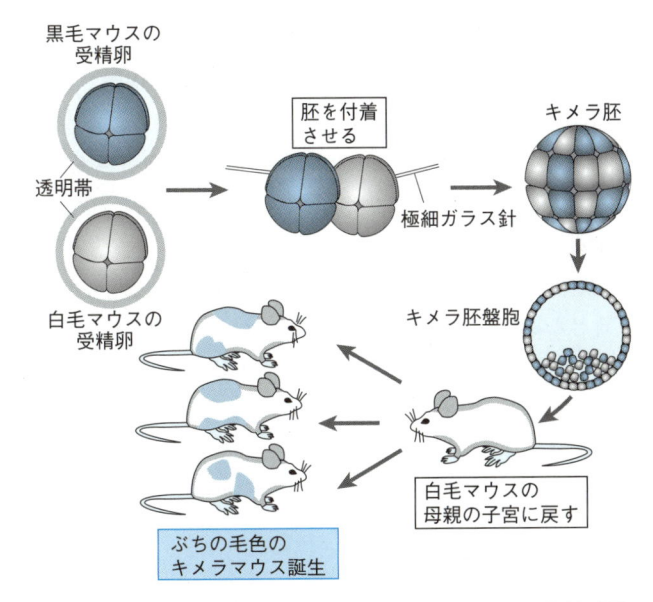

図 5・10 マウスで最初に成功した受精卵クローンの作製手順

ウシでは農産物の改良と優秀なウシの大量産生という実用的な観点から受精卵クローンの研究が進んでおり，32細胞期まで進んだところでさえ受精卵クローンの作製が成功している．ただし32個の細胞は小さすぎて細胞質の量が不足するので，あらかじめ除核しておいた未受精卵にこれら細胞から取出した核を別々に導入した．これを16頭のホルシュタイン種の子宮に1個ずつ移植したところ，最終的には8頭ものクローンウシを誕生させることに成功している（1987年）．

5・8 体細胞クローン

このようなときに発表された**体細胞クローン**としての仔ヒツジ，『ドリー』の誕生は大きな衝撃であった（1997年）．雌ヒツジの乳腺細胞の細胞核を取出して，核を抜いた受精卵に差替え，仮親の子宮内へ移植するだけで親とまったく同じゲノムセットをもつクローンヒツジが生まれたのである．体細胞クローン動物が，受精卵クローン動物と決定的に違う点は雄の介在なしで子供が生まれた点にある．さらには，一匹のヒツジに何百万個と存在する乳腺細胞のどれもがクローンヒツジを生むことができる潜在能力をもつことがわかったのである．

その後，他の哺乳類（ウシ，ブタ，マウス，ネコなど）でもつぎつぎに体細胞クローン動物を生ますことに成功している．クローンウシやクローンブタは良質の牛肉や豚肉の産生ということで畜産的に意義があるし，マウスは実験動物としての可能性を拡大させた．クローンネコは最愛のペットを失って悲しむ愛猫家を相手にしたビジネスとしての展開を視野に入れて成功にこぎつけた．ドリーの開発も商業的な期待がかかっていた．なぜなら，その乳の中にヒトの新生児が必要とするアミノ酸の大半を含む高価なアルファ・ラクトアルブミンが含まれるよう，遺伝子操作されていたからである．これにひき続き生まれたクローンヒツジのポリーの乳腺細胞には，血友病の治療に使われる血液凝固第9因子が乳に大量に発現されるよう遺伝子操作してある．

ドリーは以下の手順で作製された（図5・11）．

① ドリーの親ヒツジの体細胞（乳腺など）を血清飢餓状態で培養し，静止期に誘導して全能性をよび覚まして後に核を取出す．

② ドリーの親ヒツジ（別のヒツジでも良い）の受精卵を顕微鏡下で固定し，極微ガラス針の先端部を受精卵に突き刺して，核を抜き出した後，①で抜き出した核を注入する．

③ こうした操作を施した受精卵をしばらくシャーレ内で培養した後，偽妊娠状態にした仮親となる雌ヒツジ（ドリーの親ヒツジ自身でも良い）の卵管内に移植する．

③′ あるいは，しばらくシャーレ内で培養して桑実胚や胚盤胞に発育させたのち仮親の子宮内へ移植する．

④ 移植された胚子が無事に子宮壁に着床して発育し，ドリーを誕生させたのである．

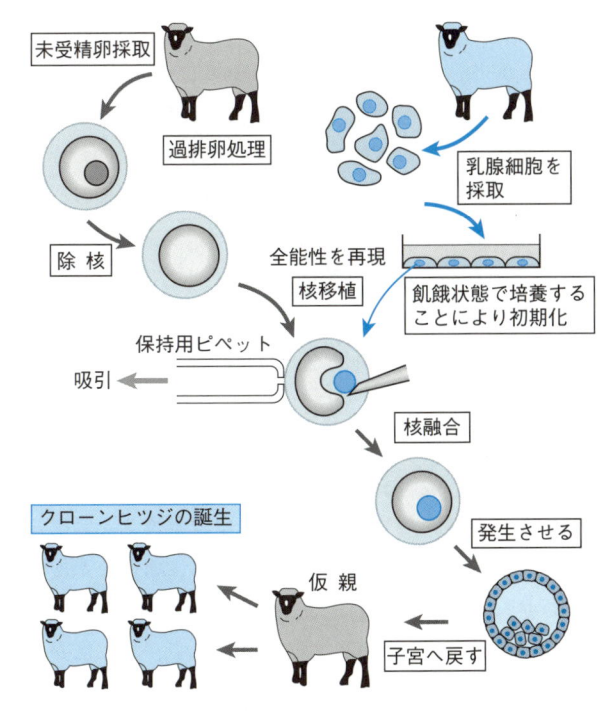

図 5・11　クローンヒツジ（ドリー）誕生までの操作手順

5・9　クローン人間の禁止

　クローン動物の作製がヒツジをはじめとした多くの哺乳動物でできたことは，技術的にはヒトにも応用できることを意味する．ドリー誕生のニュースを報じた週刊誌の表紙には多数のヒットラーやアインシュタインが行進している絵が載っていたが，その理由は，ヒトの一個体がもつ細胞は約 60 兆個だから，原理的には一人の人間から 60 兆人のクローン人間が生み出せる技術を人類が獲得した可能性が出てきたからである．

　ヒトの不妊治療法に体細胞クローンの技術を応用すれば，さまざまな社会問題をひき起こす可能性がある．たとえば簡単にクローン人間が生めるようになると，生命の尊厳に対する希薄な感情が蔓延するかもしれない．クローン人間の親子における人間関係の構築が難しく，夫婦関係の破壊，家族の概念の崩壊，結婚制度の無意味化などが起こりうるし，生まれてきたクローン人間の長期的な健康状態が保障できない．それでも現にクローン技術があるなら，愛する人を蘇らせたい，あるいは自分のクローンを生んでみたいという人が出てくるであろう．そこで諸問題の発生を未然に防ぐため，現在では多くの先進国でクローン人間の作製が禁止されている．

　一方で，拒絶反応がまったくないパーツとしての代替臓器を製造するための妊娠を目的としないヒト ES 細胞やクローン胚の研究は実施できる道は残されている．自分由来の ES 細胞を採取して，移植に必要な人造や骨髄など必要な臓器や輸血のための血液を採るためだけの自分のクローンを生み出す技術である．たと

ただし，禁止されていない小国などもいくつか残っており，そのような国でクローン人間を誕生させたというニュースも流れたことがあるが，真偽のほどはわからない．

えば，頭ができないように発生を操作して体だけを成長させる技術は将来可能となるかもしれない．しかし，それは倫理的に正しいことなのか，不完全な体とはいえ，クローンはヒトではないのか？ 患者が生き延びるという意味では，人命救済ではないか．患者の身になると他人ではなく自分自身なのだから，なぜやってはいけないのか？ このような問いは人類が初めて出会うきわめて難しい倫理的な問いかけである．著明な哲学者や宗教家も含め，現世のだれも確固たる答えを出せないでいる．そのため，技術を禁止することもなく進むのに任せている．ヒトのES細胞が簡単に採取できるようになるのに，そう時間はかからないであろう．もう時間はない．仏陀にこの疑問を問いかけたら何と答えるだろうか？

5・10 発生工学

発生工学とは発生生物学と遺伝子工学が結びついた学問である．発生工学の先駆けは外来の遺伝子が導入された**トランスジェニックマウス**を育てる技術の確立である（1980年）．この技術は交配に頼らずとも自在に新たな系統が樹立できるという点で動物実験全般に革命を起こした．なぜなら，これまで細胞レベルに限られてきた遺伝子操作の適用対象が哺乳動物個体にまで一挙に広がったからである．具体的な手順は以下のようになる（図 5・12）．

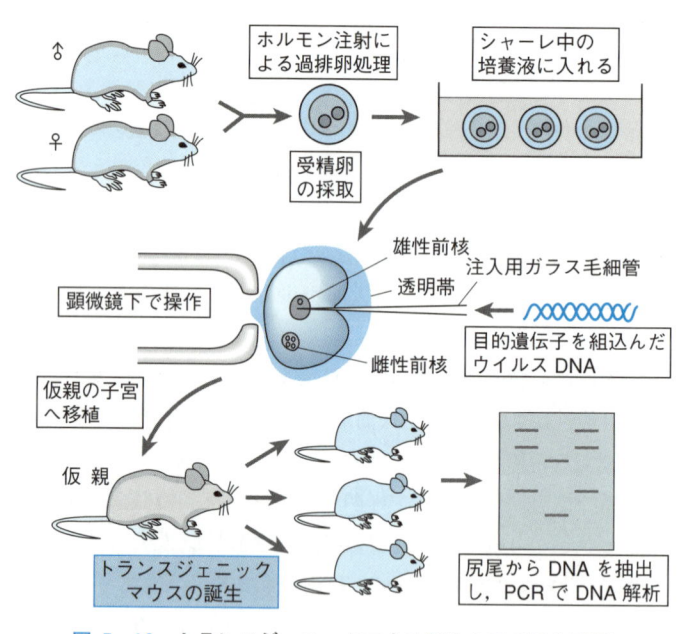

図中の PCR については9章のコラム参照．

図 5・12 トランスジェニックマウス誕生までの操作手順

① 受精してしばらくの間は受精卵の中に卵子由来の核（雌性前核）と進入した精子由来の核（雄性前核）が離れて存在している．そこで，核が融合する前の受精卵をもつマウスにホルモン注射をして強制的に排卵させる．
② 排卵した受精卵をひとつ選んで，吸引によって固定したうえで，顕微鏡下

でマイクロマニピュレーターを操作して，ウイルスのDNAを含む溶液を極微のガラス針（直径10ミクロン）の先端部を受精卵に突き刺して，雄性前核に微量注入する．

③ この操作を施した受精卵を偽妊娠状態にした雌マウスの卵管内に移植し，飼育し続けると，胎児は順調に成育して出生する．

④ 生まれたマウスの尻尾を少々切り取り，ゲノムDNAを抽出して調べてみると，注入したウイルスの遺伝子をマウスの染色体DNAに組込んだ個体が見つかる．

⑤ これら雌雄のマウスを成長させて交尾・受精させると，その子孫にもウイルスDNAがひき継がれていた．つまり注入されたDNAが染色体DNA中に安定に組込まれることで外来遺伝子を導入されたマウスの系統，トランスジェニックマウスが樹立できる．

このときES細胞を使うと効率の良い遺伝子ターゲッティングが可能となる．なぜならES細胞に外来遺伝子を導入したうえで仮親マウスの胚盤胞に注入すると，ES細胞と内部細胞塊とが混ざりあって成育するからで，生まれるマウスは母親由来の細胞とES細胞由来の細胞が混在するキメラマウスとなる．白毛の母親マウスの胚盤胞に黒毛のマウス由来のES細胞を注入すると，毛色が白黒混ざった"ぶち"のマウスが生まれるのである．キメラマウスの交配を繰返して何世代も選択を続けると，個体のすべての細胞がES細胞由来となったマウスの系統を樹立することもできる．望む遺伝形質をもったマウス個体を自由に作製できるという神がかりの技術を，人類はとうとう手に入れてしまったのだ．

5・11 遺伝子ノックアウトマウス

遺伝子ターゲッティング技術を使うと標的遺伝子が完全に削除された**ノックアウトマウス**を作製することもできる．これによって標的遺伝子がもつ機能を遺伝子欠失がひき起こす表現型の変化から推測できるようになった．同様にして，標的遺伝子を改変して交換する遺伝子ノックインも有用な技術である．遺伝子ノックアウトマウス（ノックインマウスも同様）は以下の手順で作製する（図5・13）．

① 標的遺伝子の一部をマーカー遺伝子（ネオマイシン [neo] など）で置換する．

② 置換遺伝子を含むDNAをES細胞に導入し，マーカーを指標にして細胞のゲノムと相同組換えを起こしたES細胞を選別する．

③ 選別された置換標的遺伝子をもつES細胞を胚盤胞に注入してキメラ胚を作製する．

④ キメラ胚を仮親の子宮に移植して成育させキメラマウスを産ませる．

⑤ 生まれてきたキメラマウスが置換（破壊）された標的遺伝子をもつか否かは，尻尾を一部切り取ってDNAを採取して調べる．仔マウスのいくつかは破壊された遺伝子を片方の染色体にもつヘテロ接合体（＋/−）である．

⑥ これらヘテロ接合体であるマウス同士を交配すると，破壊された遺伝子を両方の染色体上にもつホモ接合体（−/−）が得られる．ただし，標的遺伝子が発生に必須な遺伝子であれば，その破壊は発生異常をひき起こすのでホモ接合体

neo マーカーを用いた場合はG418という薬剤の存在下で生えてくる細胞をさす．

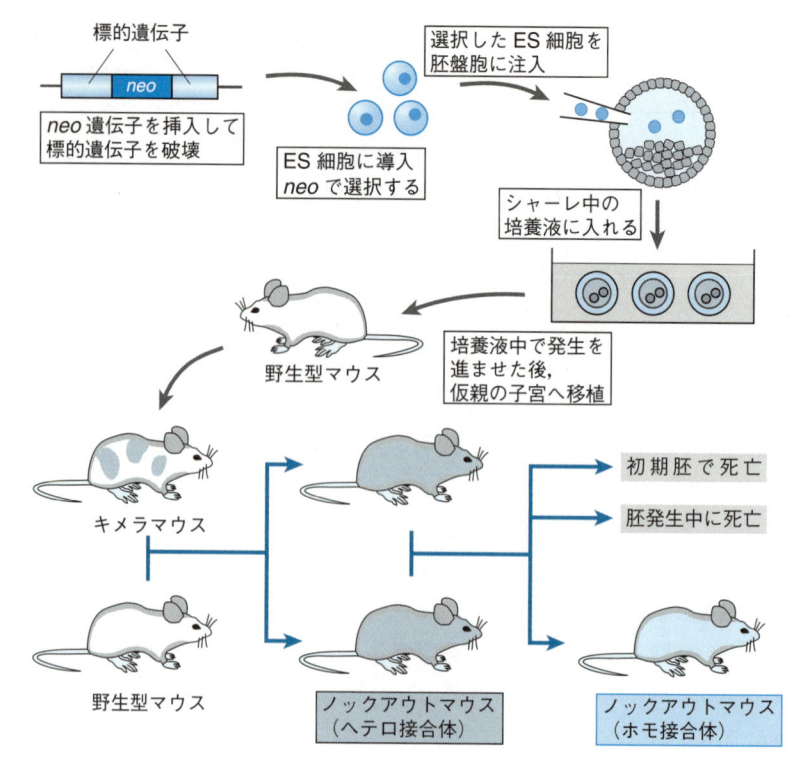

図 5・13 ノックアウトマウスの作製手順

は原理的には生まれてこない．そのさいは発生途中で死んだ胚を子宮から取出し，どの時点で異常を生じて死んだかを解析する．

ある組織だけで遺伝子を欠損させる**クレロックスピー**（Cre-loxP）とよばれる技術もある．バクテリオファージ P1 の産生する Cre リコンビナーゼ（組換え酵素）が 34 塩基からなる loxP とよばれる塩基配列を認識して，その位置で組換えを起こす性質を利用する．この技術の手順は以下のようである（図 5・14）．

① Cre 遺伝子を標的組織特異的なプロモーターにつなぎ，組織特異的に発現するようになったトランスジェニックマウスを作製しておく．

② 一方，標的遺伝子を loxP ではさんだターゲティングマウスを作製しておく．このとき，組換えが起こったときにのみ標的遺伝子が欠損するように設計しておく．

③ これらのマウスを掛けあわせると，ある組織でのみ Cre が発現されているため，組換えを起こし，組織特異的な遺伝子ノックアウトが実現できる．

④ loxP は Cre が存在しないかぎりは組換えを起こさないので，他の組織では遺伝子ノックアウトが起きないことがこの技術の利点である．

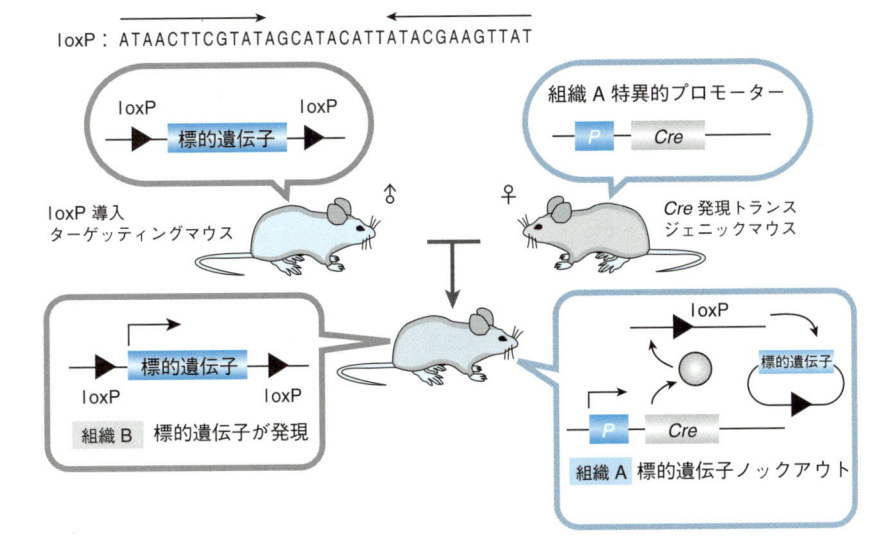

loxP：ATAACTTCGTATAGCATACATTATACGAAGTTAT

図 5・14　ある組織でだけ遺伝子発現を欠損させることのできるクレロックスピー（Cre-loxP）技術の原理

6 老化と病

> ヒトは岸辺にそよぐ葦に過ぎない．自然界で最も弱い生き物である．しかし，この葦は考えることができる．か弱いヒトを打ち拉（ひし）ぐためには宇宙全体が武装する必要などはまったくない．霞のような水蒸気でも，いや一滴の水でさえもその命を奪うことができる．しかし，たとえ宇宙がヒトを滅ぼそうとも，ヒトは宇宙よりも高貴である．なぜならヒトは自分が死ぬということ，宇宙が自分よりも偉大であることを知っているからだ．宇宙はそのようなことを知っていやしないのだから．
> ブレーズ・パスカル（1623〜1662）『パンセ』

6・1 老化と死

ヒトはなぜ老いて死んでゆくのだろうか？ この哲学的な問いに正解はない．「ヒトは自分が死ぬことを知っているからこそ，宇宙よりも偉大である」とパスカルは随想集『パンセ』のなかで主張している．あの「人間は考える葦である」という有名なくだりのすぐ後にくるこの文章は含蓄深い．「死を認識できることこそが人類のもつ知性の根源である」と指摘したパスカルは的を得ている．

北イラクの山中にあるシャニダール洞窟遺跡で発掘されたネアンデルタール人の人骨（約6万年前）の上半身を覆っていた土から，数種類の美しい花を咲かせる花粉が大量に発見された．遺跡の周辺の土には花粉はなかった．これは遺体が埋葬され，その上にきれいな花が捧げられたことを意味する．人類はすでにこの時期には，死を認識していたことを意味する．

老いと死を免れる方法はないものだろうか？これも死を認識し始めた人類の有史以来の夢であった．しかし動物には「固有の寿命」が決まっているため，老化と死を避けることはできない．秦の始皇帝の命を受け，不老不死の妙薬を求めて旅立った徐副は行方をくらまして帰ってこなかった．しかし，それから2千年以上も時がたった今日，徐副に代わって「21世紀に科学者のだれかが不老長寿の妙薬をもたらすかもしれない」といいたくなるほど老化の研究が進んできた．

6・2 なぜ老化するのか？

老化や寿命を説明する仮説としては大きく分けて，環境からの損傷刺激によりエラーが蓄積してやがて破綻が起きるという**エラーカタストロフ説**と，老化していくようにもともと遺伝子によって決定されているとする**プログラム説**の二つがある．

生物は環境からは宇宙から降り注ぐ紫外線などの破壊的な刺激に常に曝されている．また，確率は低いがどうしても避けることのできないDNAの複製エラーや修復ミスなどが起きている．これらは時間とともに蓄積するため，DNAやタンパク質に傷害が蓄積し機能が低下することで老化してしまうと考えられる．

人類が文化を創造する能力を示し始めたことを示す装飾品としての貝殻（小穴をあけてビーズとして使っていた）が約10万年前のイスラエルのスフール遺跡で見つかったことから，死を認識し始めたのはもう少し古いかもしれない．

とくに生体の活動によって細胞の中では**活性酸素**が常につくられており，その作用で細胞内にさまざまな障害を与えている．活性酸素とは，通常の酸素より反応性の高い酸素由来の物質の名称である（図6・1）．生体内に取込んだ酸素の数％は活性酸素に変化して殺菌・解毒などに用いられるが，過剰に発生すると細胞を損傷してさまざまな病気の原因にもなる．これは生命が進化の歴史のなかで，有毒だが有用な酸素を利用するようになった代償である．活性酸素を壊すため，細胞内ではいくつかの酵素（スーパーオキシドジスムターゼ（SOD）など）が働いている．実際，実験動物で SOD 遺伝子を操作して発現量を高めると寿命が延びるという．しかし，それらの働きも老化とともに鈍ってきて，さらに老化が加速される．

> 活性酸素には，スーパーオキシド，過酸化水素，ヒドロキシルラジカル，一重項酸素がある．スーパーオキシドは細胞内の種々の反応によって酸素から生成し，他の活性酸素の前駆体となる．活性酸素のなかで最も反応性の高いヒドロキシルラジカルは，過酸化水素と金属イオンとの反応あるいは放射線の照射によって生成し，生体内における損傷の主たる原因となっている．

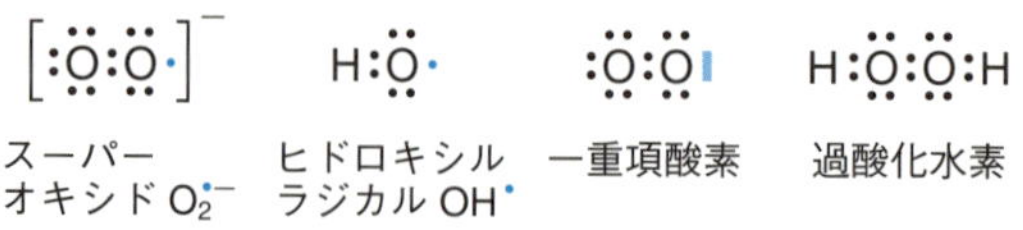

図 6・1 **活性酸素の種類**．スーパーオキシドやヒドロキシルラジカルは2個の対になっていない電子（不対電子）をもつために反応性が高く，このような物質をフリーラジカルという．一重項酸素と過酸化水素はフリーラジカルではないが，前者は軌道の一つが空になっているため反応性に富み，後者は不安定な物質で酸化力が強い．

一方，老化のプログラム説を支持するものに，若くして老化する病気（**遺伝的早老症**）の存在や，細胞レベルで生物種に固有の分裂寿命（6・5節参照）があることなどがあげられる．遺伝的早老症のひとつであるウェルナー症候群は20歳台から白髪，白内障，糖尿病が現れ，40歳ころまでには骨粗しょう症を発生して平均46歳で死亡する．

> ウェルナー症候群の患者の75％は日本人である．

この病気の原因は第8染色体に存在するたったひとつの WRN 遺伝子によるものである．WRN 遺伝子は RecQ タイプの DNA ヘリカーゼ酵素をコードしており，変異した WRN 遺伝子からつくり出されたものは正常な DNA ヘリカーゼと異なって細胞核へ移行できず，本来の働きができないことが老化の進行の原因になると考えられている．

> DNA ヘリカーゼは DNA 二本鎖構造を巻き戻して一本鎖部を露出させることにより，DNA 複製や修復などの反応を促進する酵素の総称である．RecQ 型ヘリカーゼは大腸菌からヒトに至るまで幅広い生物種で保存されており，ヒトでは5種類が知られている．

6・3 抗老化ホルモン（クロトー）

老化のプログラム説を立証するため，若いうちに老化を起こす突然変異マウスが樹立された．このマウスでは離乳期（生後3週）までは正常だが，その後は発育がとまって動脈硬化，骨密度低下，皮膚の萎縮などさまざまな老化症状を示してくる．この症状が単一遺伝子の変異に起因していることがわかったので，その遺伝子が単離され，**クロトー**（klotho）と名づけられた．

> クロトーはギリシャ神話で，生命の誕生に立ち会い，生命の糸を紡ぐ女神である．

クロトー遺伝子が産生する膜タンパク質であるクロトーは活性型ビタミン D の合成を負に制御する回路を構成しているため，欠損すると生体のカルシウム恒常性維持機能が破綻して，多彩な老化症状をもたらす．実際，クロトー遺伝子はカルシウム恒常性維持の中枢である腎尿細管と脳の脈絡叢，副甲状腺ホルモンを産生する副甲状腺の主細胞で強く発現していた．クロトー遺伝子が変異したマウ

スは，老化が加速した様相を呈し，生後3週目を超えると発育が止まり，6週目ころから老化が加速したかのような状態になり，さまざまな成人病をつぎつぎと発症して死んでしまう．その平均寿命は60日と短い．

クロトーは小さい分泌型の膜タンパク質で，切断された一部がペプチドホルモンとして血液中に分泌されて全身を巡り，インスリンの作用を抑制する老化抑制ホルモンとして働く（図6・2）．インスリンもホルモンで，インスリン様増殖因子I（IGF-I）を受容体とした制御経路によって血糖を下げる作用以外にも，代謝全般を制御する多彩な作用を示す．インスリンの作用を過度に抑制すると糖尿病になるが，適度な抑制は寿命の延長につながる．実際，クロトーを適度に過剰発現するマウスを作製すると，平均寿命を通常のマウスよりも2割程度も延ばすことができる．クロトーは機能を失えば老化を加速し，過剰発現させると老化を抑制するという抗老化ホルモンである．

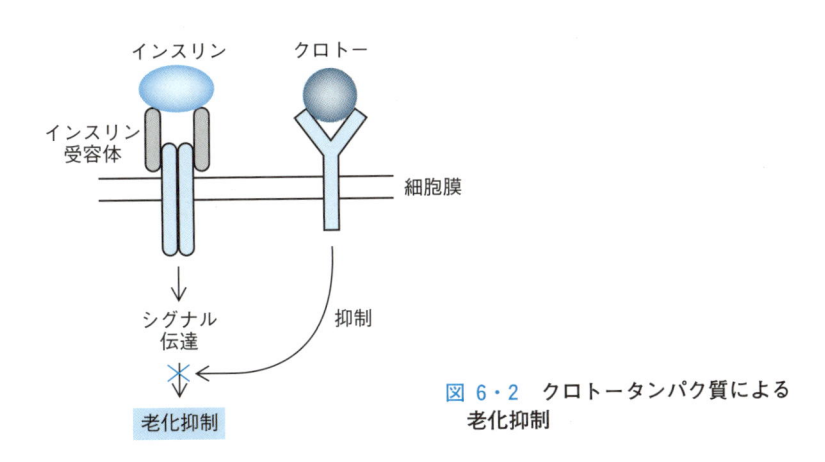

図 6・2 クロトータンパク質による老化抑制

実際，線虫，ハエ，マウスにおいても，IGF-Iの代謝経路を遮断すると寿命を延長することができる．さらにインスリン受容体の脂肪組織特異的な欠損マウスでも寿命が延びることから，インスリン/IGF-Iシグナル伝達経路の適度な抑制が種を超えて保存された長寿の仕組みであることが確立されている．その下流にはFOXOという転写制御因子があり，それが転写誘導する標的には活性酸素を解毒するSODの遺伝子などが含まれるので，酸化ストレスの軽減，ひいては老化の抑制に貢献している可能性が考えられている．

クロトーが夢の不老長寿の薬になるかどうかは興味深いが，大量のクロトーによってインスリンの作用を過度に抑制すれば，糖尿病となって寿命は縮む．なにごとも適度が肝要なのである．

6・4 ダイエットは寿命を延ばす

食物摂取量を減らすと寿命が延びることが酵母，ショウジョウバエ，線虫，マウスなどのモデル動物で確かめられてきた．「低カロリー食が活性酸素の産生を減少させる」ことがおもな理由だと考えられているが，もうひとつ重要な因子も見逃せない．**Sir2**（サーツー）とよばれるタンパク質（ヒトではSIRT1）が，新たな主役として浮かび上がってきたのだ．

Sir2はカロリー補給がない飢餓状態になると活性化し，個体の寿命を延ばすことができる老化予防酵素である．Sir2はヒストンからアセチル基を除くという酵

素活性をもち，その作用により DNA は染色体内に堅く保持され，遺伝子発現が抑えられる（図6・3）．Sir2 の酵素活性は NAD とよばれる代謝を制御する低分子物質によって調節されている．低カロリーだと NAD レベルが高くなって Sir2 活性が強められ，ある種の染色体領域の遺伝子発現を抑圧することで細胞の延命効果を助長するという．Sir2 を過剰発現させた酵母や線虫はカロリー制限をしなくても寿命が延びる．

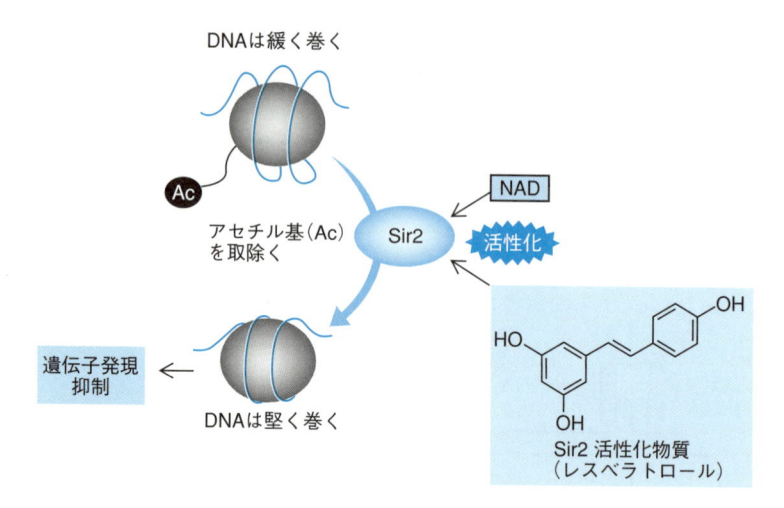

図 6・3 Sir2 の働く仕組み

そこで，低カロリーと同じ効果を起こす Sir2 を制御する薬剤の化学合成が試みられてきた．一方，天然物からも Sir2 活性を直接活性化してする化合物が探索され，植物の代謝産物であるポリフェノール類が発見された．なかでも赤ワインに豊富に含まれるレスベラトロールは最も強力に Sir2 を活性化し（図6・3），実験に用いた酵母の寿命を 70 % も延ばした．延命効果は Sir2 を介したものに限るようで，*Sir2* 遺伝子を壊されて Sir2 を発現していない酵母では延命は起きなかった．

ただし，実験に用いるレスベラトロールの濃度が重要で，比較的低容量で Sir2 の活性化と延命効果が出たものの，高用量では逆の結果になったという．

6・5 細胞の老化

正常の哺乳動物の細胞を培養すると，約50回分裂した後は分裂寿命が尽きて分裂しなくなって培養液の中で安定に生存を続ける．このような細胞の老化は個体の老化とも関連していて，若い胎児由来の細胞の分裂寿命は長いが，老人より採取した細胞の分裂寿命は短い．この仕組みは染色体 DNA の末端にある**テロメア**の反復回数の短縮が残りの分裂回数を決める分裂時計になっていることで説明される．テロメアが「寿命の回数券」といわれる理由がここにある．

その理由はつぎのように説明される（図6・4）．細胞は分裂のために DNA 複製を行うが，そのとき，遅れて複製される側の DNA 鎖で複製の開始点として認識される小さな RNA（RNA プライマー）から複製される仕組みになっているため，複製後に除かれる RNA プライマーの分は複製されない．すなわち，細胞の染色体 DNA は1回分裂するごとに DNA を染色体の両端から約 50〜150 塩基ず

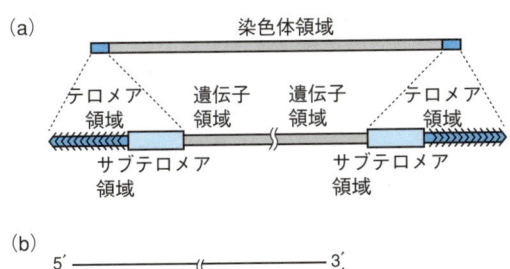

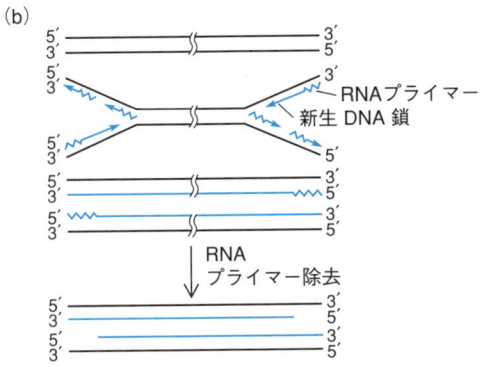

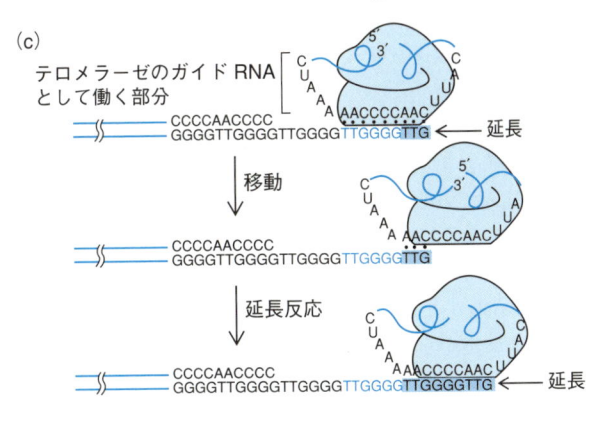

図 6・4 テロメアとテロメラーゼ．(a) 染色体 DNA における テロメア領域，(b) DNA 複製時の RNA プライマー除去，(c) テロメラーゼにおけるテロメアの延長

つ失ってゆく宿命にある．これでは DNA は複製されるごとに短くなって困るので，細胞は染色体 DNA の両端にあるテロメアとよばれる，失われても良い余分な領域を備えるようになった．テロメアは特別な塩基配列から構成される．ヒトのテロメア TTAGGG ではこの配列が数千 kb，テトラヒメナや酵母のテロメアでは数百 kb にわたって反復する．このテロメアを使い切ってしまうと DNA 複製を行えなくなるので，細胞は分裂を停止する．

正常細胞には約 5 千塩基対のテロメアが備わっているが，これを限界値まで使い切ってしまうと，異常事態が検知され DNA 複製がこれ以上進まないような安全装置が働いて細胞周期を停止してしまい，細胞分裂も起きなくなる．この時期を"M1 期"とよぶ．一方，M1 期を乗り越えてまで分裂して，さらにテロメアを短縮させると，細胞はクライシスとよばれる状態に陥って死滅する．この限界を"M2 期"とよぶ．

細胞には，一方的なテロメア短小化に拮抗してテロメアを伸長させる役割を果たす**テロメラーゼ酵素**も備わっている．正常細胞はごく弱いテロメラーゼ活性しか示さないが，多くのがん細胞は強いテロメラーゼ活性をもつ．分裂ごとに短くなったテロメアを修復しながら生きてゆける能力を獲得したがん細胞は不死化されていつまでも増殖を続けてゆけるのである．あるいは正常細胞を SV40 というがんウイルスに感染させてがん化すると，大半は分裂を停止し，やがて死滅するが，高いテロメラーゼ活性を獲得した少数の細胞は生き延びて**不死化細胞**となる．これらの細胞では 150 回以上分裂しても，もはやテロメアの短縮は起こらない．ヒトの体細胞はテロメラーゼ活性をもたないが，多くの無脊椎動物，魚類，マウスの体細胞ではテロメラーゼ活性が観察され，細胞分裂によるテロメア短縮もないという．

哺乳類：TTAGGG
テトラヒメナ：TTGGGG
線虫：TTAGGC
シロイヌナズナ：TTTAGGC
酵母：TG_{1-3}

アポトーシス

　個体が生きている間にも，個体を構成する細胞は死を迎えている．調べてみると，細胞死の中には，自殺するようにプログラムされた細胞死があることがわかってきた．この仕組みを**アポトーシス**(apoptosis)とよぶ．語源は「秋になって，枯葉や枯花が樹木からこぼれ落ちる」(apo＝off：離れる，ptosis＝falling：下降) という意味のギリシャ語に由来する．

　アポトーシスとは，発生過程や組織細胞の交替期において役目を終えた細胞の"予定された"死であり，生命が維持され各器官が円滑に機能するためには，細胞の増殖分化するのみならず，ある場合には不要になった細胞が何らかの形で生体から排除されていく過程が必要である．アポトーシスの過程では，核の凝縮やDNAの断片化をともなった細胞の退縮断裂が起こり，細胞は膜に包まれたまま断片化し，マクロファージや好中球などの食細胞によって処理され消滅する (8章参照)．

　一方，通常の細胞死である壊死（ネクローシス）は，物理的あるいは化学的な環境要因によって起こる不慮の死で，細胞や核の膨潤およびミトコンドリアの変性などをともない，細胞の中身が細胞外に飛び出してしまうという，死に至る過程がアポトーシスとは本質的に異なるものである．

6・6 アルツハイマー病

　近年になって著しく増加している認知症（認知失調症：老年性痴呆）は社会的にも深刻な問題をひき起こしている．このうちの多くが**アルツハイマー病**（AD）である．AD患者では脳の中に老人斑とよばれるタンパク質からなる沈着物が見つかる．老人斑は40〜43個のアミノ酸からなる不溶性のタンパク質（$A\beta$：アミロイドベータ）が蓄積した病巣である．健常人では**α-セクレターゼ**という酵素が脳神経細胞の細胞膜に埋まっているアミロイド前駆体タンパク質（APP）を切断して生理活性のある小さなタンパク質を切り出している（図6・5）．ところがAD患者の脳神経細胞ではβ-セクレターゼとγ-セクレターゼによってAPP

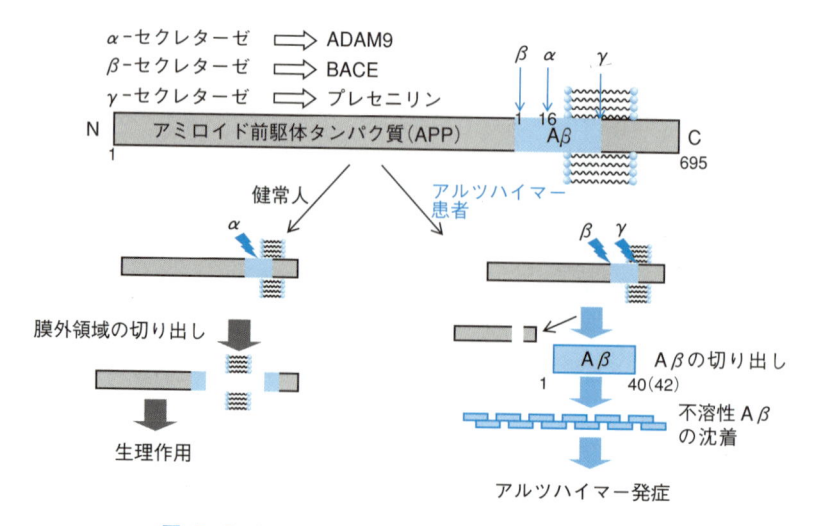

図6・5　アルツハイマー病発症の分子機構のモデル

が間違った位置で切り出され，不溶性のAβとして放出される．それが脳神経細胞中で沈着すると神経細胞を変性させるため，患者の脳細胞は徐々に死滅し，脳は萎縮して痴呆の病状が進行してゆく．

将来アルツハイマー病になる危険性を予測する手段として血液中に見いだされるアポE（ApoE）が注目されている．アポEは体にやさしいコレステロールとして知られる高密度リポタンパク質（HDL）の一成分であり，その112番目と158番目のアミノ酸がシステイン（C）かアルギニン（R）かによってE2（CC），E3（CR），E4（RR）という三つの型に分類される．両親からともにE4を受継いでE4/E4の組合わせをもった人は，そうでない人に比べて3～5倍ADにかかりやすいという．

ただし，E4はAD発症の危険因子ではあるが確定診断にはならない．

6・7 トリプレット・リピート病

トリプレット・リピートとは3塩基（CAG，CGGなど）を単位としたヒトのゲノムに散在する反復配列で，反復回数には個人差がある．**トリプレット・リピート病**は，この反復回数が極端に増加して脳・神経筋系に重篤な異常を生じる疾患の総称である．

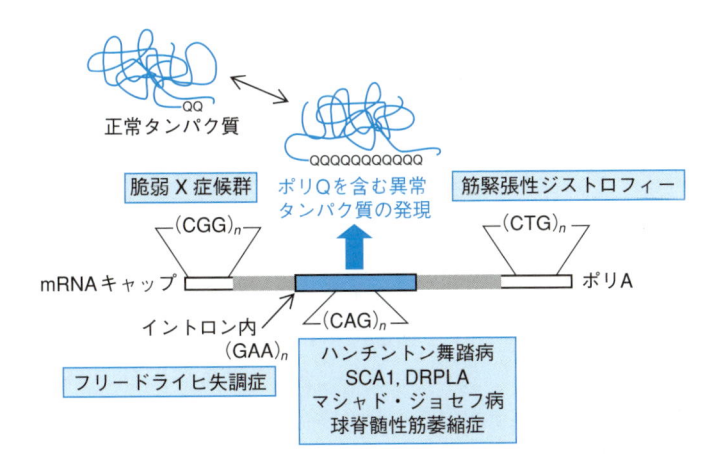

たとえば，ハンチントン舞踏病（HD）の原因はハンティンティン（*Htt*）と名づけられた遺伝子の中に存在するトリプレット・リピートが異常に増幅していることにある．実際，健常人では11～34個程度の3塩基（CAG）の繰返しが患者では37～86個と増加している．その結果，この遺伝子から産生されるタンパク質にはCAGコドンに対応するポリグルタミン（Gln, Q）の長い挿入が含まれ，役に立たないタンパク質が産生されるのである（図6・6）．しかし，繰返し数が健常人の最高値と患者の最低値がわずか9塩基（3アミノ酸分）しか違わないことは驚きである．しかも，患者ではこの繰返し数が加齢とともに徐々に増加するという点は，いかにも不気味である．たったこれだけの違いで，若いときはまったく健康だった人が中高年（30～50歳）になると手足や顔がけいれんして，あ

図6・6 さまざまなトリプレット・リピート病における3塩基反復配列の存在部位と，それによって生じるポリQ（Gln）アミノ酸配列をもつ異常タンパク質の概念図

遺伝性のアルツハイマー病

少ない（約5％）ながら遺伝性のアルツハイマー病が見つかっており，病因の解明や治療法の開発に役立っている．たとえばアミロイド前駆体（APP）のAβ周辺に起きた点変異と，γ-セクレターゼの実体であるプレセニリン1（PS1）とプレセニリン2（PS2）に変異が見つかっている．PS1, PS2はともに小胞体やゴルジ体に局在し，生合成された後で切断されて1分子ずつが二量体（PS1/PS2）となってγ-セクレターゼ活性を発揮する．β-セクレターゼの実体である膜結合型アスパラギン酸プロテアーゼ1（BACE1）は脳全体だけでなく，膵臓，卵巣，脾臓，脊髄，前立腺でも発現されている．その後，ダウン症で重複している第11染色体領域の近くに類似の遺伝子が見つかり，*BACE2*とよばれるようになった．このほか，MP50あるいはTOPとよばれる活性に金属を必要とするプロテアーゼもβ-セクレターゼ活性を有する．

α-セクレターゼの候補としてはADAMファミリーとよばれる金属を要求するプロテアーゼ群がある．ヒトゲノムには51種類も類似の構造をもつタンパク質をコードする遺伝子が存在するのが，そのすべてがプロテアーゼなのではない．このうち，とくにADAM9が *in vitro*（試験管内）の実験においてAPPをα-セクレターゼと同じ位置で切断する活性をもつことから注目されている．

Aβを特異的に分解する酵素として発見されたネプリライシンをコードする遺伝子を欠損させたマウスではAβの蓄積が脳内の海馬で高い．実際のAD患者でもネプリライシンの脳内での配列が低下していた．そこでネプリライシンの活性を高めて，アミロイドの脳への蓄積を予防したり，遺伝子治療や転写制御によってネプリライシン遺伝子の脳内発現を選択的に上昇させたりする治療法が考えられている．

欧米では人口10万人に4～7人，日本では人口25万人に1人の患者が見つかる．

たかも舞踏しているように見える不随意運動を起こし，痴呆化が徐々に進行するのである．

この病気は常染色体優性遺伝するために，両親のいずれかから変異遺伝子を受継いだだけでほとんど100％発症する．しかも遺伝するごとに反復回数が増えてゆくため，親・子・孫と世代が下がるごとに発症年齢が若くなり症状も重くなる．とくに父親から遺伝すると，精子形成の過程で卵子形成のときよりも反復回数の伸長が激しく起こって繰返し回数がいっそう増加するため，親と比べて子供は5～20年も発病が早まるという．

5′-UTRはmRNAの翻訳開始を指示する．ATGという塩基配列の5′上流側に存在するタンパク質の翻訳されない領域．

```
5′─[ATG]━━━[TGA]─(A)n
   5′-UTR    3′-UTR
```

NはA, T, G, Cのうちどれでも良いことを示す．

遺伝子上でタンパク質をコードしていない非翻訳領域に位置するトリプレット・リピートが病因となっている疾患もある．リピートが存在する場所によって，① イントロン（フリードライヒ失調症），② 5′-UTR（脆弱X症候群），③ 3′-UTR（筋緊張性ジストロフィー）の三つの種類に分類される（図6・6）．ただし，優性遺伝の③に比べて，①と②はリピート伸長により遺伝子発現が抑制されるため劣性遺伝となる．実際，フリードライヒ失調症において，原因遺伝子のイントロン内で異常に伸長したGAA・TTCリピートでは分子内DNA三重鎖構造が形成されるとともに，それらは互いに会合して異常なDNA構造を形成するため，RNAおよびDNAポリメラーゼの機能を妨げることで転写を抑制している．

このほか，GCNという三塩基の反復によるトリプレット・リピート病も報告されている．この反復数は健常人と患者の差が少なく，反復配列はポリアラニン

を産生する．たとえば，健常人でも5個のポリアラニンが含まれている眼咽頭型ジストロフィーでは，原因タンパク質（ポリA結合タンパク質）の遺伝子の反復数が2個増えて12個のポリアラニンを含むようになっただけで病気になってしまうという．

6・8 狂 牛 病

狂牛病にかかったウシが，気が狂ったかのようによだれを垂らしながらふらふらと歩き，やがては歩けなくなって死んでしまうという症状の不気味さと伝染するという恐ろしさから社会問題となっている．感染して死亡したウシを解剖してみると，脳にはスポンジ状の孔が多数見いだされることから**ウシ海綿状脳症（BSE）** という正式な病名がついている．実は，狂ったように毛をかきむしる症状を起こす「スクレイピー」という伝染病が，ヒツジのみでなく多くの草食性の家畜において50年以上も前に報告されていた．病気にかかった動物の脳にはスポンジ状の孔が多数生じていたので，**伝播性海綿状脳症（TSE）** と総称されていた．その意味でBSEもTSEの一種である．

狂牛病が近年になって急速に増えてきた原因は，スクレイピーで死んだヒツジの肉や臓物を乾燥飼料（肉骨粉）にしてウシの餌に混入させたからで，その餌によって飼育されたウシが大量に感染したのである．すなわち，狂牛病は食餌から感染が広がるという意味で厄介である．1988年に英国で突然に多数のウシが発病し始めてから，あっという間に感染が広がり，1992年をピークとしてこれまでに数十万頭以上の発病が報告されるに至った．1989年までには英国政府がヒツジ肉の混入された動物飼料を禁止し，感染ウシを大量に消却するという措置を行ったので狂牛病の発生は沈静化した．しかし，狂牛病に感染したウシの肉を食べた20歳代の英国青年が狂牛病と同じ症状で死ぬという事件が5例も続いたことで，ヒトにも感染する疑いが濃くなり，その恐怖は瞬く間に世界中に伝播して今日に至っている．

> スクレイプ（scrape）とは，「かきむしる」を意味する英単語．スクレイピー（scrapie）は「かきむしる奴」という意味あいで，発症したヒツジを表現したものが，そのまま病気の名前となったもの．

> 発病までの潜伏期間は2～8年で，発症後2週間から6カ月で死亡する．

6・9 狂牛病に類似の病気はヒトにもある

実はごくまれに見つかるヒトの病例として，狂牛病に似た症状を示す，クールー病，クロイツフェルト・ヤコブ病（CJD），ゲルストマン・ストロイスル・シャインカー症候群（GSS），アルパー病，致死性家族性不眠症（FFI），新変異型クロイツフェルト・ヤコブ病（vCJD）が知られている．いずれも脳の組織からニューロン（神経繊維）が失われ，穴だらけのスポンジ（海綿）状になる．

クールー病はパプアニューギニア高地原住民特有の病気で，手足が震えながら死に至る小脳性運動失調症である．死者の脳を食べる祭礼習俗に伝播の病因があり，それを廃止させたところ発病はなくなったという．硬膜移植，角膜移植，脳外科手術などにより感染した可能性があるCJDは60歳を超えて痴呆症状を発症する．GGSは特定の家系に優性遺伝する小脳性運動失語症である．GGSでは歩行障害から痴呆に進み，やがて寝たきりの状態となって呼吸麻痺や肺炎などで死亡する．アルパー病も遺伝的に小児に特発するきわめてまれな脳変性疾患で，患

> クールー（kuru）とは現地語で'震える'を意味する．

者の脳組織は海綿のように変性して死亡する．40〜50歳代で発症するFFIは視床とよばれる脳の部位がおもに侵されて，進行性の不眠，夜間興奮状態，幻覚，記憶力低下を発症し，やがて痴呆とけいれん状態を経て2年以内に全身衰弱などで死亡する．いずれにしても，脳神経系を犯す不気味な病気であるが，その発症率は非常に低く，CJDで1年間に人口100万人あたり1人の頻度である．

6・10 プリオンが病因か？

ガジュセックらはクールー病患者の脳組織をチンパンジーの脳に接種してから10年がかりで特徴的な海綿状脳を伝播させ，この病気が伝染性であることを初めて証明した（1967年）．次いで，プルシナーらはスクレイピーを発症したヒツジの脳の抽出液をマウスの脳に注射するだけでスクレイピーとよく似た症状が出ることを発見した（1982年）．この抽出液を調べてみると大量の特有なタンパク質が含まれており，それを単離してマウスの脳に注射したり食べさせたりするだけでスクレイピーを発症させることができた．彼らはこれを**プリオン**と名づけ，病気の原因となっているのではないかと主張した．しかし，感染性をもつタンパク質という考え方は，あまりにも奇抜だったので誰も信じなかった．誰もが未知のウイルスの混在を疑い，それを求めて虚しいときを過ごしたのだ．そして時がたつにつれて，プリオンが病原体であると信じる人が徐々に増えてきた．

プリオンの謎は構造解析が解いてくれた．プリオン（PrP：ヒトでは253アミノ酸）は水溶性の正常型プリオン（PrP^C）と不溶性のスクレイピー型プリオン（PrP^{Sc}）という二つの立体構造をとる（図6・7）．しかも，PrP^{Sc} は接触するだけでPrPを PrP^{Sc} へ変換してしまう．この逆の反応は起こらないのでネズミ算式に PrP^{Sc} が増えてゆく．その結果，脳内の神経細胞は PrP^{Sc} で一杯になってしまい，凝集した不溶性繊維となって神経細胞を死滅させるのである．PrP^{Sc} は PrP^C と違ってタンパク質分解酵素により消化分解されないので，胃液で消化されることもなく，血液中を無傷のまま運搬され，長い時間をかけて脳組織まで到達する．

単細胞生物である出芽酵母（パンや味噌の原料）にもプリオンタンパク質が存在する．アミノ酸配列はヒトのプリオンとはまったく異なるが挙動は似ている．酵母は実験材料として扱いやすく，哺乳動物では困難な実験が迅速に達成できるため，プリオン研究の進展に役立ってきた．

まるで触るものがすべて金に変わったギリシャ神話に登場するミダス王のごとく，PrP^{Sc} はつぎつぎと不溶性の PrP^{Sc} を生み出し，それがまた新たな標的を変換してしまう．

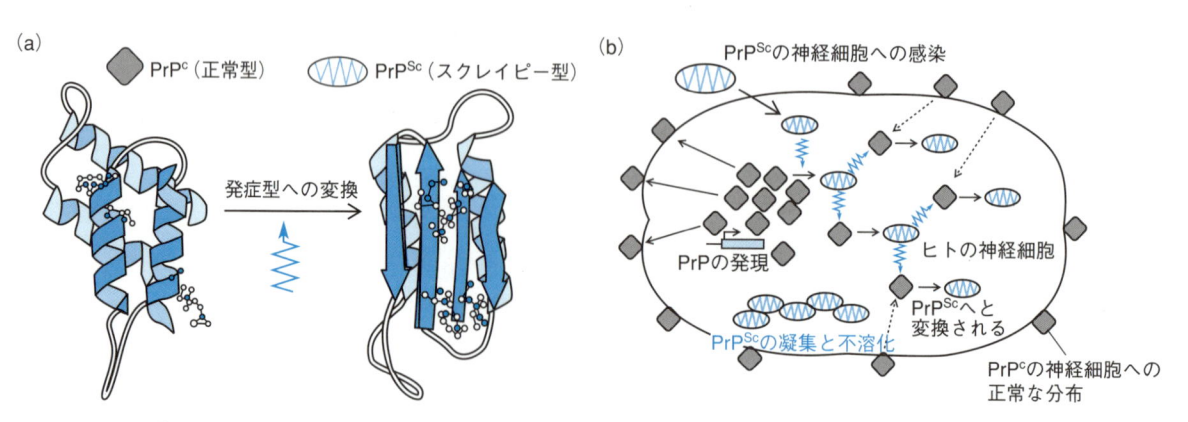

図6・7 **プリオンが病気の原因となる仕組み**．(a) 水溶性の正常型プリオン（PrP^C）および不溶性のスクレイピー型プリオン（PrP^{Sc}）の立体構造．PrP^C では α ヘリックス構造をとっていた部分が PrP^{Sc} では β シートに変化している．(b) スクレイピーを発症する仕組み．神経細胞に感染した PrP^{Sc} は PrP^C に作用して PrP^{Sc} へと変換する．それがつぎつぎと起こって，ついにはほとんどの PrP^C が PrP^{Sc} へ変換されて凝集し，細胞内に不溶化した PrP^{Sc} が蓄積して神経細胞を死滅させる．

もともと，プリオンは脳神経系で何らかの重要な働きをしているらしく，プリオン遺伝子（*Prn-p*）を欠損させたマウスでは若いうちは普通のマウスと変わりない挙動を示したが，老齢（70週齢）になると運動を制御する小脳の神経細胞が著しく消失し，まっすぐ歩けないなどの運動障害を起こすという．ヒトの海綿状脳症のうち遺伝性が疑われている症例においては，プリオン遺伝子の患者に特異的な点変異がいくつか見つかっている．

6・11 夢のやせ薬

肥満は美容の大敵であるだけでなく，生活習慣病（糖尿病・心筋梗塞・高血圧症など）における危険因子のひとつである．飽食の時代はまだ50年もたっていない．有史以来，長い間，飢餓に悩まされてきた人類は，エネルギー節約型（すなわち肥満しやすい）人が淘汰に勝ち延びてきたのである．食料資源の不足のために，元来が低カロリーの食事で過ごしてきた日本ではほとんど見かけないが，米国では体重500 kgにまで太ったオビースとよばれる病的な肥満状態がしばしば見受けられる．運動も自力で調整できなくなってゆく状態は栄養疾患のひとつとして考えられている．

オビース（*obese*）と名づけられた突然変異マウスはオビース遺伝子が先天的に欠損するだけで普通のマウスの2倍以上にまで肥満する．オビース遺伝子がコードする全長167アミノ酸のタンパク質（ペプチドホルモン前駆体）は**レプチン**と名づけられた（図6・8）．オビースマウスでは55番目のアルギニン（Arg 55）が終止コドンに変異して未熟な生理活性のないレプチンが発現されていた．一方，ダイアベティック（*diabetic*）とよばれる肥満型マウスの変異遺伝子はレプチン受容体をコードしていたことから，レプチンと肥満の密接な関係が示唆された．レプチンはインスリンとともに長期的に作用し，体脂肪量が増すと「満腹」ホルモンとして分泌され，エネルギー消費を促しながら食物摂取を阻害する．満腹ホ

ギリシャ語の"やせている"を意味するレプトス（leptos）という言葉を語源としている．

このほか食欲を抑制するホルモンにはニューロメジン（NMU），プロオピオメラノコルチン（POMC），コレシストキニン（CCK）などが知られている．

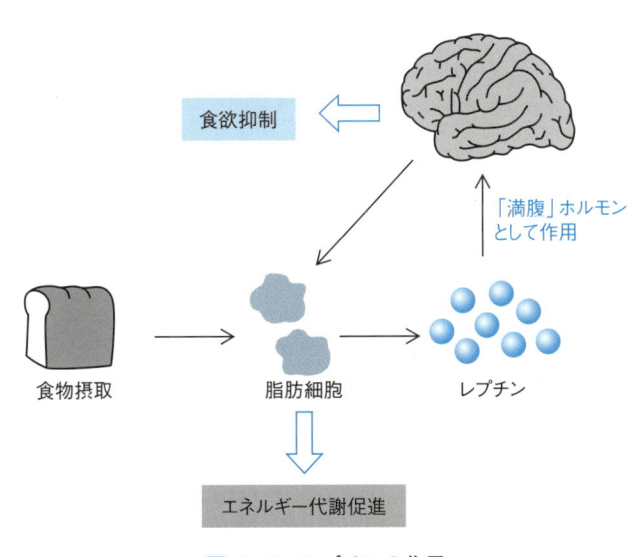

図6・8　レプチンの作用

ルモンが順調に分泌されないと食べすぎてしまう．

　そこでレプチンをオビースマウスに皮下注射したところ，体重が減り，過食もしなくなり，脂肪量も低下した．レプチンは夢の"やせ薬"として実用化できるのではないか．しかし，この期待はあっさりと裏切られた．ヒトの肥満者ではレプチンの血中濃度は低いどころか，逆に体重に比例して増加していたのだ．レプチン投与で肥満を解消できるのは，レプチンあるいはレプチン受容体が遺伝的に欠損している家系の患者のみであるらしい．その後の研究から，一般の肥満の原因はレプチンに対する反応性の低下だと考えられている．

　一般に肥満の原因は満腹感セットポイントの上昇，満腹ホルモン分泌の異常，ストレスによる大食症，生活習慣（夜食症候群）などがあげられる．マウスではドカ食いのほうがチビチビ食いより太るし，ヒトでも食事の回数が少ないほうが太るという．食欲増進ホルモンとしては脳内の視床下部で働くニューロペプチドY（NPY）がある．このほか，視床下部に局在するオレキシンAとオレキシンBは単一の遺伝子にコードされ，食欲増進作用のほかに探索行動なども誘起する．胃から発見されたグレリンは食欲増進や成長ホルモン分泌促進作用をもつ．

グレリン（ghrelin）は成長する（grow）の語源 "ghre" にちなんで命名された．

グレリンの構造

6・12　肥満と生活習慣病

　生活習慣病は肥満症，高血圧症，高脂血症，糖尿病などの総称であるが，これらの発症には内臓に脂肪が蓄積したタイプの肥満が大きな要因となっている．内臓脂肪型肥満が原因でひき起こされる多彩な病気は"メタボリックシンドローム"ともよばれる．なかでも血中のブドウ糖の濃度（血糖値）が高い糖尿病は，成人の20人に1人というありふれた国民病である．自覚症状が少ないため，放置しておくと腎臓病，下肢の壊死，網膜症による視力の喪失など重篤な合併症が現れてくる．

　糖尿病には特殊なインスリン依存型（I型）糖尿病と，大多数の成人糖尿病患者が含まれるインスリン非依存型（II型）糖尿病の二つがある．I型糖尿病は発症のピークが12歳と若い自己免疫疾患で，インスリンを産生・分泌する膵臓のランゲルハンス島β細胞に対する抗体を自身がつくって攻撃し，インスリン分泌を阻害するために起こるインスリン欠損症である．インスリンを外部から補充しないと直ちに生命に危険を及ぼすため，小児のころから常にインスリン注射をしなければならない．II型糖尿病は膵臓でのインスリン分泌不全と標的細胞におけるインスリン作用不足（インスリン抵抗性）により，正常な糖代謝が起こらなくなって発症する．

　脂肪細胞が適度な大きさであると，脂肪細胞でつくられたレプチンや**アディポネクチン**などのインスリン作用促進（インスリン感受性）ホルモンが血液中に分泌される．他方，肥大した脂肪組織からは遊離脂肪酸，TNF-αやレジスチンなどのインスリンの働きを抑える物質が多く分泌され，インスリンがホルモンとして働けなくなる（作用不足）（図6・9）．生活習慣として高脂肪食や運動不足が続くと，視床下部ではレプチン感受性低下が，脂肪細胞ではアディポネクチン分泌低下が起こる．それはやがてエネルギー燃焼システムの低下と各臓器への脂肪

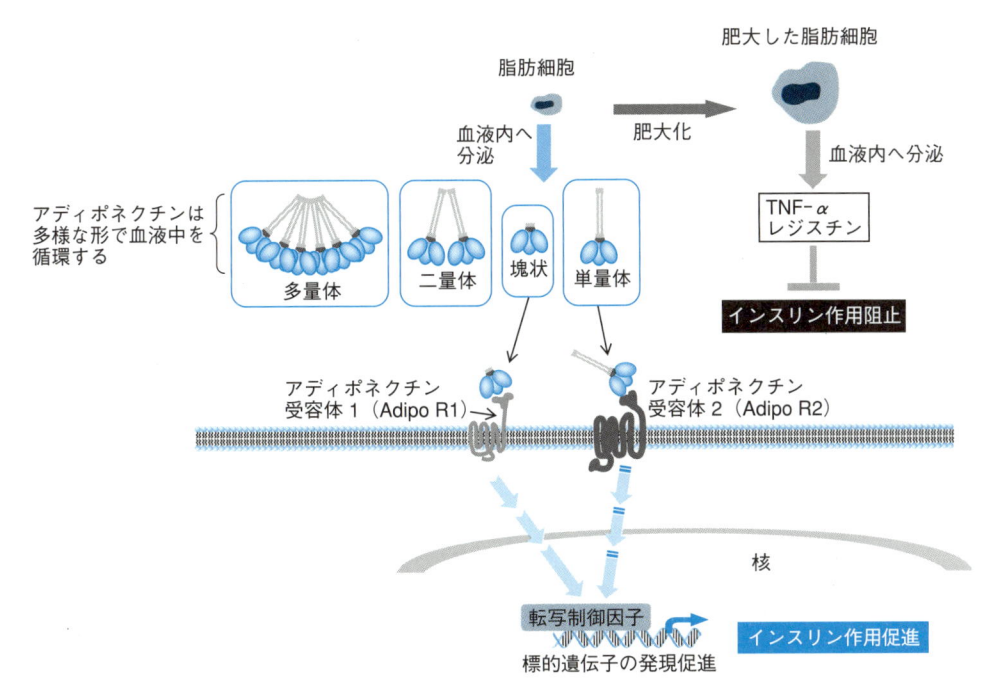

図 6・9 脂肪細胞が大きくなるのが肥満の原因である

沈着を招き，脂肪毒性は肝機能を低下させ，骨格筋ではインスリン抵抗性が，膵臓ではインスリン分泌障害が起こる．その結果，生活習慣病としての糖尿病，脂質代謝異常，高血圧，心血管病がいっせいに発症するのである．アディポネクチン受容体は，骨格筋に豊富に見つかる Adipo R1 とおもに肝臓に存在する Adipo R2 の 2 種類があるが，これらはともに血管，膵 β 細胞，中枢神経系にも少量ながら幅広く分布している．アディポネクチン受容体を活性化させる薬剤を開発すれば，インスリン感受性が回復してⅡ型糖尿病の治療薬となるかもしれない．

7 なぜ，がんになるのか？

> がん細胞は無節操に分裂するのみでなく，正常細胞に比べてはるかに劣る忠実度をもって増殖する．染色体異常や染色体欠失はがん細胞ではありふれたことなのだ．この忠実度の欠損こそが，がんの本質であろう．なぜなら，それによってがんはすぐに形質を変化させる，すなわち進化してしまうことができるようになるから．そこで我々は正常な細胞周期において染色体分配の忠実度がどのような仕組みで保たれているかについて，（ヒト細胞よりも）酵母細胞を使って染色体伝達の忠実度を研究することで，もっと多くが学べるのではないかと考えた．
> リーランド・ハートウェル（ノーベル賞受賞講義，2002）

「がん」はいまだに恐ろしい病気である．日本人の3人に1人は，がんで死ぬといわれている．どうしてヒトはがんになるのか？ その不思議の謎はひとつずつ解かれつつある．なかでも，がんはありふれた細胞に起こった遺伝子の病であることがわかったことは，がんの撲滅にむけて大きく前進できたことを意味する．その仕組みをうまく利用すれば，がん細胞だけを殺すことのできる治療薬ができるかもしれない．がんが生まれた理由のひとつに，単細胞から多細胞へと進化してきたときの危機回避のなごりであることが示唆されている．

7・1 がんとは何か

ヒトの体は約60兆個の細胞から成り立っている（図2・1参照）．これらいずれの細胞も本来あるべき役割を果たしてこそ，ヒトは健康に生きられる．がんは体の中のたったひとつの細胞が反乱を起こし，本来の役割を無視してひたすらに増殖を始めてしまった細胞である．

医学的には，ひらがなの「がん」と漢字の「癌」とは使い分けられている．**がんは総称であり，癌はそのうち上皮細胞が悪性化したものを意味する**（図7・1）．上皮細胞とは体の表面を覆っている細胞のことで，皮膚はもちろんのこと，食道，

> カタカナで「ガン」と表記することもあるが，これは正式な名称ではない．

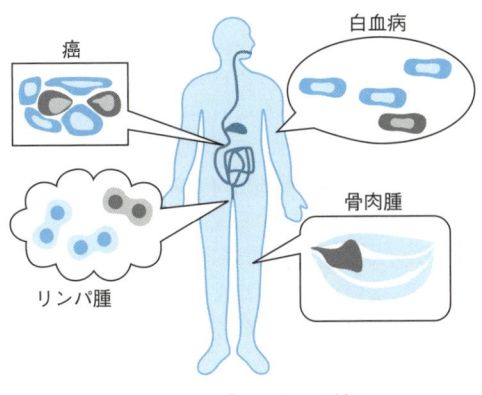

図 7・1 「がん」の種類

胃, 腸などの臓器の内面を覆っている細胞も含まれる. さらに, 乳腺, 肝臓, 膵臓, 膀胱, 子宮など細い管 (腺腔) を通して外界につながっている細胞も上皮細胞である. 一方, 筋肉や骨が悪性化したものは肉腫 (骨肉腫, リンパ腫など) とよび, 血液細胞が悪性化したものは白血病とよぶ. ひらがな表記の「がん」は「癌」のみでなく「肉腫」,「白血病」,「リンパ腫」などすべての悪性腫瘍を表現するときに使う.

7・2 ほとんどの正常細胞は増殖しない

ヒトの体をつくっている細胞の多くは増殖しない.「生きている」ということと,「増殖している」ということは, まったく別の現象でなのである. 増えないで生きている状態は静止期 (G_0) にあるとよぶ (4・4節参照). なかでも神経細胞や筋肉細胞は生まれてから死ぬまで, 一度も細胞分裂しない. これらの細胞が増殖するようになったら, それは細胞ががん化したことを意味する.

成人の個体中にある正常細胞の中には, 例外的に増殖するものもある. しかし, その場合にもゆっくり増えるという点で, どんどんと増え続けるがん細胞とは異なる. たとえば, 代謝や解毒に忙しく働いている肝細胞は古くなった細胞を壊して新しい細胞に入れ替えるため増えるが, それでも1個の肝細胞が分裂する速度は全体にならして3ヵ月に1度くらいといわれている. あるいは肝臓移植などによって肝臓を一部切除した場合にも, その部分を補うようにゆっくりと細胞が増えてゆく. ただし, 肝臓が元の大きさになると増殖が停止する. これが守られない状態になったものは肝臓がんである. このほか, 小腸や胃の粘膜細胞, あるいは免疫システムを支える各種リンパ球なども増えている. ただし, 必要以上には増えないという鉄則は守られており, それが崩れると消化器がんや白血病となる.

> 筋力トレーニングによって筋肉隆々となるのは筋肉細胞が増殖するからではなく, 一つひとつの筋肉細胞が大きくなるからにすぎない. 学習によって神経ネットワークが増えるのも神経細胞が増殖するからではなく, 神経細胞の一部が伸びるからである.

> もちろん, 個々の細胞は2日くらいで細胞分裂を完了するが, 臓器の中の細胞が同時に細胞分裂を始めるのではないので, 平均してこのくらいの速度という意味である.

☕ Coffee Time　　がん幹細胞

がんの組織内の中に見つかる少数の幹細胞的ながん細胞のことを**がん幹細胞**とよんでいる.「自己複製能」に加え,「分化能」という幹細胞に特有の二つの特徴をもっている. 正常な幹細胞が, 何らかの理由でがん化した (自己複製能の制御を失っている) ものと, 正常な分化細胞が「がん化」することで幹細胞としての形質を獲得した (自己複製能を獲得した) ものが考えられる.

生体の中で自己複製ができるのは, 幹細胞とがん細胞だけであり, 古くなった細胞が入れ替わるのは組織にある幹細胞から分化したものである. がん幹細胞も幹細胞も自己複製能と分化能をもつが, 正常な幹細胞から分化した細胞は自己複製能を失うけれども, がん幹細胞から分化した細胞は自己複製能を保持しているという違いがある.

もともと, 白血病の血液の中には分化能と自己複製能をあわせもつ幹細胞が存在することはよく知られていた. 白血病患者の血液細胞の中に正常なヒトの造血幹細胞の形質をもつわずかな細胞集団が存在し, ここから大部分の白血病細胞が供給されているという考え方に対しては異論もあるが, 乳がん, 脳腫瘍, 食道がんなどの固形がん組織内にもがん幹細胞が存在することが報告されるようになって次第に注目をあびつつある.

7・3 がん細胞は異常な増え方をする

がん細胞が正常細胞や良性腫瘍（ホクロやイボ，肝臓の血腫など）と大きく異なるのは，以下の点である．① がん細胞は不死化されていて増殖を停止することができない．② がん細胞は周囲を無視して増え続ける．③ がん細胞の増殖には足場は必要ない．④ 細胞が分裂するときに染色体が均等に分配されない．⑤ 悪性化すると転移するようになる．

増殖する正常細胞もあるが，これらはシャーレのなかで増やし続けていくと，やがて老化して分裂しなくなる．ところが，がん細胞はいつまでたっても老化しない．これを**がん細胞の不死化**という．

細胞はウシの胎児の血清を加えた培養液の中で育てる．この中には増殖因子も含まれているので，増殖せよ！との刺激が常に出されている．がん細胞をシャーレの中で培養すると正常細胞より速く分裂し，シャーレの底で一面に広がってゆく．正常細胞はシャーレが一杯になるまで増えて，ぎっしりと詰まってくると増えるのを止める（図7・2a）．これを"接触阻害"とよぶ．ところが，がん細胞はシャーレが一杯になっても周囲を無視して増え続け，一面に増殖してきた細胞の上側に盛り上がるように増えてゆく．すなわち，がん細胞は接触阻害を起こせない．

正常細胞の多くは浮遊させた状態で培養を続けると死滅するため，シャーレの底に付着した状態で増やす．このような性質を増殖が「足場依存的」であるとよぶ（図7・2b）．こうして正常細胞は一層として広がりながら増殖してゆく．一方，がん細胞は浮遊させた状態のまま培養できる．この性質をがん細胞の増殖が「足場非依存的」であるという．

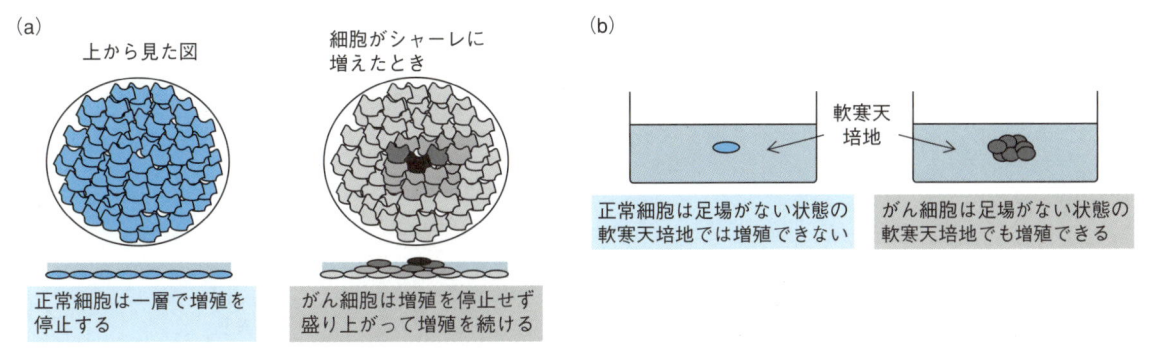

図 7・2 がん細胞の異常な増え方．（a）がん細胞はシャーレの中で盛り上がって増える，（b）正常細胞は足場がないと増殖できないが，がん細胞の増殖には足場は必要ない．

7・4 細胞をがん化する遺伝子

詳しい研究が進み，がん細胞はつまるところ「遺伝子に傷が入って反乱した細胞」であることがわかってきた．生きていると，DNAにはひっきりなしに傷が入る．その原因には，紫外線，食物に含まれる発がん物質（7・12節参照），空気中の有害物質，ウイルスや細菌などの病原体など外界からくるものもあるが，活

活性酸素については、6章を参照.

性酸素の発生などによる自発的な原因もある．細胞の中にはDNAの傷を修復する酵素もたくさんあるが，その働きまでもがおかしくなると，いっそう傷が深くなりさまざまな遺伝子に変異が起こる．やがて「働きすぎると細胞が増え続ける」タイプの遺伝子にまで傷が入ると，細胞はがん化への一歩を踏むことになる．このような遺伝子は**発がん遺伝子**とよばれる．

発がん遺伝子は，細胞をがん化する能力をもつウイルスにおいて初めて見つかった．ところが驚いたことに，正常な細胞も同じような遺伝子が存在していた．これらは一括して**がん原遺伝子**とよばれる．ふだんは適当な量だけ働いており，細胞が増えるときには重要な仕事をしているが，変異が入ることで常に働いている状態におちいり，細胞の増殖を止められなくなってしまうのである．

なかでもラス（Ras）とよばれる発がん遺伝子は実験動物のみでなく，ヒトのがん組織でも変異が見つかっている．ラスはGTP（グアノシン三リン酸）に結合して，それをGDP（グアノシン二リン酸）に変化させる酵素としての働きをもっており，細胞内のさまざまな現象においてスイッチとして働いている（図7・3）．とくに細胞増殖を制御する役割は重要で，GTPと結合している状態が

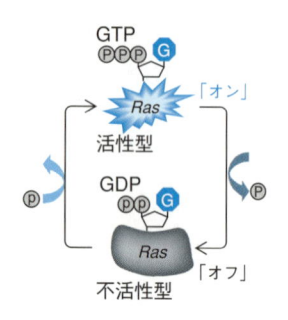

図7・3 **発がん遺伝子 Ras の働き**．GTPが結合した場合には Ras が活性化され，GDPが結合した場合には，Ras は不活性化される．

優性阻害

「異常型タンパク質が正常型の機能を優性的に阻害する」現象を**優性阻害**とよぶ．多くの悪性度の高いがん細胞で，さまざまなタイプの優性阻害が起こっている．遺伝子が変異すると，変異によって新たな機能を獲得する（たとえば活性化される）場合と，本来の機能の喪失する（たとえば不活性化される）場合の2通りがある．産生されるタンパク質が本来の役割ができないほどに変異していて，かえって邪魔になる場合には，欠失による機能の喪失よりもいっそう悪い影響を及ぼすことがある．なぜなら，なければほかで代用するが，あるのに働かないと代用の邪魔にさえなって，一切の働きがなくなるからである．

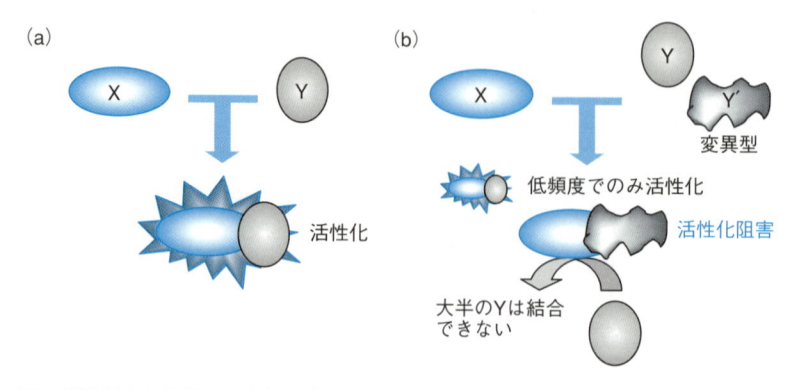

図 **優性阻害の仕組み**．(a) 正常細胞ではXとYは結合することで活性化される．(b) 変異型（Y′）をもつがん細胞では優先的にY′がXと結合するが，そのXY′複合体は活性をもたないため，優性に阻害効果が現れてしまう．

「オン」を意味して何らかの仕事をし，それが済むと GDP と結合している状態に変化して「オフ」となる．これがいつもスイッチが「オン」になってしまうように変異すると，増殖せよ！というシグナルはきていないにもかかわらず，細胞を増殖モードに傾ける．

> ただし，ヒトの細胞ではラスが変異しただけではがん化せず，他のがん遺伝子が協調して変異を重ねることで初めてがん化する．

このほか，標的をリン酸化するサーク (Src)，甲状腺ホルモン受容体であるアーブ A (ErbA)，増殖因子の受容体であるアーブ B (ErbB)，遺伝子の働きを調節するジュン (Jun) やミック (Myc) などが発がん遺伝子に分類されている．これらに共通するのは働きすぎると，細胞をがん化させるという性質である．

> ただし，マウスを用いた実験とは異なり，これらのがん遺伝子の変異が主たる原因でがんとなったヒトのがん患者は多くない．

7・5 細胞のがん化を抑える遺伝子

がん抑制遺伝子とよばれる「がんの発生を抑える」遺伝子も見つかってきた．とくに家族の中に同じがんで死ぬ場合には，がん抑制遺伝子の変異が原因となっていることが多い．このような家系では，父母由来の遺伝子のうち片方が生まれつき欠失しているしているか変異している．これを**ヘテロ接合性の欠失**という（図 7・4）．がん抑制遺伝子のうちひとつが壊れていても（ワンヒット），もう一方が生きていればがん化しないが，残りも壊れてしまうと（ツーヒット），支えるものがなくなって細胞はがん化する（図 7・5）．この**ツーヒットモデル**は小児の眼の網膜に発症する網膜芽細胞種（Rb）とよばれるがんの研究をしていたクヌーツソンが初めて提唱した（1971 年）．その後，*Rb* 遺伝子が生み出すタンパク質（pRB）は細胞が増えるときに必ず通過する S 期の開始を抑えていることもわかった（⇒ 4 章のコラム）．

> サッカーに例えれば，イエローカードを1枚もらって試合を始める状態である．

がん抑制遺伝子は多くのヒトのがん患者で変異や欠失を起している．なかでも遺伝性大腸腺腫症（FAP）の原因遺伝子として単離されたがん抑制遺伝子である *APC* は遺伝性の大腸がん患者（米国）で約 90 %，一般の大腸がん患者でも約

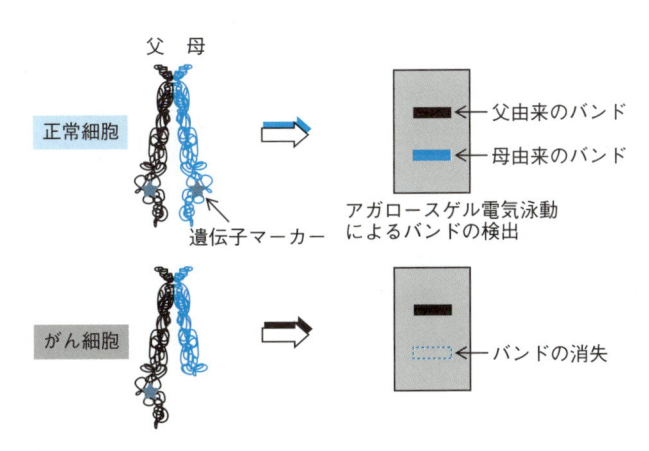

図 7・4 **ヘテロ接合性の欠失の原理**．同じ染色体上にある遺伝子マーカーでも，特定の制限酵素で切断してアガロースゲル電気泳動を用いたサザンブロット法で調べると，父母の個人差を反映して異なるサイズのバンドが検出される．これをヘテロ接合性とよぶ．片親由来の染色体において当該遺伝子マーカーの近くが脱落しているがん細胞の場合には，バンドが1本のみしか検出できないのでヘテロ接合性という現象も消失してしまう．

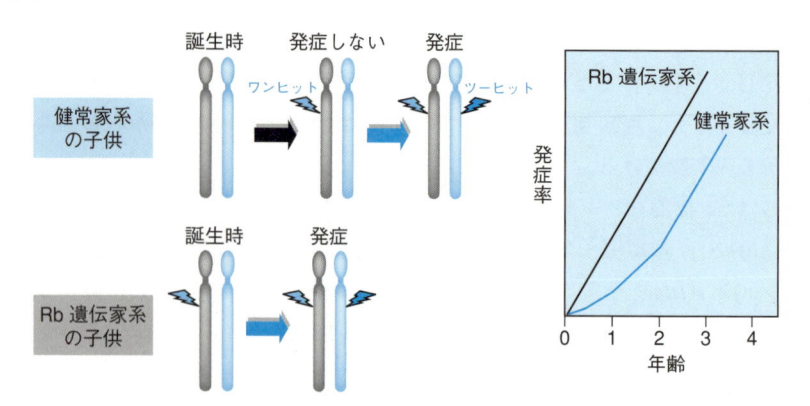

図7・5 網膜芽細胞腫（Rb）の原因を解明する発端となったクヌーツソンのツーヒットモデル． 彼は発症率曲線を眺めていて，Rb 遺伝家系の患者は生まれてからすぐに発症し始めるのに，健常家系夫婦から生まれる散発的な患者の統計では発症開始年齢が少し遅れるのに気づいた．この理由を考えているうちにツーヒットモデルを思いついた．

父母からもらった *APC* 遺伝子のうち一方が欠損しているマウスも，生まれた後で腸管に多数の腺腫やがんを生じる．

あまりにも高い確率で遺伝するので，DNA 検査でこれらの遺伝子に変異が見つかった場合には精密検査をして，がんが見つかったら早めに治療したほうが良い．

15％で異常が見つかっている．APC の変異は初期に見いだされるため，まず APC に異常が生じることが大腸がんの第1段階ではないかと考えられている．

乳がん全体の数％を占める遺伝性の乳がんの原因遺伝子である *BRCA1*（ブラカワン），*BRCA2*（ブラカツー）もがん抑制遺伝子である．家族性乳がんでは，ほぼ半数に *BRCA1* か *BRCA2* いずれかの遺伝子に変異が見つかる．変異した *BRCA1* の一方を受継いだ女性は 50 才以前に 50％ 以上，70 才までに 80％ 以上の乳がんの危険率があるという．

約半数のヒトのがんで欠損している *p53* というがん抑制遺伝子は，多彩な機能によりゲノムの保全状態を監視しているタンパク質（p53）を産生する（図7・6）．p53 は不安定なタンパク質で，正常な細胞内では見つからないが，γ線などにより DNA が傷つくと発現が誘導され，細胞周期の停止シグナルを出しながら傷口へ駆けつけて修復する．もし，傷が深すぎると判断した場合には，細胞

図中の Mdm2 は p53 にユビキチンを付加して分解に導く．一方，p53 の発現（転写）は *p53* によって増大する．すなわち，*p53* の量が増えるにつれて Mdm2 の量も増えるが，増えすぎると p53 を分解し，その結果 Mdm2 も減少するというフィードバック機構が働いている．

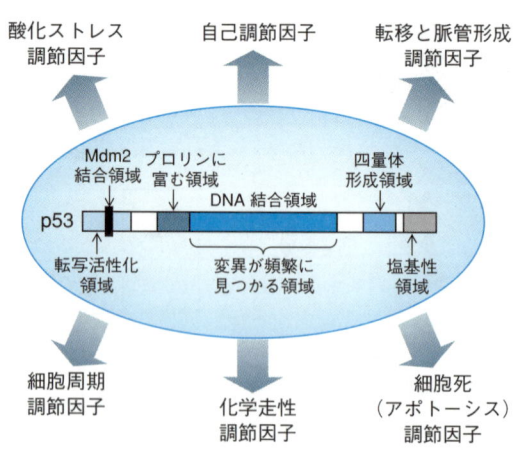

図7・6 *p53* がん抑制遺伝子のコードする p53 タンパク質の構造と果たす役割． p53 はさまざまなキナーゼによってリン酸化され，活性化されて転写制御因子として，多彩な現象を制御する遺伝子群の転写を誘導する．

をアポトーシス（⇒6章のコラム）により自殺させる．あまりにも多彩で重要な役割を独り占めしているせいで，ひとたび p53 に欠損が生じると染色体 DNA の不安定性が増大し，がん細胞を悪性化へと導く（後述）．

このほか現在までに，20種類以上のがん抑制遺伝子が見つかっている（表7・1）．これらの変異がいずれもヒトのがんの発症の原因となっていることを考えると，その異常を制御することによる，がん治療の可能性が見えてくる．

表 7・1 これまでに見つかったがん抑制遺伝子

遺伝子名	アミノ酸数	主として関連するがんの種類	遺伝子産物あるいは特徴	染色体座位
RB	928	網膜芽細胞腫，骨肉腫，肺小細胞がんなど	リン酸化核タンパク質	13q14
WT1	450	ウィルムス腫瘍	Zn フィンガータンパク質	11q13
NF1	2818	神経線維腫症	GAP 様タンパク質	17q11.2
NF2	587	シュワノーマ	細胞膜裏打ちタンパク質	22q11-13
p53	393	多様ながん，リー・フラウメニー症候群	転写因子	17q12-13.3
DCC	1447	大腸がん	NCAM 様膜タンパク質	18q21
APC	2843	大腸がん，家族性大腸腺腫症	コイルドコイルタンパク質	5q21
プロヒビチン	272	乳がん	GAP 様タンパク質	17q21
p16	148	悪性黒色腫，食道がんなど	CDK 阻害因子	9p21
BRCA1	1863	家族性乳がん	Zn フィンガータンパク質	17q21
MSH2	909	大腸がん	遺伝性非腺腫性大腸がんミスマッチ修復関連	2p21-22
MLH1	756	大腸がん		3p21.3
PMS1	932	大腸がん		2q31-33
PMS2	862	大腸がん		7p22
VHL	284	腎臓がん	ヒッペル・リンドウ病	3p26
IRF-1	325	急性白血病	骨髄異形成症候群	5q31.1

NCAM（エヌキャム）: 神経細胞接着分子．CAM については 4・3 節を参照．

7・6 がん細胞の染色体は不安定である

正常細胞には分裂ののち，すべての染色体上の遺伝子を均等に分配する仕組みが備わっている．これによって細胞分裂をいくら繰返しても同じ遺伝子セットが子孫の細胞に伝わる．ヒトは精子と卵子が合体した1個の受精卵から発生するので，成人のもつ60兆個の細胞に到達するまでには少なくとも約46回ほど細胞分裂を繰返したことを意味する．死んだ細胞を考えれば，その回数はもっと多くなる．この間，一度も間違うことなく染色体上の遺伝子を均等に分配することで，健康な成人となるのである．一般に細胞は分裂する前の準備として，もっていた染色体を2倍に増幅させる．次いで，その作業が完了したころを見はからって，それぞれの倍加した染色体の中央（動原体）に紡錘糸の束がくっ付き，染色体を細胞の中央に押しやって整列させる．すべての染色体がきちんと整列したことを確認したシグナルが発せられると，紡錘糸が染色体を両側から引っ張り，倍加した染色体を均等に娘細胞に分配する（図7・7a）．その後，柔らかいお餅を二つに分けるように細胞の真ん中がくびれて，同じ染色体をもつ二つの細胞が生まれる．

$2^{45.8} = 6.1 \times 10^{13}$

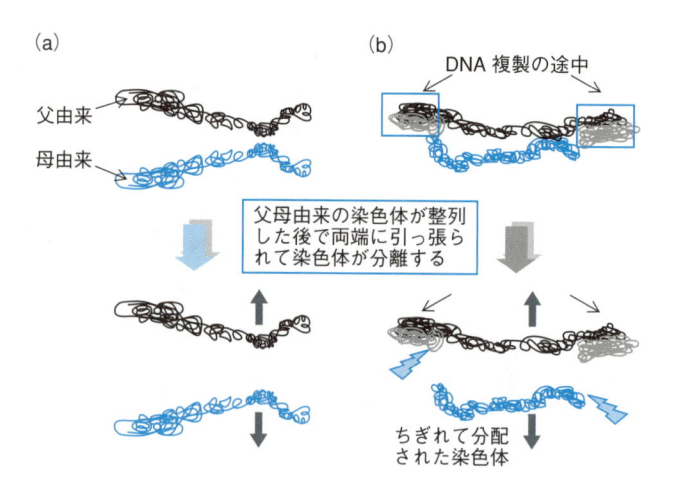

図 7・7　がん細胞の染色体不安定性．(a) 正常な染色体の分離，(b) 染色体不安定性を獲得したがん細胞では，たとえば複製が完了せずに染色体が一部しか分離できない状態であるにもかかわらず染色体分離を始めるため，染色体がちぎれて分配されてしまう．そうなると，染色体の一部が欠如した細胞が生じる．また染色体が整列しないまま染色体分離は始めてしまうので，ある染色体の数が過剰あるいは不足した細胞（異数体）が生じる．

　ところが，がん細胞の増える様子を詳しく調べてみると，細胞分裂のときに染色体が均等には分配されていないことがわかってきた．その結果，細胞分裂ごとに染色体の一部が欠けたり，あるいは逆に余分な領域が付け加わっていたのである（図7・7b）．

　この理由として，たとえば，細胞周期のS期においてDNA複製が完了しないときに間違ってM期が始まってしまうことが考えられる．複製中の染色体の一部ではまだ父母由来のDNAがくっ付いたままなので，これらを無理やり引きちぎることになる．すると，生まれた娘細胞の一方では染色体の一部が欠失し，他方では余分な染色体が付いてくる．もし，その染色体領域にがん抑制遺伝子が存在していたら，欠失した染色体を受取った娘細胞はがん化する可能性が高くなる．あるいは，がん遺伝子が存在していたら，余分な染色体を受取った娘細胞ではがん遺伝子が過剰になって，がん化のきっかけとなるかもしれない．もしM期中期において染色体の整列が終わらないうちに染色体分配が始まってしまうと，生まれる娘細胞の一方には父母由来の染色体がひとつも分配されず，他方の娘細胞には二つとも分配されてしまい，染色体の数が二つより多い異数体となってしまう．このような，染色体にかかわる異常な現象をまとめて**がん細胞の染色体不安定性**とよぶ．

　この特徴は，がん細胞がもつ異常な性質の多くを説明できる．ひとつの細胞が増殖するだけなら，数百の遺伝子で十分であることが大腸菌などの研究からわかっている（図7・8）．ヒトは数万種類の遺伝子をもっている．これらの多くの遺伝子はヒトの体の中で「あるべき場所で，しかるべき仕事をする」ために役立っている．ということは，ヒトの遺伝子のうち90％以上が失われても単に増殖するだけなら十分であることを意味する．すなわち，染色体が均等に分配され

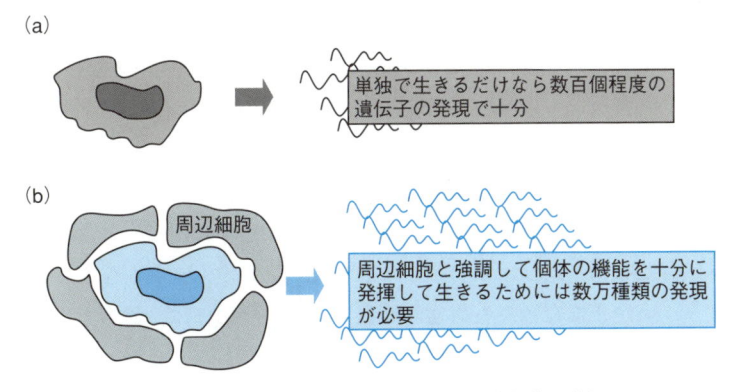

図 7・8 遺伝子の発現を種類．(a) 単細胞生物，(b) ヒト

(a) 単独で生きるだけなら数百個程度の遺伝子の発現で十分

(b) 周辺細胞と強調して個体の機能を十分に発揮して生きるためには数万種類の発現が必要

なかった細胞でも生育に必須な遺伝子さえ分配されていれば，かなり高い確率で生き延びると予想できる．そのような細胞の中には，隣近所を無視してひたすら増え続けるがん細胞の特徴をもつものも出てくるであろう．いったん，このような細胞が生まれると，染色体不安定性のせいで細胞分裂のたびに重要な機能がつぎつぎと脱落してゆくことになる．

7・7 チェックポイントと適合

がん細胞の染色体が不安定な原因のひとつに，細胞周期の進み具合を監視しているチェックポイントとよばれる仕組みの破綻がある．細胞が増えるときには細胞周期とよばれる一連の順序だった過程をたどるが，そのうちのいずれかに異常が生じたときには，つぎのステップ進む前に細胞周期を停止させ，その間に修復システムを稼動させる仕組みを**チェックポイント制御**とよぶ（図 7・9）．チェックポイントでは修復の完了もモニターされていて，現状への復帰が確認されると停止シグナルを解除し，細胞周期は元どおりに進む．

細胞周期については 4 章参照．

この仕組みはビール工場の監視員に例えられる．もしベルトコンベアー上のビールビンが倒れると監視員はスイッチを切って動きを止め，そのうえで現場の担当者にビンを元に戻すよう指令する．元に戻るとふたたびスイッチを入れ，工場は作業を再開する．

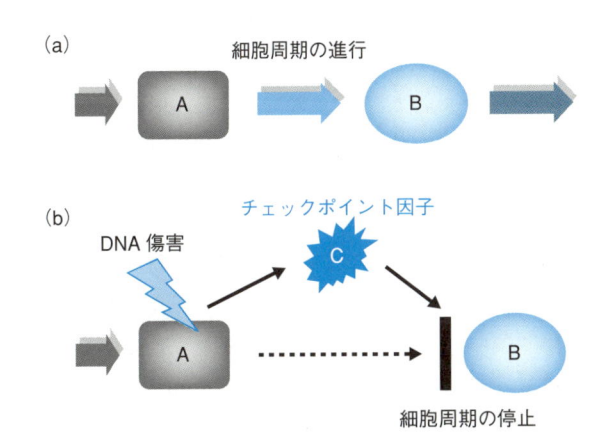

図 7・9 チェックポイント制御の原理．(a) 通常は細胞周期は順調に進行する，(b) もし，ある過程に異常が生じると，そのシグナルがチェックポイント因子（C）に伝えられる．活性化されたチェックポイント因子は異常が修復されるまで，細胞周期の進行を停止させておく．

チェックポイントには何種類かある．たとえば，DNA複製と染色体の分配開始を連携させるS/Mチェックポイント，DNA傷害を感知して細胞周期を停止させるDNA傷害チェックポイント，あるいは均等な染色体分配を保障する紡錘体形成チェックポイントなどが詳しく調べられている．がん細胞ではこれらチェックポイントのいずれかが壊れているため，細胞分裂後に生まれる新しい娘細胞に染色体を均等に分配できない．その結果，染色体は不安定となり，細胞分裂のたびに重要な制御遺伝子が欠損した悪性度の高いがん細胞が生まれる．

いっぽう，いつまでたっても異常が回復できない場合には，**適合**という仕組みが働いて，傷害が残ったまま細胞周期を再開し，増殖しながら修復を進めてゆく性質も備わっている（図7・10）．この適合という仕組みは，単細胞生物にとっては合理的である．なぜなら，たいした傷でもないのにいつまでも細胞周期を停止していると，大切な栄養分をまわりにいる敵にすべて奪われてしまうからである．それよりは，傷が残ったままでも増殖を再開して，ひとつでも多くの細胞が生き延びたほうが生物種としての淘汰に勝てる．しかし，これが多細胞生物とな

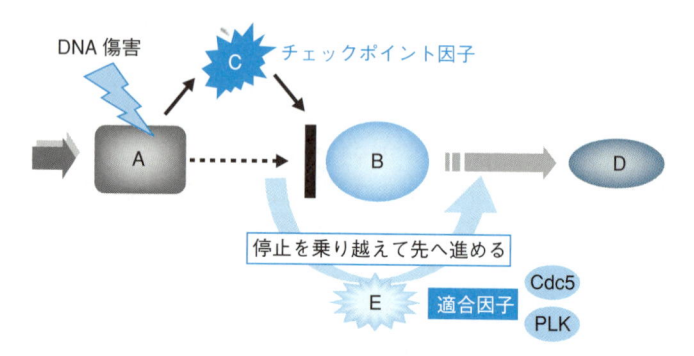

図7・10 **チェックポイントと密接に関連する"適合"という概念の説明**．細胞周期はA→B→Dと進行してゆくはずだが，DNA傷害が起こるとチェックポイント因子（C）が働いて細胞周期をBの直前で停止させる．しばらく停止しているが，やがて適合因子（E）が働いて停止を乗り越えて細胞周期を先へ進めてしまい，Dへと進入する．"適合"が実際に起こっているかどうかは以下の三つの現象が観察されることが証拠になる．① チェックポイントシグナルにより，しばらくは細胞周期を停止すること，② ある程度の時間がたつと細胞分裂を始めてしまうこと，③ 細胞分裂を始めた時点でも停止シグナルを保持していること．適合因子として知られているCdc5は細胞周期（主としてM期）を制御するSer/Thr型タンパク質キナーゼで，哺乳動物などではポロキナーゼ（PLK）とよばれている．

ると問題が生じる．すなわち，適合して生き延びた細胞はもう元の姿ではなく，他の細胞との協調をなくしてひたすら増殖するがん細胞となるかもしれない．細胞そのものは淘汰にうち勝って生き延びたが，細胞が所属する個体は死んでしまう．進化の過程において，単細胞の時代に獲得した淘汰に有利な仕組みが，多細胞となったヒトにまでもひき継がれてしまい，それががん細胞という形で個体を苦しめているのだ．

7・8 中心体サイクルの異常

がん細胞の染色体が不安定になるもうひとつの大きな原因として，**中心体サイクルの異常**が考えられている．中心体は 2 個の円筒状の中心粒が一組（ペア）として垂直に交差した形をもつ（図 7・11）．細胞が増えるとき，中心体は細胞周期の S 期において複製されて倍化し，二組となってから，それぞれが別れて核のまわりを周回し細胞の両極に移動する．M 期に入ると核膜は消失し，中心体から染色体に向かって紡錘体が伸びる．それは染色体の中央部（動原体）に付着し，染色体を細胞の中央に並べた後に両極の中心体に向かって引っ張って二つの娘細胞に分配する．

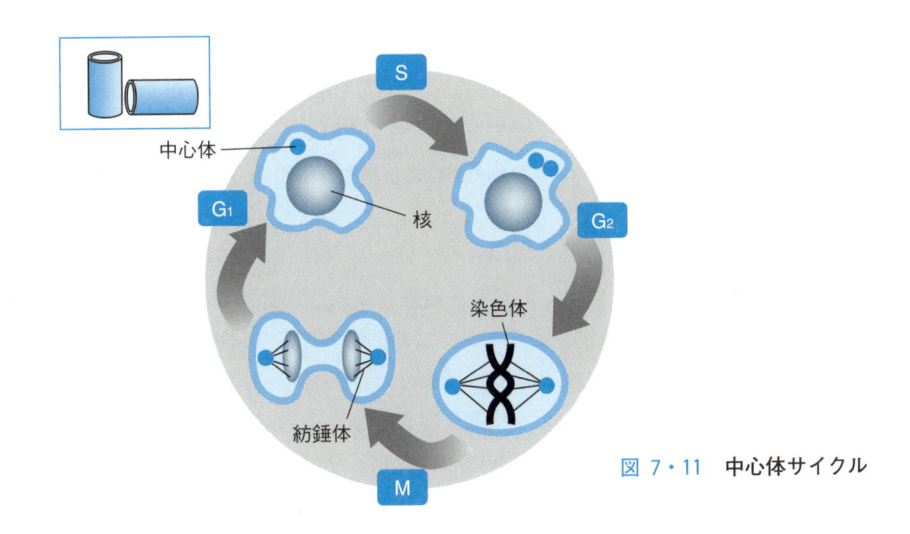

図 7・11　中心体サイクル

この仕組みに異常が生じると，3 個以上の中心体をもつ細胞が生まれる．このような細胞は細胞分裂のときに染色体が 3 箇所から引っ張られてしまうため，染色体が途中でちぎれたまま不均等に娘細胞に分配されてしまう（図 7・12）．面白いことに，中心体が 3 個あっても娘細胞が 3 個生まれることはなく，これらの異常な娘細胞の二つが細胞質分裂の後に融合して，結局は 2 個の娘細胞ができる．そのうちひとつの細胞は 2 個の中心体をもつだけでなく，異常な染色体ももっているため，たいがいは死んでしまう．ただし，なかには生き延びる細胞も

中心体を標的とした薬剤を開発して，異常な中心体複製を起こしているがん細胞だけを死滅させるという試みも始まっている．

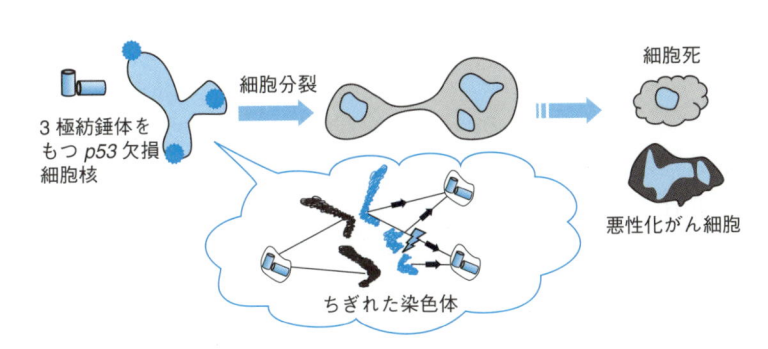

図 7・12　3 個以上の中心体をもつ細胞における染色体不安定性

あって，それが染色体の不安定さを抱えたまま悪性のがん細胞に進化する．

がん抑制遺伝子 *p53* は中心体の複製や成熟も制御するため，*p53* 遺伝子を欠失したマウスの細胞では M 期において紡錘糸が 3〜4 個の中央体の極に引っ張られる異常な細胞の割合が増えている．このような細胞に正常な *p53* を導入すると中心体の過剰な複製が抑制される．

7・9 がんは多くの段階を経て徐々に悪性化する

ヒトのがんは，たとえば発がん物質（7・12 節参照）が体内に取込まれたといってもすぐに発症するわけではない．正常な細胞は，発がん物質の攻撃を受けながらも防備のために全力を尽くす．しかし，砦がひとつずつ落ちてゆき，敵が徐々に本拠地に迫ってくるように，細胞も正常な機能をひとつずつ失いながら，前がん状態からがん化細胞へ，そして転移性の悪性がんへと長い時間をかけて徐々に悪化してゆくのである．マウスやラットなどの動物を使った実験的な化学発がんにおいては，これらの過程は起始，促進，進行という三つの過程に大きく分類されてきた．

正常細胞がさまざまな段階を経て徐々に悪性化する過程が大腸がんで詳しく調べられ，図 7・13 に示すような**多段階発がん説**が提唱されている．これによると，まず正常な大腸の上皮細胞はさまざまな化学物質や物理的刺激によって前がん状態ともいえる肥大上皮となる．健康なヒトの体の中には，とくに年齢を重ねるにつれて，このような前がん状態にある細胞が多数発生している可能性がある．ただし，このような細胞がこれ以上は変化しなければ異常な増殖をすることもないため，放っておいても何ら問題はない．ところが，発がん性の物質が食物などにより取込まれたり，発がん性物質を含む排気ガスやタバコの煙を吸引したりすると，前がん状態にある細胞が，初期腺腫とよばれる段階へと一歩進んでゆくきっかけとなる．この段階でも，まだ異常な増殖は起こしていないので，切除すれば問題はない．

中期腺腫（クラス II）まで進むと異常な増殖が始まっており，ラス遺伝子の変異が見つかることが多い．すなわち，やみくもに増殖を続けてしまう段階に入っていると考えられる．次いで APC や *p53* などのがん抑制遺伝子の欠失しているが起こると，染色体が不安定性となって細胞分裂するたびに染色体が均等に分配されなくなってしまう．すなわち細胞分裂のたびに，つぎつぎと異常な細胞が生み出される．かなり危険な状態であるが，それでも浸潤・転移が始まってさえいなければ切除することで完治する．軽微な症状が出てから発見される多くのがん患者の場合は，この状態にある，がん化細胞が主として見つかることが多い．

後期腺腫（クラス III）の状態となると厄介である．この段階のがん細胞の多くは細胞分裂のたびに染色体が均等分配されない悪性化の特徴をもっているため，すでに浸潤をともなった無制限の増殖を始めている可能性が高い．とくに，*p53* が欠損したがん細胞では染色体の不安定性がいっそう増して，欠失・増幅・転移がいっそう激しく起こるようになっている．こうなると，転移がんとして異所的ながんの発生を起こす可能性がより高くなってくる．

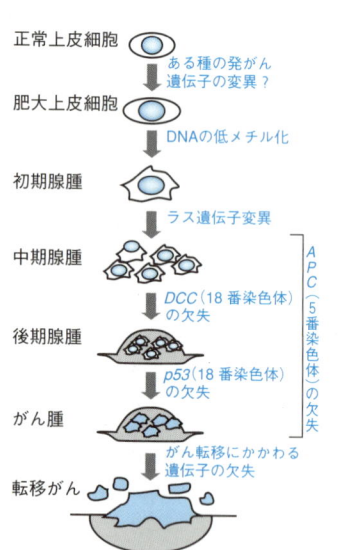

図 7・13 ボーゲルシュタインが唱えた大腸がんの多段階発がん説

がんの早期発見と早期治療が大切な理由がここにある．

この多段階発がんのシナリオは変異する遺伝子の種類や順番に多少の変更があるにせよ、大腸がん以外でも成り立つと信じられている。このようにがんは怖い病気だが、このシナリオを見るかぎり予防できるというという特徴を見すごすべきではない。とくに発がん物質を避けること、がんを誘発しそうな環境を改善すること、早期な発見と治療に努めることは大切であろう。

すべてが、この段階でとどまっていれば手術によって対処できるのでまだいくらか安心できる。

7・10 浸潤と転移の仕組み

こうしてだんだんと失っていった機能のうち、もっとも恐ろしいのが「あるべき場所にとどまっておく」という性質を失うことである。その代わりに"浸潤"と"転移"という正常な細胞にはありえない特徴を新たに獲得したものが**悪性のがん細胞**である。がん細胞が「しかるべき仕事をする」という能力を失っただけならば、少しの不便を我慢すれば、なくても命に別状はないことも多いし、場合によっては人工臓器や移植などによる代役も見つかるので、さほどは問題とならない。しかし、体中の組織にがん細胞が散らばってあちこちで増え始めると、もう手の施しようがなくなる。抗がん剤でがん組織を壊して大半のがん細胞を殺すことに成功したときに生き残った眼に見えないほど小さながんは、そのような悪性のがんであることが多い。あるいは手術でがん組織を切除したさい、すでに周囲の正常組織に浸潤している微小ながん細胞もそのような転移性のがんであることが多い。がんが現在でも怖い病気である理由がここにある。

ある臓器に生じた悪性がん細胞が血管を経由して他の臓器に転移する血行性の転移は、以下に示す五つの段階を経て進むことが知られている（図7・14）。

① 原発巣からの離脱：がんが発生した場所（これを原発巣とよぶ）から離脱することが転移の第一歩となる重要なステップである。このためには周辺の細胞とがん細胞を結び付けている構造体を破壊することが必要となり、インテグリンやカドヘリンなどとよばれる細胞の接着を助けるタンパク質を切断する酵素としてのMMPが、がん細胞の離脱などにおいて重要な役割を果たす。

リンパ管を経由したリンパ行性転移や体腔内へ広がる播種性転移においても同様な浸潤・転移の過程を経て転移巣が形成されると考えられている。

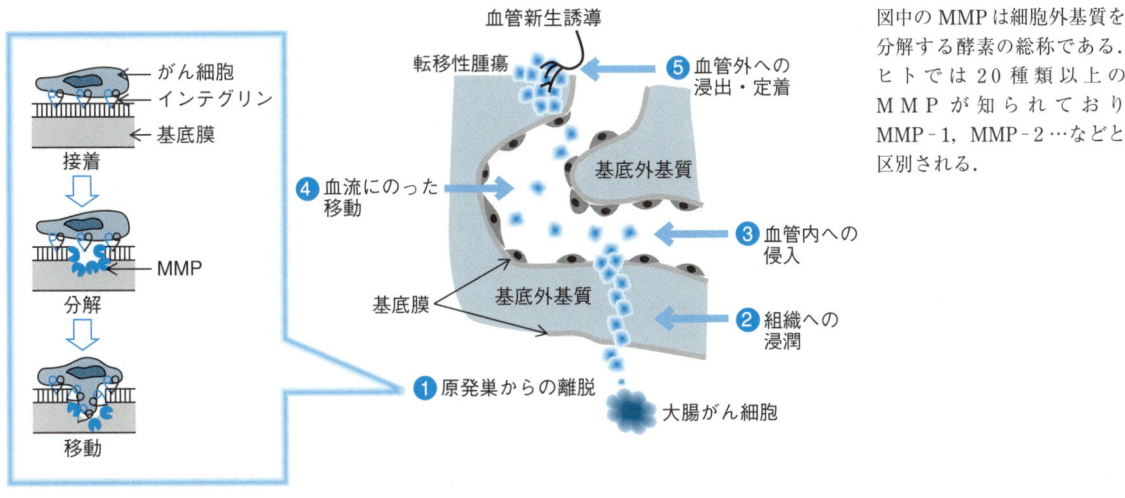

図中のMMPは細胞外基質を分解する酵素の総称である。ヒトでは20種類以上のMMPが知られておりMMP-1、MMP-2…などと区別される。

図7・14 がんの転移のプロセス

②組織への浸潤：原発巣を離脱したがん細胞は，その後も一箇所にとどまることなく，周辺の細胞の間をすり抜けて広がってゆく．この過程を浸潤とよぶ．離脱のときと同様に，周辺細胞とがん細胞の間をつなぐインテグリンやカドヘリンのMMPによる切断のみならず，細胞や組織の間を充填している細胞外マトリックスや基底膜とよばれる構造体が破壊されることも重要である．

③血管内への侵入：浸潤を始めたがん細胞が体中に広がるためには血管内へ侵入する．基本的には離脱・浸潤の過程と同様にして，血管壁を構成する細胞との連結を避けながら，その間をすり抜けて血管内皮細胞側へと到達する．

④血流にのった移動：血管内に入ると多くは血管内皮細胞上にどどまりながらも，徐々に血液によって運搬され，別の臓器に到達する．この過程を転移という．そこで血管内皮細胞へ接着するか，あるいは毛細血管に詰まるような形で動きが鈍くなり，やがてはその場所へ定着する．

> 赤血球や白血球などの正常な血液細胞も毛細血管で移動が遅くなるが，血流の力でやがては流される．流されにくいがん細胞には何か定着しやすい仕組みがあるのかもしれない．

⑤血管外への浸出・定着：血管膜を破壊して血管の外へ浸出し，そこで増殖して転移巣を形成する．がん細胞の中には組織の中の毛細血管に詰まってしまうものもある．赤血球やリンパ球ならば，詰まってもやがては血流で押し流されるのだが，がん細胞では細胞膜表面に何らかの突起をもってひっかかったまま動けなくなり，そのままそこに居座って細胞分裂を始めるものも出てくる．

> 肺や脳などに転移が多く観察される理由のひとつには，このような仕組みもひとつの理由であると考えられる．

⑤′あるいは毛細血管に詰まった状態で増殖し始め，そのまま転移巣を形成する．固形がんとなるまでに増殖を続けるためには多くの栄養が必要なため，血管を新生させるための因子を放出し，血管をよび寄せるようにして大きくなってゆく．

7・11 分子標的治療薬

すべてのがんを治す特効薬は存在しないが，がんによっては驚くほどの治療効果を示す薬剤もある．現在使われている抗がん剤の多くは，がん細胞が正常細胞に比べて増殖速度が速いという特徴に注目しているため，正常細胞のDNAにも影響を与えて増殖を阻害するので副作用が生じる．しかし分子標的治療薬は，がん細胞においてだけ働きが盛んなタンパク質の働きのみを阻害することで正常細胞に与える副作用を最小限にしながら，がん細胞を殺すことができるという意味で有用である．ただし，効くのは特定のタンパク質の働きが盛んになっているがん細胞だけであることを忘れてはならない．

ハーセプチン（一般名：トラスツズマブ）はHER2（ハーツー）とよばれる上皮細胞増殖因子受容体（EGFR）に結合して働きを阻害する抗体薬剤である（図7・15a）．EGFRは血液中に流れているタンパク質性の増殖因子（EGF）を受け止め，増殖せよ！との信号を細胞内へ伝達するので，働きすぎると細胞はひたすら増える．HER2を過剰に発現している乳がん患者にはとても効果がある．

> しかしHER2は正常細胞にも少量ながら発現されており，その増殖も阻害するため，時として重い副作用を生じる．

イレッサ（一般名：ゲフィチニブ）は薬剤としては扱いにくいハーセプチン（抗体製剤）に代わる低分子薬剤として登場した．その分子標的はハーセプチンと同じで，EGFRの活性化に必要なATPの結合部位に競合的に結合して活性を阻害する（図7・15b）．飲むだけで良いので扱いやすく，EGFRが大量に発現されて活性化されている乳がんなどには特効薬とよんでも良いほどきわめて高い治

> ただし，そのほかの乳がんや一般のがんには効かないだけでなく，間質性肺炎や肺繊維症を起こすという副作用もあるので注意すべきである．

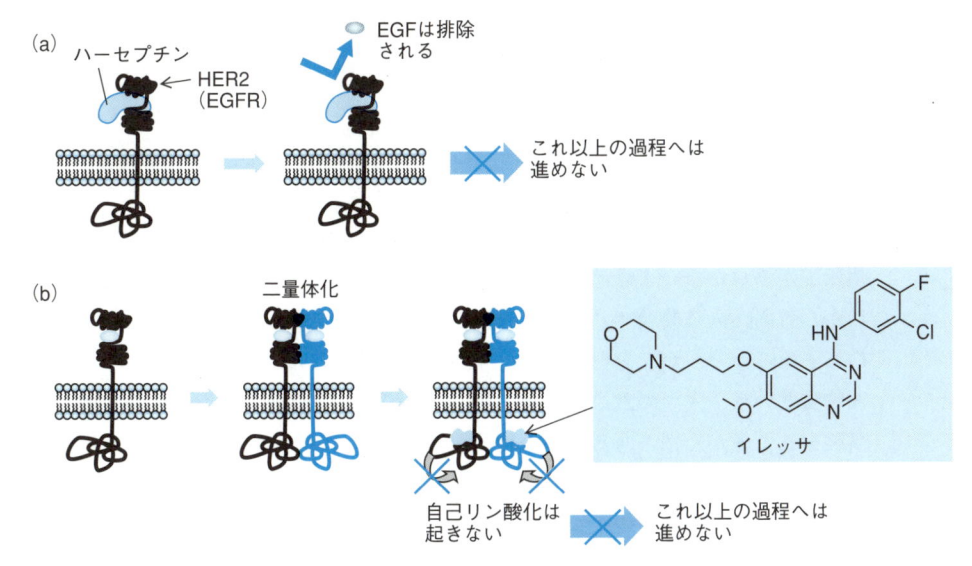

図 7・15 ハーセプチンやイレッサが抗がん剤として効く仕組み. (a) ハーセプチンは EGFR の細胞外にあるリガンド結合領域に覆いかぶさることで,本来のリガンドによって伝えられるべきシグナルが細胞内へ伝達するのを邪魔する,(b) イレッサは EGFR の細胞内領域に結合することで自己リン酸化をできなくして,シグナルが細胞内へ伝達するのを邪魔する.

療効果を示す.

　グリベック(一般名:イマチニブ)は細胞膜の表面で細胞の増殖を制御するエイブル(Abl)とよばれるタンパク質を標的とする.Abl は特定のタンパク質の特定のチロシン残基をリン酸化するリン酸化酵素(チロシンキナーゼ)の一種で,増殖因子の受容体から細胞内へ発せられた増殖シグナルをひき継ぎ,細胞内でつぎの伝達因子へ連係する.慢性骨髄性白血病の白血球細胞では異常な構造をもつ Abl が発現されており,そこから継続的に増殖シグナルを受けることが,がん化

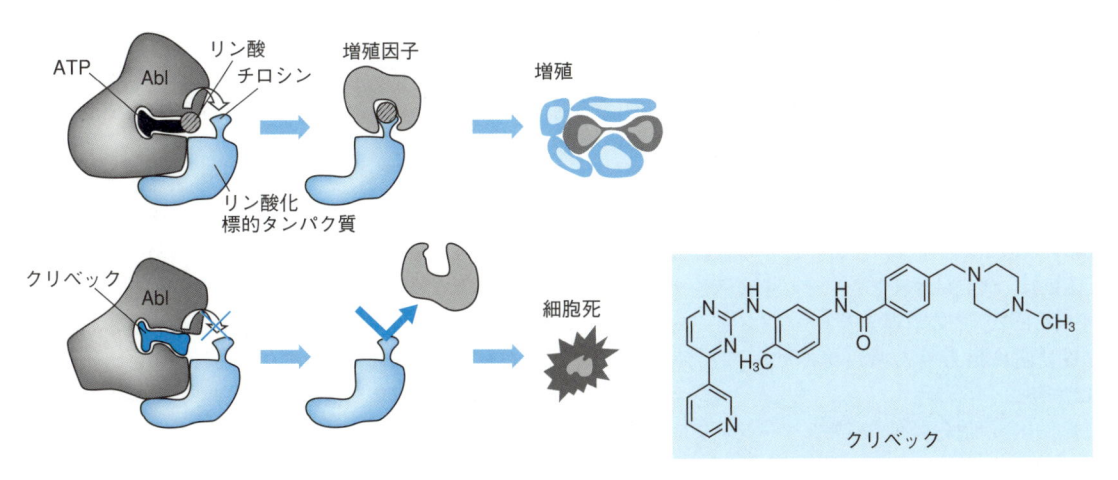

図 7・16 クリベックが抗がん剤として効く仕組み. クリベックは Abl の ATP 結合領域に潜り込むことで,本来の ATP が結合できないようにしてしまい,Abl が標的をリン酸化できなくして,シグナルが細胞内の増殖因子へ伝達するのを邪魔する.

ただし，Abl の ATP 結合部位は変異しやすいため，クリベックに耐性のがん細胞が生じやすいのが欠点である．

の原因となっている．クリベックは異常な Abl に特異的に結合してキナーゼとしての活性化に必要な ATP を競合的に締め出すことで，この経路をブロックし，がん細胞の増殖シグナルのみを特異的に遮断して増殖を阻害する（図 7・16）．

7・12 がんを防ぐにはどうすべきか

　がんは遺伝子の傷が原因となって生じるので，がんを防ぐ第一の方法は自分の遺伝子が傷つかないように気をつけることにある．食べたり飲んだりすることで口から胃腸へ入る物質のうちに DNA を傷つけるものが混ざっていたら，それを口にすることで，がんを発症する危険性が高まる．このような物質をとくに**発がん物質**という．大半の食品添加物，農薬，防腐剤などは政府の関連機関が安全性試験をして発がん性のあるものは使用が禁止されているので，安心して良いはずである．しかし，発がん性が確認されている物質であるにもかかわらず使用が許可されているものもある．

ピロリ菌

　ピロリ菌は菌体の一端に 4〜8 本の有鞘極べん毛をもったらせん状グラム陰性桿菌で，正式な名前は**ヘリコバクター・ピロリ**という．らせん状べん毛をヘリコプターの羽のように回転させて移動することから「ヘリコバクター」と名づけられ，最初の発見場所が胃幽門部（pylorus）であったのでピロリとよばれた．ピロリ菌の成育至適 pH は 6〜8 で，pH 4 以下では発育しないにもかかわらず，強い酸性の胃液の中でも胃粘膜に定着できる．その理由は，ピロリ菌が放出するウレアーゼが，尿素を分解してアンモニアをつくり胃酸（pH 1〜2）を中和するからである．

　イヌの胃の中にらせん菌を見いだしたとの報告はすでに 100 年以上も前（1893 年）にイタリアの解剖学者ビッツォゼロにより指摘され，その後，ヒトの胃の中に棲む細菌の研究が進んだ．20 世紀の半ば頃，「胃には細菌はいない」という著名な学者の反論以降，研究は停滞した．それを復活させたのがオーストラリアの病理学者 ウォレンで，炎症のある胃粘膜にはらせん菌が棲んでいると報告した（1979 年）．

　若き内科（消化器病）研修医マーシャルは，ウォレンの報告に賛同し，慢性胃炎患者の胃粘膜から取出したらせん菌の純粋培養を手伝い始めた．しかし培養時間を規定の 48 時間に限っていたため何も生えてこなかった．その年のイースターの 4 日間の休暇の間，培養シャーレを捨て忘れて恒温室に放置したままだったことが，思わぬ幸運を生んだ．休暇明けの朝，捨てようと思ったシャーレに，ゆっくりと成育していたピロリ菌のコロニーが培地上に出現したのである（1982 年）．この純粋培養の成功とピロリ菌が慢性胃炎の原因だとする仮説はまもなく発表されたが（1983 年），それでも誰も信じようとはしなかった．そこで，マーシャルは自らピロリ菌を飲む感染実験を行うという過激な作戦に打って出た．そして，実際に飲んだピロリ菌は自分の胃粘膜に炎症が起こすけれども，それは抗生物質の内服で改善することを証明してしまった．

　この報告をきっかけとして，ピロリ菌は徐々に認められていった．かつてはストレスや生活習慣が原因と考えられていた胃・十二指腸潰瘍のおもな原因がピロリ菌であることが判明したおかげで，現在では消化性潰瘍は抗生物質と胃酸の分泌を抑える薬剤の組合わせで短期間に治る病気となった．この除菌を主とした治療は消化性潰瘍の再発を防ぐのみでなく，胃がん発生の予防効果もあるとされている．これらの成果に対して，ウォレンとマーシャルに 2005 年のノーベル医学生理学賞が与えられた．

発がん物質の代表的なものを図7・17に示した．なかでも危険度の高いものとして，亜硝酸 HNO_2 や亜硝酸ナトリウム $NaNO_2$ があげられる．亜硝酸は脱アミノ反応を起こして塩基のアミノ基をカルボニル基へ変化させることで，C・G 塩基対を T・A へ，あるいは A・T 塩基対を G・C へ変異させる．つまり遺伝情報である DNA の塩基配列を書き換えてしまうので，亜硝酸が細胞の中に入ると DNA のあちこちに傷が入ることが予想されるため危険である．また，肉や魚などのタンパク質に含まれる特定の物質と結合すると，発がん物質であるニトロソアミンを生成する．さらに，魚や肉の焦げた部分に存在するヘテロサイクリックアミンも発がん性をもつ．

亜硝酸ナトリウムは食肉中の血色素成分と反応して安定化させ，肉のきれいな赤みを保つため，ハム，ソーセージ，ベーコンなど食肉加工品あるいはタラコなどにおいて発色剤として高頻度に使われている．戦後，日本人の食事が西洋式になって肉食が増えたため大腸がんが増えたという説明があるが，肉食が悪いのではなく，食肉加工品に含まれる亜硝酸が原因かもしれない．

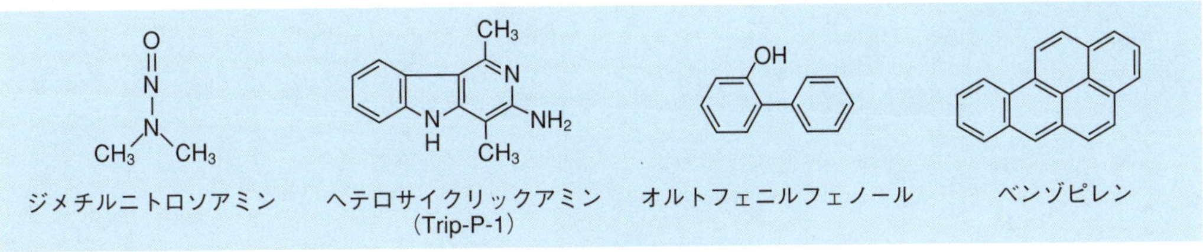

図 7・17 発がん物質の例
（ジメチルニトロソアミン，ヘテロサイクリックアミン (Trip-P-1)，オルトフェニルフェノール，ベンゾピレン）

一般の農薬は注意深く安全性基準に従った使用がなされているがぎりは，それほど恐れる必要はないだろう．しかし，輸入果物などに大量に使われるポストハーベスト農薬には注意が必要である．たとえば，防カビ剤として使われているオルトフェニルフェノールなどは発がん性が確認されている．

収穫後の農産物に使用する薬剤をポストハーベスト農薬という．

タバコの煙の中には有害な化学物質が大量に含まれている．とくに三大有害物質であるニコチン，タール，一酸化炭素のほかにもシアン化水素，発がん性ニトロソアミン類，カドミウム，ベンゾピレンなどの危険性はいうまでもない．ディーゼル排ガスにも有毒なガス状物質と，炭素に吸着された有機物質，硫黄，硝酸，金属類などが混在した 0.01〜0.5 μm の微細な浮遊粒子状物質（DPM）が含まれている．微細なガスや粒子は肺に取込まれて，肺がんの危険度を増す．ハンカチなどで鼻や口を覆うだけでもかなりの量を遮断できるので，なるべく吸わないように注意したほうが良いだろう．

二酸化炭素，一酸化炭素，窒素酸化物，硫化物，アルデヒド類，ベンゼン，芳香族炭化水素，ニトロ化合物などのガス状物質がある．

大気圏外のフロンガスの増加による地球に降り注ぐようになった紫外線量の増加も見逃せない．紫外線が DNA に照射されるとチミン二量体とよばれる架橋が隣接する塩基（T）の間で生じ，DNA の変異が起こる（図7・18）．大人ではチミン二量体はすぐに修復されるが，酵素活性が低い乳幼児を紫外線にさらすのは危険である．紫外線量が増えた昨今では，防ぐ力の弱い乳幼児や子供はなるべく紫外線を避けたほうが良い．

「真っ黒な日焼けは健康な証拠」と考えられていたのは，昔前の話である．

なぜ，アスベスト（石綿）ががんをひき起こすかはよくわかっていない．ひとつの可能性として，極細のため細胞を殺すことなく突き刺さったままの状態が，細胞の増殖に関するシグナル伝達経路を常に活性化し続けていることが考えられる．ただし，変異というほどではないので，シグナルの力は弱く，ジワジワと影

アスベストは天然に産出する繊維状あるいは層状のケイ酸塩鉱物である．アスベスト繊維1本の太さは髪の毛の5000分の1程度である．

紫外線は波長がおよそ200〜400 nmの電磁波であり，いくつかの種類がある．とくに波長の短い紫外線は，エネルギーが大きく，そのなかでもUV-B（280〜315 nm）は地上に届くため，生命にとっての危険性も高い．

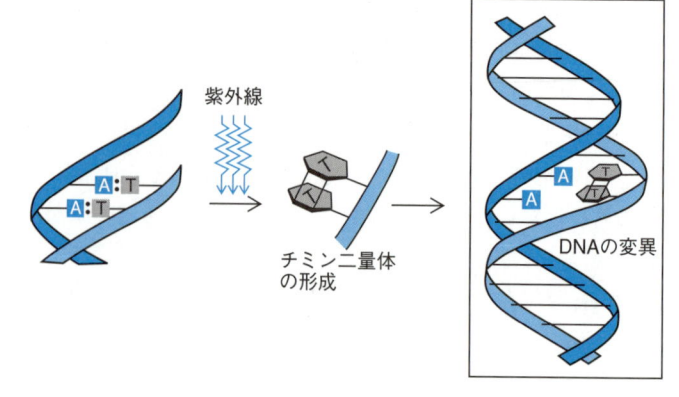

図7・18　紫外線によるDNAの変異

響して長い潜伏期間の後に発症するのだろう．

8 生体防御と感染

観察科学の分野では，幸運の女神は心の準備ができている人のところにのみ訪れる．
（幸運の女神は心の準備ができている人にのみ微笑む）
科学者には祖国があるが，科学に国境はない．
一本の瓶に入ったワインの中には，すべての書物にある以上の哲学が含まれている．
生半可な知識では真実の神から遠ざかるだけだが，深遠な知識は神の元へ導いてくれる．
ルイ・パスツール（1822〜1895）の言葉

ヒトは環境の中で外敵と戦いながら生きている．目に見える大きさの外敵との戦いだけでなく，顕微鏡でしか見えない微小な外敵とも戦っている．その仕組みの巧妙さは，いったい誰が考えたのか，知れば知るほど不思議である．

8・1 免疫研究の始まり

私たちは細菌やウイルスの攻撃に絶えずさらされているが，それらの外敵から自己を守る仕組みを備えている．これを**免疫**（immunity）という．この言葉はラテン語の課役（物品，労働あるいはお金で賄う課税のこと）を免除される「immunitus」を語源とする．病気も天から与えられる課役と感じたのであろう．一昔前までは，咳やくしゃみで飛沫感染する天然痘は恐ろしい病気であった．英国の開業医ジェンナーは牛痘の膿に接触する農夫が天然痘に感染しないという話にヒントを得て，牛痘の膿をヒトに摂取すれば病気を避けることができるのではないかと考え，実際に8歳のフィップス少年に接種して，天然痘にかからないことを確認した（1796年）．

この現象を科学的に説明したのが，近代免疫学の父と称されるフランスのパスツールである．彼は，この「免疫力」を付与するものを**ワクチン**（vaccine）とよび（図8・1），さまざまな感染症が微生物によってひき起こされることを証明した．彼はニワトリに感染するコレラ菌の培養に成功し，これを弱毒化してワクチンとして使う道を開いた（1879年）．同様な試みは，当時家畜の伝染病として猛威を振るっていた炭疽菌にも応用され大成功を収めた．また，狂犬病にかかった後のイヌの脳組織の乾燥標品を使うという画期的なワクチン製造法を開発して多くの人々の命を救った．この一連の大成功に刺激され，のちに細菌学の祖と称されるドイツのコッホを代表とする研究者によって，つぎつぎと病原菌が発見されていった．

ところがジフテリア，百日咳，破傷風などでは菌体の外に毒素が分泌されるため，弱毒菌をワクチンにしても効果がないことがわかってきた．この困難を打開して血清療法を開発したのがコッホの弟子であった北里柴三郎とベーリングで

この発見のおかげで地球上から天然痘は撲滅された（1980年）．

ワクチンはラテン語のVacca（雌牛）とVaccina（牛痘）にちなんで名づけられた．

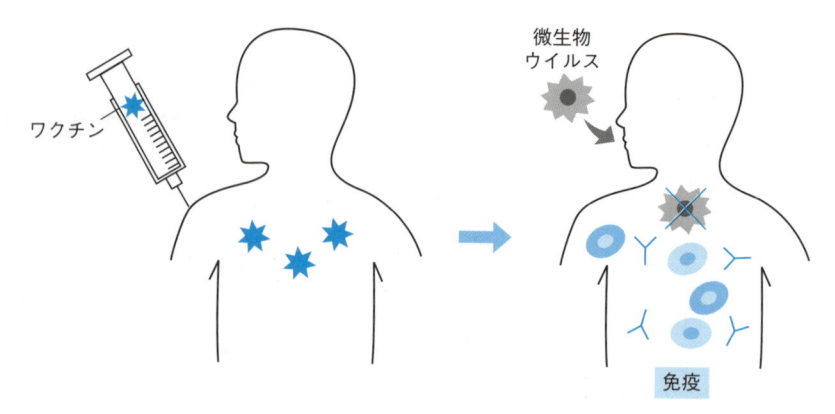

図 8・1 **ワクチン（予防接種）の原理**．ワクチンを接種すると病原菌に対する免疫ができ，感染症の予防ができる．ワクチンには，① 生ワクチン（生きた微生物），② 弱毒化ウイルスワクチン（病気を起こす力を失ったウイルス），③ 不活性化ワクチン（死んだ微生物），④ 成分ワクチン（微生物のもつ毒素を除いて免疫ができるのに必要な抗原成分だけにしたもの）がある．

現在でも毒ヘビに咬まれたときには速やかに抗血清を注射すれば命が救われる．

あった（1890年）．彼らはジフテリア菌の出す毒素を熱で変性して動物に注射して数週間の間に動物の血液中に毒素を中和する物質（抗体：免疫グロブリン）をつくらせ，それを含む血清を患者に注射すると劇的に症状が回復したのである．

幼児期に予防接種する三種混合ワクチンはジフテリア，百日咳，破傷風の毒素に対する抗体を子供の体内につくらせるのが目的である．しかし，それでもなおコレラ，赤痢，黄色（オウショク）ブドウ球菌に対して，ヒトは免疫を獲得できない．らい菌や結核菌などのマイコバクテリアはマクロファージに貪食されても細胞内で生き延びるため，免疫療法も効かない．その行き詰まりを打開したのが，英国の細菌学者フレミングがアオカビ（*Penicillium*）から発見した抗生物質ペニシリンである．しかし，その後，抗体も抗血清も抗生物質も効かない病原体ウイルスが続々と発見されており，感染症と人類の闘いは現在でも続いている．

8・2 免疫とは何か

その後も，ひき続き研究を進めてきた数多くの偉大な先人たちの多大な努力によって，「免疫」は一群の細胞とそれらが分泌する物質で構成された生体防御システムであることがわかってきた．免疫系は体内へ侵入してきた病原体のみでなく，がん細胞などの内なる反乱者からも身を守る．ただし，国民を守るはずの軍隊と同じくクーデターもありうる．免疫の調節が効かないと自己の組織や正常細胞までも攻撃して破壊してしまい，アレルギーやアトピー，あるいはもっと症状の重い"自己免疫疾患"という病気を起こしてしまう．そのような病気を避けるためにも，あるいは病気にかかったときに適切な治療を受けるためにも，免疫がどのような仕組みで調節されているかを理解することは大切である．

自然免疫は軍隊に例えれば古くからある陸軍のようなものである．

獲得免疫は船や飛行機が発明されて初めてできた海軍や空軍に例えることもできる．

ヒトの免疫系は，先天的に備わった**自然免疫**とリンパ球の免疫応答により誘導される**獲得免疫**に分けられる（図8・2）．自然免疫の起源は古く，それを支える遺伝子はカブトガニ（無脊椎動物）からヒトまでさまざまな生物で見つかる．

一方，獲得免疫は進化の歴史の中では比較的新しく，魚類など顎をもつ脊椎動

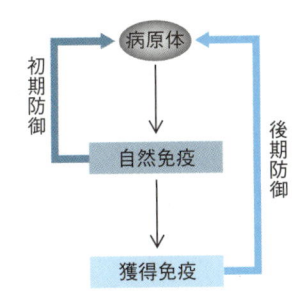

	自 然 免 疫	獲 得 免 疫
主要な細胞	食細胞, NK細胞	B細胞, T細胞, 食細胞
主要な分子	補体, TLR	抗体
認識の特異性	低い	高い
作用までの時間	速い	遅い
免疫学的記憶	なし	あり

図 8・2　自然免疫と獲得免疫

物が出現し始めたころ（約4億年前；デボン紀）に生まれたとされ，脊椎動物のみに備わったものである．病原体が感染すると，自然免疫と獲得免疫は密接な連係プレーにより対抗する．ただし，すぐに戦いを始められる自然免疫に比べ，獲得免疫は戦うための準備に時間がかかる．特定の病原体の分子構造（抗原）を正確に感知するセンサー（抗原受容体）を確立するまでには1週間もかかるのである．ただし，いったん確立すると強力に病原体を攻撃して体から排除するとともに，抗原を記憶することができるため，2度目の感染時には迅速に対応できる．

8・3　免疫を担う細胞群

　免疫を担う細胞はリンパ球（B細胞，T細胞，NK細胞），単球（マクロファージ，樹状細胞），顆粒球（好中球，好酸球，好塩基球）から構成される（図8・3）．
　ヒトの体内にある約1兆個の免疫細胞のうち，約100億個が毎日新たに細胞分裂により生み出され，死んでゆく古い細胞と入れ替わっている．骨髄には**造血幹細胞**があり，そこでまず**骨髄系前駆細胞**と**リンパ系前駆細胞**に分化し，そこから未熟な免疫細胞へと分化してゆく．骨髄で生まれた未熟な**T細胞**は血液やリンパ液によって胸腺に運ばれ，そこで厳しい教育を受けて，免疫の司令塔といわれる**ヘルパーT細胞**（指令担当），殺し屋の**キラーT細胞**（殺し担当），調停専門の**サプレッサーT細胞**（制止担当）という3種類のT細胞へと選別される．胸腺を卒業するとリンパ節に運ばれてそこで待機し，外敵がくるとすぐさま戦場に派遣されてゆく．このときヘルパーT細胞はCD4，キラーT細胞はCD8という糖タンパク質で細胞表面を武装して区別していることがわかってきた．そこでの軍事教練は厳しく，晴れて卒業できるのはわずか1〜3％で，残りの未熟なT細胞はアポトーシス（6章のコラム参照）によって自決して死んでゆく．
　一方，未熟な**B細胞**は肝臓や脾臓で教育されて，**形質細胞**と**メモリーB細胞**に分化して体内にくまなく派遣され指令を待つ．このうち，形質細胞が外部から侵入してきた外敵と戦うミサイルとしての抗体とよばれる免疫グロブリン（IgG）を産生するが，それにはヘルパーT細胞からの指令が必要となる．赤血球は骨髄でつくられてから血管の中で約120日間働いた後，肝臓や脾臓で壊される．
　肝臓や脾臓で成熟する**ナチュラルキラー細胞**（**NK細胞**）は自然免疫に属する殺傷力が高い細胞で，常に体内を巡回して外敵および内敵（がん細胞など）を捜索している．いったん病原体や感染細胞あるいはがん細胞を見つけると，中央か

細胞分裂を起している間（とくにS期とM期）に染色体（DNA）が裸になるため（4・4・6節参照），免疫細胞は放射線に弱い．そのため，事故などによりヒトが大量に放射能に浴びると免疫系が真っ先にだめになるので，骨髄移植などの治療が必要となる．

T細胞とB細胞の語源は胸腺（thymus），骨髄（bone marrow）である．ただし，B細胞は最初に発見されたニワトリのファブリシウス嚢（bursa of Fabricius）も語源を兼ねている．

胸腺の教育方針は現代社会における諸問題にとって教訓的である．効率のみを追求していては淘汰に勝てない．有意義な無駄をどのように教育や会社の運営に取入れてゆくかは，免疫を素材にして学ぶことができる．

一見，膨大な無駄を生み出しているとも思える胸腺のT細胞選別の仕組みは，ヒトの祖先が外敵と戦いながら淘汰されずに生き延びた苦労の痕跡でもある．適切な指令を出せないヘルパーT細胞を送り出した個体は巧妙な外敵に襲われていつかは絶滅しただろうし，自己を攻撃するような無作法なキラーT細胞を生み出すような個体も，外敵と戦う前に死滅したであろうから．

軍隊でいえば、憲兵を兼ねた陸軍の特殊部隊に相当しよう。

体内のリンパ球のうち70〜80％はT細胞, 5〜10％がB細胞で, 残りの15〜20％をNK細胞が占める.

マクロファージや好中球は食細胞とよばれる.

樹状細胞は細胞表面に分布する糖タンパク質（CDマーカー）によって, さまざまな型に分類される. この型には個人差があるので, 臓器提供者と患者の間で型が合わない場合には臓器移植において拒否反応が起こることもある.

アレルギーについては8・6節でふれる.

らの指令なしで独自に判断して単独で戦闘態勢に入る. NK細胞の活性はストレスや加齢で低下する. 高齢になるほどがん発生率や生活習慣病の罹患率が上昇するのは, NK細胞の活性化の衰えによるとされる.

マクロファージはアメーバ状の細胞で, 外界や血管と結合する部分に多く見つかり, 体内に侵入してきた異物をつぎつぎと取込んで（これを貪食とよぶ）, 細胞内で分解する. その後, 分解してできたタンパク質の断片であるペプチドを異物（抗原）として自己の細胞膜表面に提示し,「外敵来襲！」というシグナルをヘルパーT細胞に伝える（図8・5参照）. この警報により全免疫システムが警戒態勢に入る. こうした勇ましい仕事だけでなく, 戦いが終わると感染体や感染細胞の死骸を貪食により排除し, 平和なときには体の中を巡回しながら, 寿命が尽きた免疫細胞などを貪食することで掃除するという地味な仕事もこなしている. **樹状細胞**は突起を四方八方に突き出した特徴ある形をした細胞で, 高い抗原提示能を武器にして, もっぱら外敵の侵入を監視するとともに自然免疫と獲得免疫を連結するという重要な役目ももつ.

顆粒球は, 細胞内の顆粒が染まる色素が酸性か塩基性によって, **好酸球**と**好塩基球**に分けられる. どちらの色素にも染まらないものは**好中球**とよばれる. 好酸球の貪食能力は弱いが, Ⅰ型アレルギー（後述）や寄生虫の感染などで増殖する.

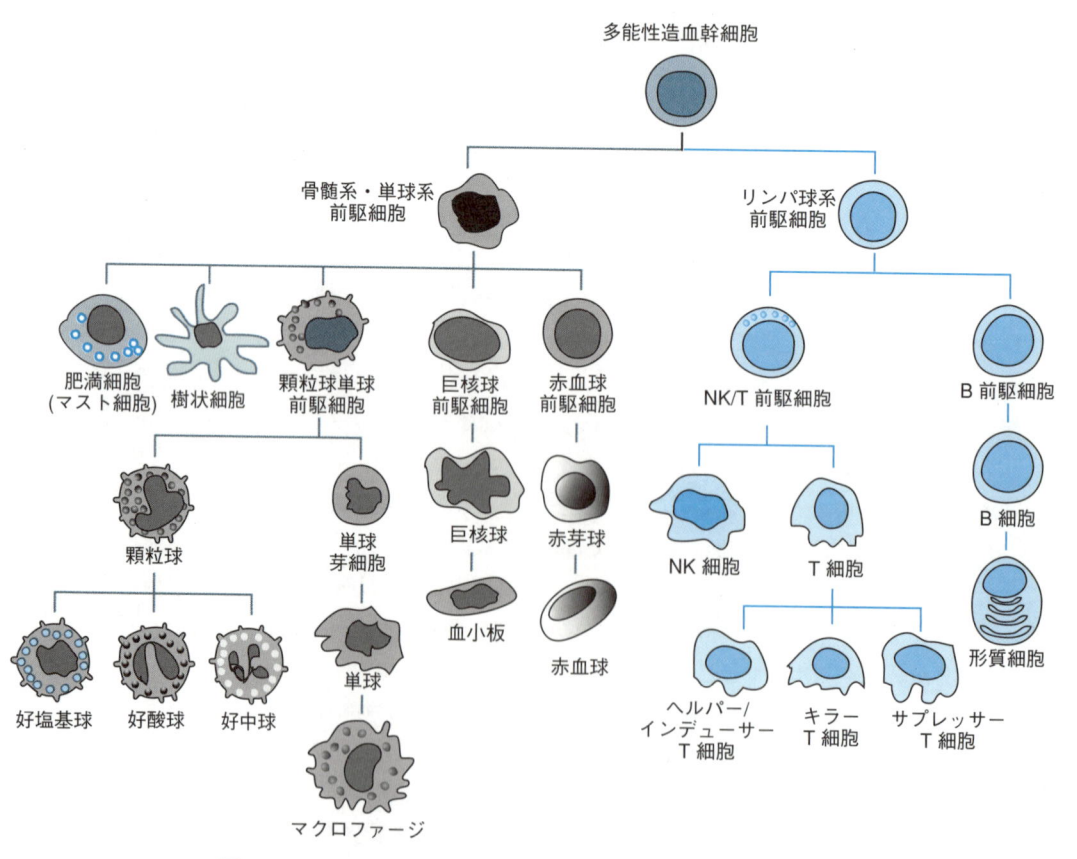

図8・3 **各種血液細胞の系譜**. まだ未確定の部分も残されている.

好塩基球は顆粒内にヒスタミンやヘパリンなどを含み，炎症反応に関与する．アレルギー反応のときには，この顆粒からヒスタミンが放出されて，アナフィラキシーショック，じんま（蕁麻）疹，気管支ぜんそくなどをひき起こす．好中球は血液を循環し，強い貪食能力によって出会った異物，とくに補体成分（後述）や抗体と結合した細菌やカビを殺す．

8・4 自然免疫の仕組み

外敵が体を襲うと，まっさきに自然免疫が働く．たとえば傷口から侵入した細菌は，まず樹状細胞やマクロファージの細胞膜上にある **Toll 様受容体（TLR）** に結合する（図8・4）．病原体はヒトには存在しない特有な構造成分であるパンプス（PAMPs）とよばれる特徴をもつので，これを TLR が特異的に認識し，「外敵来襲」というシグナルを発して自然免疫発動のスイッチを入れる．TLR が壊れると，すべての免疫システムは働かなくなり，身体は感染に対して無防備な状態となる．一方，TLR の働きが強すぎると慢性的で深刻な炎症を特徴とする疾患をひき起こしてしまう．この仕組みを調べれば，感染の成立の仕組みとともに過剰な防御反応がひき起こす自己免疫疾患やアレルギーといった多くの謎が解けると期待できる．

まずは陸軍が動くのである．

TLR でキャッチされたシグナルは，二手に分かれてシグナルを送る（図8・4）．ひとつ目のシグナルは TLR に結合して待機している MyD88 とよばれるタンパク質に伝達される．MyD88 の出す警報はシグナル伝達系に受継がれて，最終的には核の中にある司令塔（DNA）に到着する．そこでは，まず炎症をひき起こす能力をもつインターロイキン 6（IL-6），IL-12 や腫瘍壊死因子 α（TNF-α）などの炎症性サイトカイン遺伝子が発動し，これらを大量に産生する．

ヒトでは 13 種類の TLR が遺伝子として存在し，各 TLR が外敵の種類によって役割を分担していることがわかってきている．

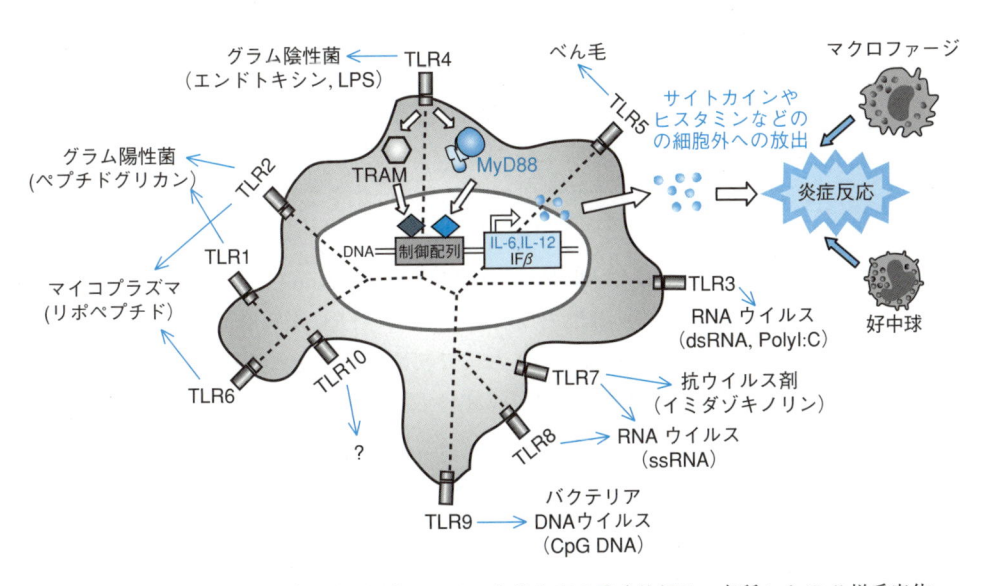

図 8・4 **マクロファージや樹状細胞における自然免疫の働く仕組み**．各種ヒト Toll 様受容体（TLR1～TLR10）の進化系統樹を破線で，おもに担当する感染体（リガンド）を矢印の先端で示してある．

> ## サイトカイン
>
> **サイトカイン**とは，主としてタンパク質からなる細胞間情報伝達分子の総称で，標的細胞の細胞膜上にある特異的な受容体を解して細胞内のシグナル伝達経路を刺激する．そのうち産生細胞がリンパ球（T細胞，B細胞，大顆粒リンパ球）の場合には，**リンホカイン**とよぶ．一方，単核性食細胞（単球やマクロファージ）が分泌するサイトカインは**モノカイン**とよばれる．さらに炎症部で大量に産生され，血管内から炎症組織内への白血球の遊走をもたらす作用をもつ一群（50種類以上）の因子は**ケモカイン**とよばれる．他のサイトカインと違いケモカインは標的細胞の分化・増殖にほとんど関与しない．

　もうひとつの警報はTRAMとよばれるタンパク質に送られる．この警報は別の種類のタンパク質がつくるシグナル伝達系に受継がれて，核内のDNAに伝えられ，抗ウイルス活性を有するインターフェロンβ遺伝子の発現が誘導される．とりわけ樹状細胞からはサイトカインやケモカイン（⇒コラム）と総称される多彩なタンパク質が放出され，それらが細胞間をつなぐ新たな免疫シグナルとして指令を飛ばす．それを受けた好中球やリンパ球は活性化され，炎症反応をひき起こすとともにヒスタミンなどの炎症物質を放出する．外敵の侵入部分が炎症反応によって明らかにされると，その戦闘場所をめがけて体内のあちこちから多数の好中球やマクロファージが炎症部位に集まってきて，多量の活性酸素や分解酵素を細胞外に放出して細菌を丸呑み（貪食）して殺してしまう．これが自然免疫の主だった仕組みである．

　このときマクロファージはT細胞に外敵の侵入を知らせ，獲得免疫を作動させるという重要な役割もこなす（図8・5）．具体的には，貪食して分解した抗原のペプチドを**MHCクラスⅡ分子**の助けを借りて細胞膜の表面に提示するのである．すると，それを察知したT細胞が**T細胞受容体**（**TCR**）を介して結合することで活性化され，未分化なT細胞からの分化や増殖を促す（次節参照）．

8・5　獲得免疫の仕組み

　生まれつきもっている自然免疫のセンサー（TLR）が病原体を幅広く感知するのに対し，出生後に異物と遭遇した後で初めて獲得される獲得免疫のセンサー（抗原受容体）は標的異物そのものにしか反応しない．標的は自然免疫系が攻撃して分解し，その一部をこれが標的だと獲得免疫系に提示することから始まる．

　前節で見たように，感染体などの外来抗原（異物）が，マクロファージや樹状細胞に貪食され，細胞内でアミノ酸数10程度の抗原ペプチドに分解した後でMHCクラス分子とよばれるタンパク質との複合体として細胞の表面に提示されるという過程を経る（図8・5）．これをT細胞が察知し，それが何かをT細胞受容体（TCR）によって識別した後で，T細胞が活性化し，免疫の指令塔として

> 海軍・空軍は陸軍により何が敵なのかを教えられて初めて動き出すのである．

シグナルを発することで獲得免疫の仕組みが動き出す．

具体的には，CD4$^+$型T細胞はTh1細胞へと分化し，インターフェロンガンマ (IFN-γ)，IL-2, IL-12などを産生する．IFN-γはマクロファージや樹状細胞をさらに活性化するとともに，B細胞に作用して特異的な抗体の産生を誘導する．一方，Th2細胞へ分化するとIL-4, IL-5, IL-10, IL-13などを産生し，やはりB細胞を活性化して抗体産生を促す．抗体は血液中を流れて組織に到達すると抗原

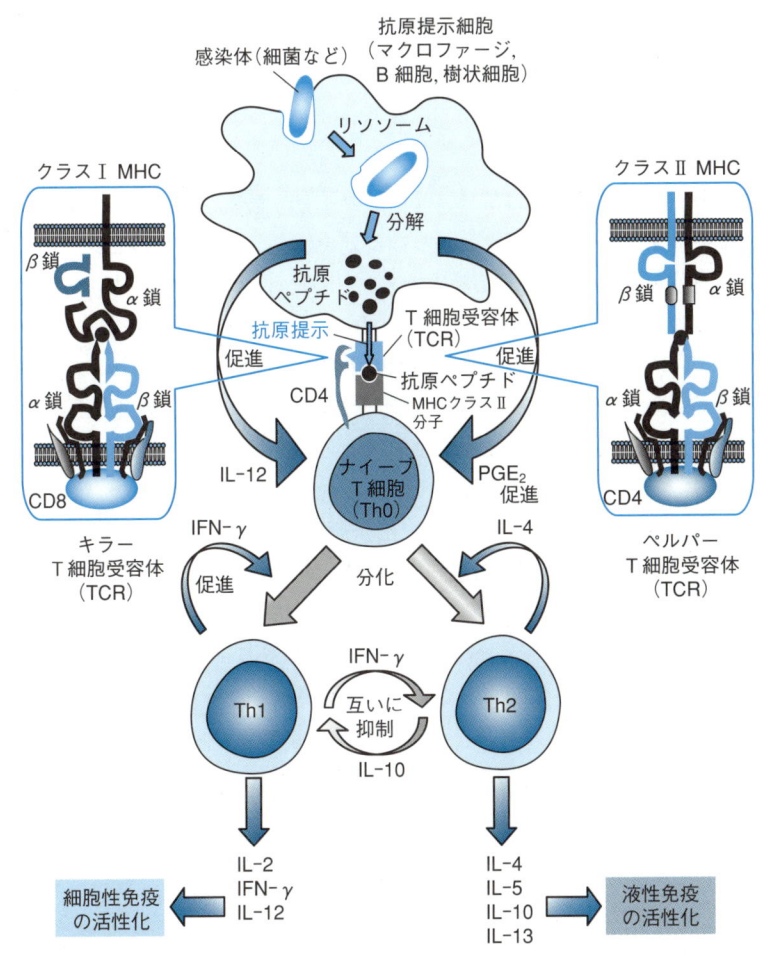

Th1：T helper1

最近ではインターロイキン (IL)-17の産生を特徴とし，破骨細胞を増やす作用をもつTh17とよばれるヘルパーT細胞（CD4$^+$）も見つかり，その機能解析が進んでいる．

図8・5 **抗原提示細胞とT細胞の結合の仕組み**．感染体はマクロファージなどの食作用によりペプチドまで分解された後に，細胞膜まで運搬されて細胞膜上のMHCによって提示される．ヘルパーT細胞はこれを感知し，T細胞受容体（TCR）を介して結合することで活性化され，Th1あるいはTh2へと分化誘導を受ける．このうちTh1は細胞性免疫を，Th2は液性免疫を活性化する．MHCにはキラーT細胞（CD8$^+$）によって認識されるクラスI分子と，ヘルパーT細胞（CD4$^+$）によって認識されるクラスII分子がある．クラスI分子は体内のすべての細胞に存在し，ウイルスに感染されると抗原（ペプチド）提示して感染を通知し，それを認識して結合したキラーT細胞が出動して殺してしまう．一方，クラスII分子はヘルパーT細胞を出動させる役割を担って抗原提示細胞（B細胞，マクロファージ，単球，T細胞の一部など）の表面にのみ存在している．たとえばマクロファージは体内に侵入した病原体を発見すると貪食し分解して，ペプチドとして抗原提示し，それを認識して結合したヘルパーT細胞はB細胞やキラー細胞に外敵侵略中というシグナルを送って生体を防御するのである．

もちろん，海軍や空軍もこの時点まで指をくわえて待っているわけではなく，パンプス（PAMPs）の一部はB細胞を直接活性化してIL-6や抗体の産生を誘導することも知られている．

に結合して中和したり，病原体に結合して貪食されやすくしたりする働きもあるので，再度の感染時に対して迅速な反撃体制が整ったこと，すなわち，海軍や空軍が自発的に出動できる仕組みも備わったことを意味する．

獲得免疫系が自然免疫系と異なるのは，いったん獲得すると生涯記憶され，この標的に対して迅速かつ強力に攻撃する点にある．いわゆる「免疫がついた状態（**免疫記憶**）」となる．ワクチン（弱毒化あるいは死滅した病原体）を接種するのは獲得免疫を体に備えるためで（図8・1参照），いったん獲得免疫が身につけば，一生の間，その病原体が感染しても速やかに撃退できる体になる．海軍と空軍に分かれているがごとく，獲得免疫は液性免疫と細胞性免疫の2種類に分類される．

8・5・1 液性免疫の仕組み

液性免疫（体液性免疫）は抗体，サイトカイン，補体（⇒コラム）など血液中に溶けている主としてタンパク質からなる分子によって担われる免疫である．液性免疫の主役を担う**抗体**（免疫グロブリン：IgG）はB細胞が産生する．抗体は『鍵と鍵穴』の関係で**抗原**（自己でないもの）にぴったりと結合する（図8・6a）．そのために，B細胞は個々の細胞が別個の形をした抗体を産生する．理論的には数千万種類の鍵穴を準備できるB細胞群が，マクロファージが細胞膜表面に提示している抗原（ペプチド）を見つけて接近し，自身が産生した抗体の鍵穴と外敵の表面の一部がぴったり合うかどうか探る．何とか形の近い抗体が見つかると，その結合による刺激とT細胞の働きで形質細胞（抗体産生細胞）に分化して増殖を始め，外敵侵入の数日後には抗体を高速・大量に合成して放出する．

形質細胞は毎秒2000個の抗体を産生することができるという．

抗体は外敵である病原菌に強く結合して活動を妨害し，病原菌が出す毒素を無害化したり排除したりする．一部のB細胞は"メモリーB細胞"となり，次回の抗原侵入に備える．外敵がいなくなると，用済みとなった抗体は壊され，形質細胞の大半は死滅する．ただし，一部は骨髄に移動してメモリーB細胞として生き残って，外敵の再来時には出動して迅速に抗体をつくり出す仕組みとなっている．

免疫グロブリンは2本ずつのH鎖とL鎖が寄りあってY字型の立体構造を構

ヒンジ領域はIgEとIgMを除く免疫グロブリン分子中に見られ，H鎖の二つの定常部C_Hの間に存在するプロリン残基を多く含むペプチドのことをいう．非常に柔軟性に富む構造をしており，蝶つがい（ちょうつがい，hinge）の役割を果たしている．

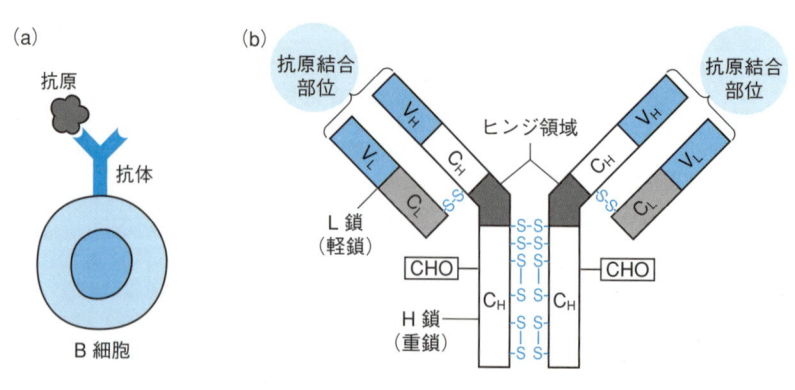

図8・6 抗原と抗体．-S-S-はジスルフィド結合を示す．

成している（図8・6b）．H鎖には IgG, IgA, IgM, IgD, IgE の五つの種類（クラス）があり，L鎖にも λ と κ の2種類がある．各抗体は基本構造を保つ不変（C）な領域と，アミノ酸配列が多様な可変（V）領域から成り立っており，抗原とは可変領域において結合する．抗体の多様性は，ヒト14番染色体に配座する免疫グロブリン遺伝子領域（H鎖：V_H-D-J_H，L_κ鎖：V_κ-J_κ，L_λ鎖：V_λ-J_λ）の組合わせにより生ずる（⇒コラム）．

B細胞が最初につくる抗体のクラスは必ず IgM であるが，その後は抗原の種類に応じて異なるクラスの抗体を産生するようになる．この仕組みは**クラススイッチ**とよばれ，これも遺伝子の欠失を含む再編成によって生じることがわかっている（図8・7）．免疫としての主役は上述のように IgG である．IgA は腸管など外部と接する環境に分泌される抗体で微生物の付着などを妨ぐ．IgD や IgE の真の役割はわかっていない．

ヒトでは IgG はさらに四つのサブクラス（IgG1, IgG2, IgG3, IgG4），IgA は二つのサブクラス（IgA1, IgA2）に分けられる．

後述のように，IgE はアレルギーをひき起こす．

免疫グロブリン遺伝子の再編成

H鎖には機能をもつ40個の V_H 遺伝子と25個の D 遺伝子と6個の J_H 遺伝子が備わっており，それらの中からそれぞれひとつずつ選び出されて $40 \times 25 \times 6 = 6000$ 種類の VDJ の組合わせとなるように遺伝子が再編成される．また，L_κ 鎖の V 領域にも機能をもつ45個の V 遺伝子と5個の J 遺伝子があり，それらが同様に再編成されて $45 \times 5 = 225$ 種類の独自な L_κ 鎖（VJ）が産生される．同様に L_λ 鎖にも50個の V 遺伝子と7個の J 遺伝子があるので，ここからも $50 \times 7 = 350$ 種類の独自な L_λ 鎖（VJ）が選択される．

さらに V, D, J の接合部分で生じる2通りずつの塩基のずれを総計すると再編成後には，$6000 \times 225 \times 2^3 = 1.1 \times 10^7$ 種類の H/L_κ 鎖からなる IgG と，$6000 \times 350 = 2.1 \times 10^7$ 種類の H/L_λ 鎖からなる IgG を生み出す遺伝子が各 B 細胞に分配できる仕組みとなっている．図には IgM における H 鎖遺伝子の再編成を示した．

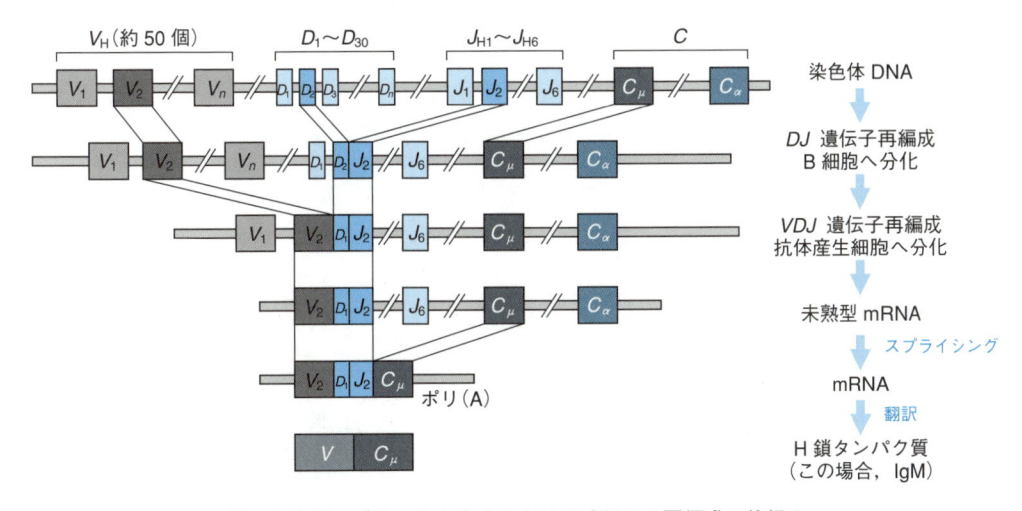

図　免疫グロブリンを産生するための遺伝子の再編成の仕組み

図 8・7 クラススイッチの仕組み

S 領域間での組換えによってクラススイッチが起こり，その間に存在する遺伝子は取除かれ，再編成が行われる．実際の B 細胞でのクラススイッチは IgM から IgG へが圧倒的に多い．T 細胞が分泌するサイトカインの種類により，どのクラスにスイッチするのかが決まる．

クラス	H 鎖
IgM	μ
IgD	δ
IgG	γ
IgE	ε
IgA	α

Coffee Time

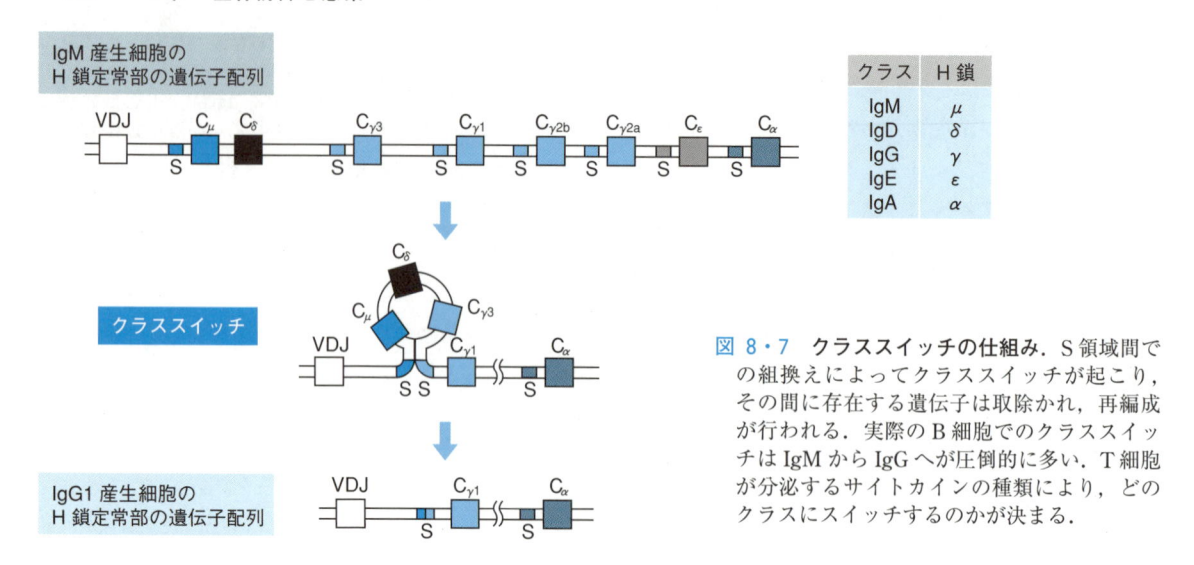

補 体

補体は液性免疫で活躍する抗体の働きを補う一群のタンパク質である．感染した病原菌を溶菌させるためには，抗体に加えて補体が必要となる．補体系は 20 種類あり，そのうち 9 個（C1〜C9）は補体成分とよばれる．

補体は古典経路，レクチン経路，第二経路のいずれかを通じて（図），連鎖反応式につぎつぎに活性化される．古典経路では抗原・抗体結合によって C1 → C4 → C2 → C3 → C5 → C6 → C7 → C8 → C9 の順番で活性化され，最後の C9 が C5b と複合体となって細胞膜の脂質二重層内に入り込んで小孔を開け，細胞内の物質を流出させて細菌を殺す．途中で活性化される C3a, C4b はアナフィラトキシンともよばれ，炎症性白血球をよび込む．また C3a, C5a は好塩基球や肥満細胞に作用してヒスタミンを放出させ，血管の透過性亢進や平滑筋の収縮を起こす．マクロファージなどの食細胞には C3b に対する受容体があるため，抗原に C3b が結合すると貪食されやすくなる（これを"オプソニン化"とよぶ）．

第二経路は，抗体がまだつくられていない異物の侵入初期における緊急経路であり，細菌の細胞壁重合体などによって C3 以下が活性化される．これらのオプソニン化や炎症の惹起などにより，補体は自然免疫の一翼も担っている．補体は熱処理に不安定なため，抗体が失活しない 56 ℃ で 30 分の熱処理によって不活性となる．

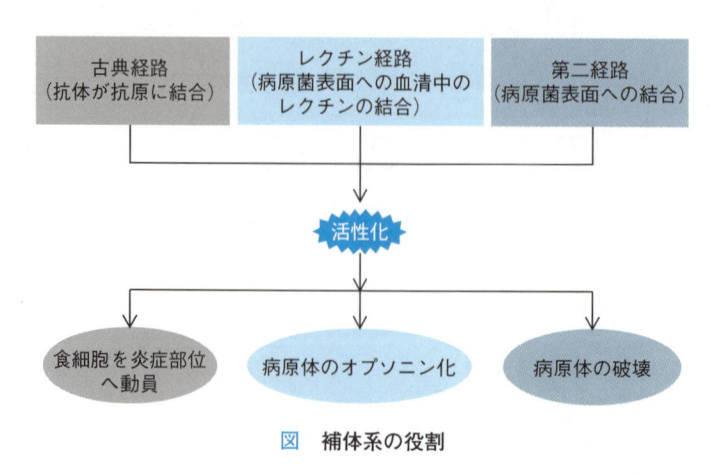

図 補体系の役割

8・5・2 細胞性免疫の仕組み

細胞性免疫はT細胞やマクロファージなどの細胞群によって行われる免疫で，T細胞が主役を演じる（図8・8）．上述のように自然免疫によって感知された外敵侵入の知らせを受けて，迅速に防戦を開始する．T細胞は細胞表面にもつ抗原の種類によって分類されている．末梢血リンパ球の60〜85％を占める**ヘルパーT細胞**は表面にCD4という分子をもち，マクロファージが提示した抗原の情報を受取り，B細胞に抗体をつくるよう指令を出すとともに，マクロファージと協調してサイトカインを放出し，キラーT細胞およびNK細胞を活性化させる．

キラーT細胞はヘルパーT細胞からの指令を受けて感染された細胞にとりついて殺す．一方，ナチュラルキラー（NK）細胞はキラーT細胞と異なり，抗原感作を受けることなしにウイルス感染細胞や腫瘍細胞を障害する．**サプレッサーT細胞**は過剰な攻撃が起きないように抑制するとともに，免疫反応を終了させる役割ももつ．B細胞はT細胞の指令に従って抗原に応じた抗体を産生して細胞外に放出し，抗原と結合してマクロファージによる貪食を助ける．いったん，特定の抗体を産生するB細胞ができると保存され，再度の病原体の侵入には迅速に攻撃できる態勢が整う．

CD4分子をもつT細胞をCD4$^+$と表す．CD4はMHCクラスⅡ分子と結合する性質をもつ．

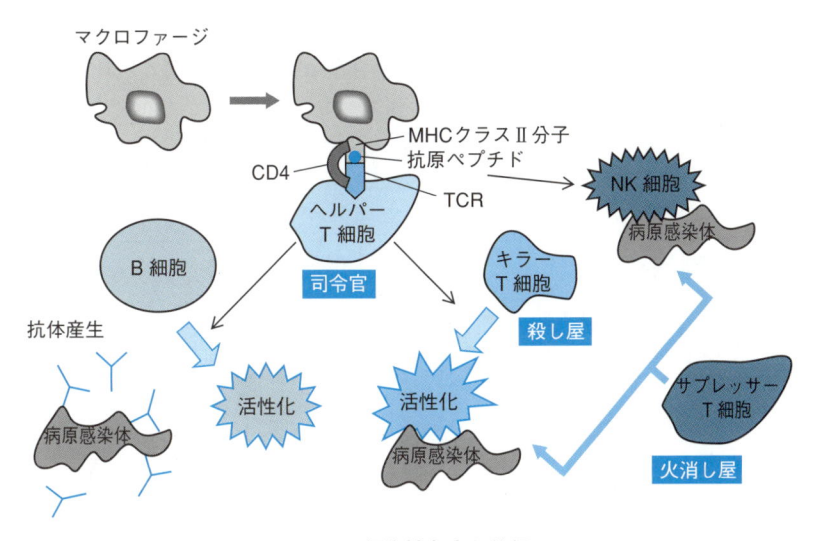

図8・8 細胞性免疫の仕組み

B細胞とヘルパーT細胞も接触して情報を伝達する．接触するB細胞とヘルパーT細胞の表面には，それぞれCD40とB7およびCD40とCD28が存在する．

ヒトの体は常に感染体という外敵に襲われている．外敵は血液の流れを利用してすぐに体中に広がる．それを防ぐため免疫系が出動するが，そこで日々起こっていることは，さながら戦場である．なかでもウイルス感染は手ごわい．なぜなら，ウイルスは細胞に感染すると，その細胞のすべての機能を乗っ取るからである．しかし，細胞側の防戦も甘くはない．占拠が完了する前に一部の外敵をずたずたに分解し，MHCクラスⅡ分子の助けを借りて，その死骸の断片（ペプチド）を細胞の表面に差し出して，これが外敵だと指令部であるヘルパーT細胞に連絡するのである．知らせを受けたヘルパーT細胞は，すぐさまB細胞へ抗体産

キラーT細胞の一部はメモリーキラーT細胞となって長期間体内を循環して偵察を続けるため，生き残った同じウイルスが再度暴れ出したときや，再び襲来したときには速やかに増殖して応戦する.

生の指示を出す.

しかし，抗体が出動できるまでには約1週間もかかるので，それまでを守る先発隊として殺し専門のキラーT細胞の増産を指令して，戦地へ大量に派遣するとともに，インターロイキン2という情報伝達タンパク質を放出して，戦地でのキラーT細胞の増殖を助ける．キラーT細胞は外敵を提示している感染細胞を見つけると，感染しているウイルスごとその細胞を殺す．このようなキラーT細胞は，外敵のペプチド断片を鋳型につくられているため，そのウイルスに感染した細胞しか殺さない．キラーT細胞はこのほか，微生物やがん細胞などの非自己細胞も殺すことができる．やがて抗体が出動し，感染細胞をすべて殺して外敵が駆逐されると，キラーT細胞に遅れて出現してきたサプレッサーT細胞によって免疫反応が抑制され戦いは終結する．このとき，不要になったキラーT細胞は，平和時には危険な存在なので大半が死滅するようにプログラムされている．

8・6 アレルギー

アレルギーの語源は，ギリシャ語のアロス（変わる）とエルゴン（働き，反応）で，「疫病を免れるため免疫反応が有害な反応に変化して病気をひき起こす」という意味が込められている．

近年，アレルギー疾患は世界的に増加傾向が見られ，日本でも国民の3人に1人が何らかのアレルギー疾患をもっているという．

花粉症：花粉が鼻の粘膜などに付着して起こるアレルギーで，鼻水やくしゃみのほか，発熱や顔に浮腫（むくみ）が起こることもある．

免疫反応は，外来の異物（抗原）を排除するために役立つが，特定の抗原に対して過剰に反応すると**アレルギー**を起こしてしまう．アレルギーをひき起こす抗原をとくに**アレルゲン**とよぶ．アレルギーは，その発生の仕組みにより以下のタイプに分類される（図8・9）．このうちⅠ，Ⅱ，Ⅲ型は数分〜数時間で現れる即時型だが，Ⅳ型は2〜3日後に現れる遅延型である．

① Ⅰ型アレルギー：一般にアレルギーといわれる症状（花粉症，アレルギー

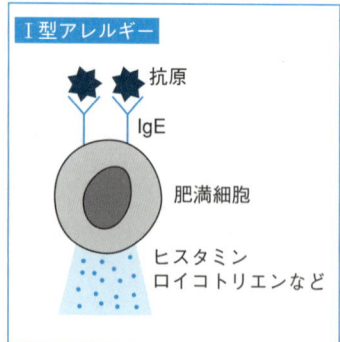

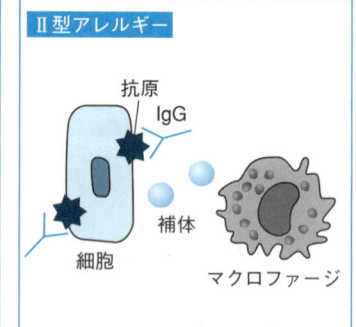

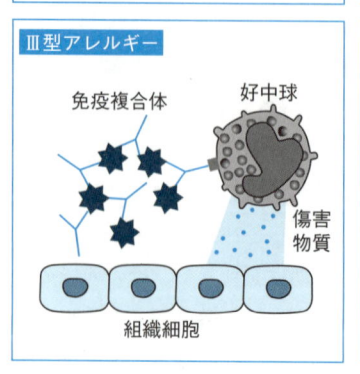

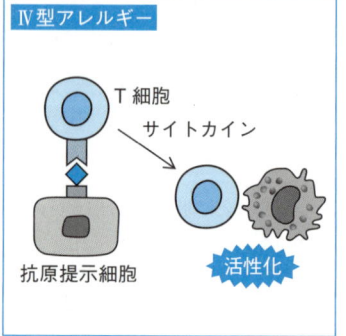

図 8・9 アレルギーの分類

性鼻炎, アレルギー性結膜炎, 急性じんま疹・食物アレルギー・気管支ぜんそくなど）のほとんどがこのⅠ型で, 急激にショック症状を起こすアナフィラキシー, ペニシリンショックなども含まれる.

アレルゲンに反応して産生された IgE というタイプの抗体（免疫グロブリン）は, 細胞膜上に IgE 抗体の Fc 部分と結合する Fc 受容体をもつ肥満細胞（マスト細胞）や好塩基球に結合する. アレルギー患者では IgE 受容体が過剰発現しているため, 大量の IgE に覆われた肥満細胞が見られる. ここにアレルゲンが結合すると IgE が架橋され, それにつれて Fc 受容体が凝集し, 細胞内へ活性化シグナルが伝達される. その結果, ヒスタミン, ロイコトリエン, 好酸球遊走因子などのアレルギー反応を誘発する化学伝達物質が大量に放出され, 血管の拡張や透過性亢進, 臓器の筋肉（平滑筋）の収縮, 炎症細胞の浸潤, 粘液の過剰分泌などアレルギー疾患特有の症状が現れる.

② Ⅱ型アレルギー : 免疫グロブリン（IgG や IgM）がかかわる免疫異常応答により自分の体の細胞や組織を破壊してしまうアレルギーで, 「細胞障害型」ともよばれる. 自己免疫性溶血性貧血, 血液型不適合輸血, ウイルス性肝炎などが含まれる.

たとえば, 赤血球の膜タンパク質に対する自己抗体（IgG）を生じた患者では, IgG が正常な赤血球の表面で抗原・IgG 複合体を形成するが, それはマクロファージや補体の攻撃の対象となり, 赤血球がつぎつぎと破壊されて貧血となっ

じんま疹：じんま（蕁麻）とはイラクサのこと. イラクサの葉に触れた後でかゆくなって発疹が起こることからついた名前. 皮膚に散在する肥満細胞からヒスタミンという物質が放出されて血管が拡張し, かゆみなどの症状が出る.

気管支ぜんそく：ダニなどの抗原に対する過剰な免疫反応が気管支で起こると, 気管支を囲む筋肉が収縮して気管支が細くなり, 呼吸が苦しくなるなどの症状が出る.

アナフィラキシー：ハチなどに刺されて体内に入った抗原との過剰な免疫反応が原因となって化学伝達物質が大量に放出されると, 体の末梢部の血管が拡張される. そこに血液が停滞すると, 心臓にもどる血液が急激に減少し, 血圧が低下する. その結果, 意識を失うようになるショック状態のことをいう.

Coffee Time

Th1/Th2 バランス

ヘルパーT細胞は抗原提示細胞（マクロファージ, 樹状細胞, B細胞）が, サイトカイン（IL-12）を産生するか, あるいはプロスタグランジン（PGE_2）を産生するかによって, 前駆細胞（ナイーブT細胞, Th0）から Th1 細胞（細胞性免疫担当）が, Th2 細胞（液性免疫担当）のどちらかに分化する（図 8・5 参照）.

Th1 は細菌やウイルスなどの感染体に反応して IL-2, IFN-γ, IFN-α などを生産し, キラーT細胞, NK 細胞, マクロファージなどを活性化して細胞性免疫を促進して感染体を排除する. とりわけ IFN-γ は Th0 から Th1 への分化を促進させる正のフィードバック調節も行うとともに, IL-4 の働きを阻害して Th2 からの IgE 抗体の産生を抑制する.

Th2 はカビやダニなどの異物に反応して IL-4（Ig 抗体産生）, IL-5（好酸球をつくる）, IL-10 などを産生し, B 細胞からの抗体産生を促進して異物を攻撃する. IL-4 や IL-6 は Th0 から Th2 への分化を促進するとともに, IL-10 は Th1 からの IFN-γ の産生と IL-12 の産生を阻害して Th1 の働きを抑制する.

このように, Th1 と Th2 はお互いが産生するサイトカインによって過剰な反応が起こらないように互いに牽制してバランスを保っている. このバランスが壊れると, 自己免疫疾患, 花粉症, アトピー性皮膚炎などになる. すなわち, Th1 の働きが強すぎると自己免疫疾患に陥りやすく, Th2 が過剰に活性化されると IgE 抗体が産生されてアレルギー体質になると考えられている. 乳幼児では Th2 が優勢で, 成長にともなう感染などの刺激で Th1 が発達してバランスが構築される. ところが, 乳幼児期に抗生物質などで感染体を不必要に排除すると, Th1 への細胞分化が誘導されることなく Th2 優位が継続し, IgE 抗体の産生が過剰となってアレルギーの原因となる可能性も指摘されている.

てしまう．あるいはC型肝炎ウイルスが侵入した肝臓細胞にはウイルスに対する抗体（IgG）が結合し，それを認識したマクロファージがウイルスの駆除のため肝細胞を破壊するが，その免疫反応が激しく起こるとアレルギー症状が現れる．

③ Ⅲ型アレルギー：免疫反応により生じた，抗原・抗体・補体などを含む免疫複合体が血液やリンパ液にのって流れ，感染部位とは遠く離れた腎糸球体などの組織を攻撃することで起こるアレルギーで，好中球が免疫複合体に反応し，組織の細胞を傷害する物質を放出する．また，補体系も活性化される．免疫複合体型糸球体腎炎や過敏性肺炎などが含まれる．

④ Ⅳ型アレルギー：ツベルクリン反応，接触性皮膚炎，薬物アレルギー，金属アレルギーなどを含む，免疫反応によって活性化されたT細胞の暴走によって起こるアレルギー．抗原のT細胞への提示により活性化した細胞障害性T細胞は，ウイルスの感染していない正常組織までも破壊し，T細胞から放出されたサイトカインは組織に炎症を起こす．また，放出されたサイトカインの働きによって他のリンパ球やマクロファージが集まる．T細胞の活性化やサイトカインの産生などには時間が掛かるため遅延型過敏症とよばれる．

これらのアレルギー疾患の対処療法として以下の薬剤が使われる．抗ヒスタミン剤はヒスタミンが受容体に結合するのを妨害することで炎症などが起こらないようにする．眠気を催すので，車の運転前には服用しない．抗アレルギー剤には塩基性系と酸性系の2種類があり，アレルギー反応を誘発する化学伝達物質の遊離を抑制したり作用を妨害したりする．塩基性系は抗ヒスタミン作用ももつが，酸性系はもたないため眠気が起こりにくい．抗トロンボキサンA2薬やロイコトリエン拮抗剤は炎症を起こす化学伝達物質（トロンボキサンやロイコトリエン）が受容体に結合するのを妨害する．Th2サイトカイン阻害剤はIgE抗体産生を抑制する．

8・7 アトピー性皮膚炎

皮膚にかゆみをともなう発疹が繰返し起こる**アトピー性皮膚炎**はアレルギー症状のひとつで，Ⅰ型とⅣ型あるいはその両方が組合わさって発症する．体が温まって神経がかゆみを感じやすくなると激しいかゆみに襲われる．また，ストレスもかゆみを悪化させる大きな原因となる．アトピーの語源は「奇妙な」，「原因不明の」という意味のギリシャ語（ατοπια）に由来する．

患者の8割以上は5歳までに発症するため複数の遺伝子が関与して形成されるアトピー体質という遺伝素因が考えられている．一方，発展途上国で患者が少なく，わが国でも近年になって急激に患者の数が増えたことから，環境の影響も無視できない．患者の血液では肥満細胞とともにアレルギーの応答に関与する好酸球の比率が高いが，IgE濃度と症状の相関係数はあまり高くなく，IgE濃度の低い重症患者もいる．アトピー性皮膚炎の肌は乾燥しやすく抵抗力が弱まっているため，細菌感染（黄色ブドウ球菌や溶血性連鎖球菌など）やウイルス感染（ヘルペスウイルス，水いぼウイルスなど）を起こしやすい．

治療に使われるステロイドがアトピー性皮膚炎へ効く理由は，つぎのような仕

αは打ち消しの意味で用いられる接頭語，τοπιαは「場所」を意味する．

組みで免疫反応を抑えるからである（図8・10）．たとえば，免疫をひき起こすサイトカイン（IL-2など）は受容体と結合するとシグナルを細胞内へ伝達し，NF-κB（サイトカイン遺伝子の発現を促進する転写因子）に結合してその働きを阻害している．IκBをリン酸化してNF-κBからひき離す．自由になったNF-κBは核内へ移動し，サイトカイン遺伝子を活性化して発現を誘導することで免疫反応を活発にする．ここにステロイドを加えると，細胞膜を通過して細胞内に入りステロイド受容体に結合して阻害因子（Hsp90）を離脱させる．自由になった受容体は二量体となって，まずIκBがNF-κBから離れるのを妨害するとともに，核へ移動してNF-κBが結合すべき遺伝子領域を占拠して邪魔をする．さらには特定の遺伝子を活性化して抗炎症作用をもつリポコルチンの生合成を誘導する．ただし，ステロイドは免疫以外の生理作用をもつ遺伝子の発現も後半に抑制あるいは誘導してしまうため副作用が生じることもある．

デキサメサゾン
（ステロイド薬の例）

リポコルチンは，ホスホリパーゼA2の抑制にともなうシクロオキシゲナーゼ系の経路の抑制作用やロイコトリエンB4の抑制にともなうリポキシゲナーゼ系の経路の抑制作用を介して炎症を抑える．

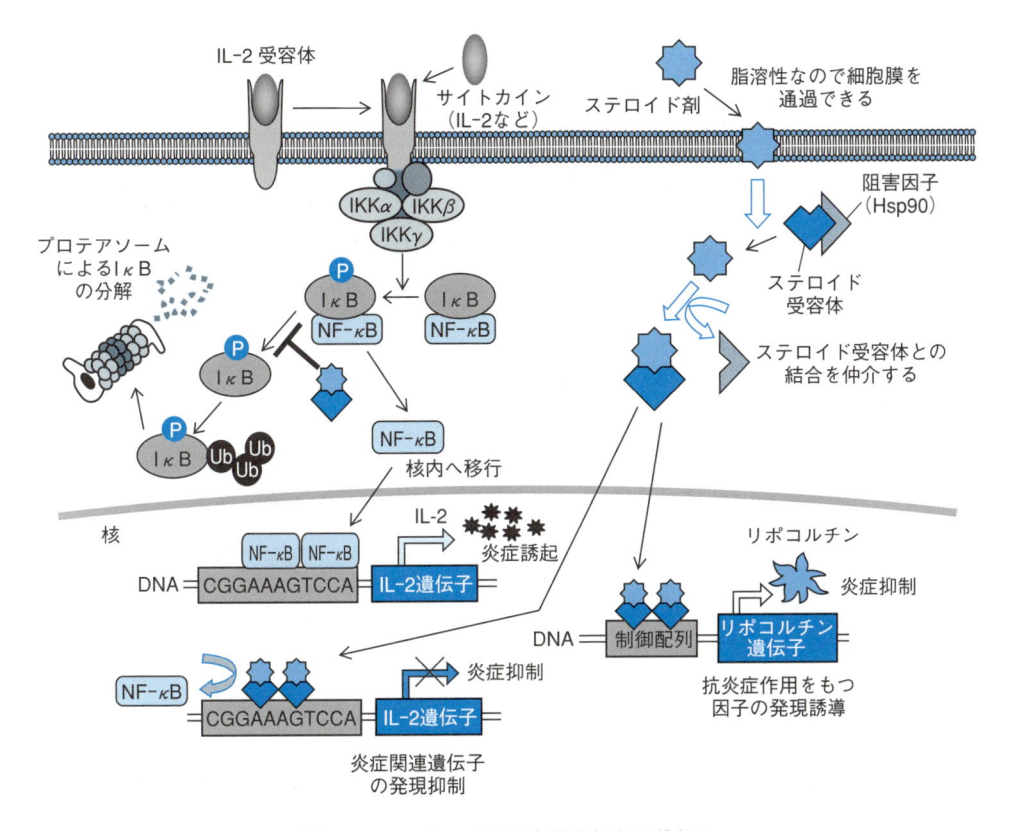

図8・10　ステロイドが炎症を抑える仕組み

タクロリムス（**FK506**）という「免疫抑制剤」は，本来は臓器移植のさいに起こる拒絶反応を抑える薬であったが，それを外用剤に製剤したプロトピック軟膏が，ステロイドの副作用が出やすい顔面においてステロイドと同様に症状を和らげる効果があることがわかり，1999年に認可されてから盛んに処方されるようになった．タクロリムは以下のような仕組みで三つのタンパク質（FKBP，カルシニューリン，NFAT）に作用することで薬効を現す（図8・11）．① まず細胞

藤沢薬品（現・アステラス製薬）の研究陣により筑波山の土壌細菌より分離された（1984年）．

膜を通過して細胞内に入ったタクロリムスは細胞内でFKBPと複合体を形成する．② すると，カルシウムイオンによって活性化されたカルシニューリン（脱リン酸化酵素）の働きが抑えられ，標的であるNFATのリン酸を取外せなくなる．③ 脱リン酸化されないNFATは炎症を起こす遺伝子を活性化することができなくなる．

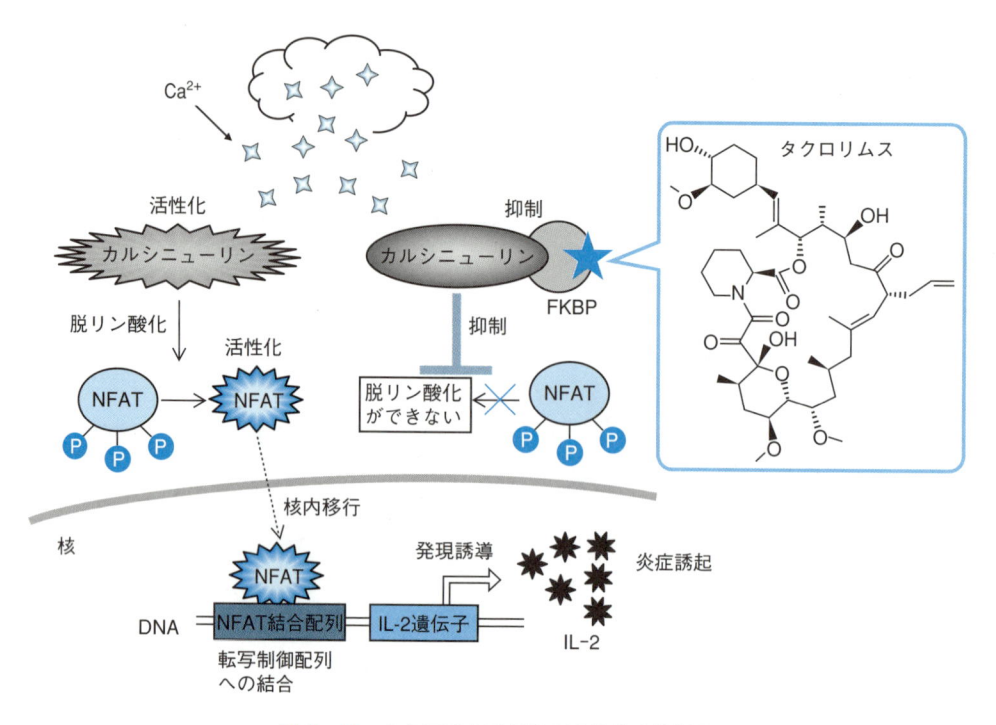

図 8・11　タクロリムスが炎症を抑える仕組み

9 遺伝子医療と感染症

「こりゃだめだ」が口癖の医者と，その友人の「大丈夫だ」が口癖の医者が
ふたりしてひとりの患者を診察していたそうな．
「大丈夫だ」先生は望みをもっていたのだが，「こりゃだめだ」先生は「もうじき
ご先祖様のところへ旅立つな」とのご診断．
ふたりの手当ての仕方が違うものだから，患者は年貢の納め時とてあの世行き．
「こりゃだめだ」先生のお見立てどおりさ．
それでも，このふたりともこの病人のことで得意満面であったそうな．
ひとりが言うには，「ほら言ったとおり死んだじゃろう」
もうひとりが言うには，「わしを信じておればもっと長生きできただろうに」
ラ・フォンテーヌ（1621〜1695）『寓話巻の 5-12』

　昔から，名医にかかるか迷医に当たるかによって，病気が治るか命を失うかの命運は分かれる．それは運なのかも知れないが，医療に関する知識があるかないかにも大きく左右される．その意味では日頃の心がけ次第である．自己責任といわれても仕方がない．とくに最近，進展しつつある遺伝子医療については，無知は危険である．さらには，人類をいつ襲うかわからない世界的に流行する新興・再興感染症については，無知は命取りとなるかも知れない．これらについて，あらゆる手段を講じて情報を集めておくことが大切である．

9・1　遺 伝 子 医 療

　健康であることは好ましいが，病気にかかれば治療が必要となる．適切な治療を施すためには原因を調べなければならない．どのような病気も原因は「遺伝」という内からくるものと，「環境」という外からくるものに分けられる．小児の時期に発症する遺伝性疾患は「遺伝性素因」の寄与が高いが，食事や生活習慣などの環境に考慮することで発症を抑えることができる．逆に怪我に由来する「環境因子」の寄与が高い病気でさえ，病気のかかりやすさや重症度などは「遺伝」の影響が大きい．体質までも考慮すれば，すべての病気に特定の遺伝性素因をあてはめて考えることができる．

　遺伝子医療とは，病気にかかわる遺伝子を診断して治療することを意味する．遺伝子医療を支えている2本柱である遺伝子診断と遺伝子治療は，臨床現場での実用化に向けて着々と研究が進んでいる．

9・1・1　遺伝子診断とオーダーメード医療

　遺伝子診断とは遺伝子のレベルで異常がないかどうか調べることで，その進展の歴史は以下のようにたどることができる（図9・1）．まず，**リフリップ**（**RFLP**）が開発された（1980年代前半）が，解析に大量のDNAが必要とされ

同一種の個体間でもDNA塩基配列にわずかな違いが見られ（DNA多型），これが制限酵素の認識部位に存在する場合は，切断断片の大きさの違いにより検出することができる．このため，制限断片長多型（RFLP）とよばれる．

サザンブロット法は1975年に英国のサザン（E. M. Southern）により発明されたDNA解析法である．DNAをゲル電気泳動し，アルカリ処理により一本鎖に変性させた後，ゲル内での分離パターンを保ったまま，ゲルの上を覆ったナイロン膜などに通常毛管現象を利用してDNAを写し取る．これを標識DNAプローブと結合させれば，相補的な塩基配列をもつ特定のDNAを検出できる．

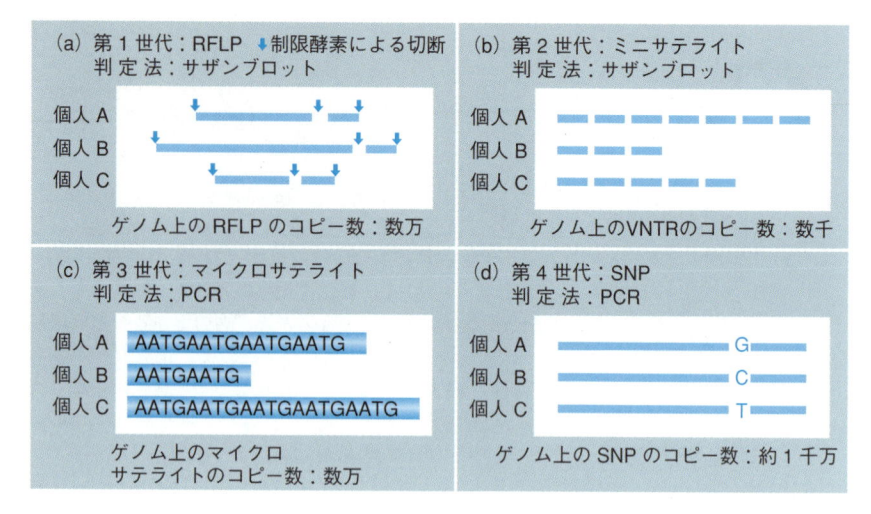

(a) 第1世代：RFLP　↓制限酵素による切断　判 定 法：サザンブロット　個人A　個人B　個人C　ゲノム上のRFLPのコピー数：数万	(b) 第2世代：ミニサテライト　判 定 法：サザンブロット　個人A　個人B　個人C　ゲノム上のVNTRのコピー数：数千
(c) 第3世代：マイクロサテライト　判 定 法：PCR　個人A　AATGAATGAATGAATG　個人B　AATGAATG　個人C　AATGAATGAATGAATGAATG　ゲノム上のマイクロサテライトのコピー数：数万	(d) 第4世代：SNP　判 定 法：PCR　個人A　G　個人B　C　個人C　T　ゲノム上のSNPのコピー数：約1千万

図 9・1　遺伝子診断の進展の歴史

るため，いまは使われていない．つぎに登場した（1980年代後半）**ミニサテライト多型**では，反復単位が7～40塩基対で反復回数を示す個人差（ヒトゲノム中に数千～数万箇所存在する）を検出する．次いで出現した（1990年代）**マイクロサテライト多型**では，2～7塩基の反復回数の個人差（同じく数万箇所）を検出する．試料DNAは少量ですみ，古くて少しは分解していても検出できる利点がある．ただし，繰返し数の幅が7種類と小さいのでひとつのマイクロサテライトだけでは個人の特定はできず，いくつかのマイクロサテライトを同時に使用して確度を高める必要がある．最近になって登場した（2000年ごろ）**SNP（スニップ，一塩基多型）** は約1000塩基に1個は存在する1塩基置換という個人差を検出する．

SNPはヒトゲノム中に300万～1000万あると推定されている．

SNPの有利な点は検出結果がプラスかマイナスかの二通りしかないためデジタル信号化でき，大量のスニップ情報を高速コンピューターで解析できることにある．そこで，1塩基の違いを基盤とした医療の個別化（**オーダーメード医療**）が計画されている．たとえば，薬の効き方を決める遺伝子のSNP（個人差）を基盤にして，体質にあわせた薬剤の使い分け，あるいは適用量の加減などが考えられている．

将来は，病院などで血液を採取してDNAチップ（11・6・2節参照）でSNP診断を行ってICカードに記録し，次回から病気になったときにはその情報をもとに個人の体質にあった最適のオーダーメード医療を受けられるようになるかもしれない．

9・1・2　遺 伝 子 治 療

遺伝子治療によって，遺伝子の欠陥を修復して病気を治すことができる．遺伝子治療の原型ともいえるウイルス療法の試みがある（1960年代）が，技術は未熟で治療効果はなかった．その後，カリフォルニア大学で倫理的・技術的基盤のないまま，サラセミア患者にグロビン遺伝子を導入するという遺伝子治療が強行されて大きな社会的問題をひき起こした（1980年）．この事件が契機となって米国立衛生研究所（NIH）に「遺伝子治療に関する小委員会」が設けられ，その後の遺伝子治療は認可制となった（1985年）．次いでNIHにおいて悪性黒色腫患者に遺伝子導入腫瘍浸潤リンパ球の投与が行われ，遺伝子導入ベクターの安全性

の高さや効率の良さが証明された（1989年）．それを受けて翌年，重症免疫不全症であるアデノシンデアミナーゼ（ADA）欠損症の患者への遺伝子治療への認可が降り，すぐにNIHのクリニカルセンターにおいて4歳の女児患者に対して遺伝子治療が始まった（1990年）．患者からリンパ球を採取し，試験管内で正常ADA遺伝子を導入したうえでこの患者に戻す治療が行われ（図9・2），見事に成功を収めた．日本でも北海道大学医学部でADA欠損症の4歳の男児に対して，最初の遺伝子治療が試みられ成功した（1995年）．

治療前は感染を防ぐため1日中家に閉じこもっていた患者が，治療開始から1年後には幼稚園に通い始め，現在では正常な数に戻ったリンパ球の半数で導入した正常遺伝子が働いているおかげで普通の子供と変わらない生活を送るまでに治癒したという．

これらの成功に勇気づけられて，さまざまな病気において遺伝子治療が試みられるようになった．まずは先天性の遺伝性疾患が対象となった．たとえば，筋ジストロフィーの患者には筋肉をつくる遺伝子を導入して病気の進行を遅らせる試

Coffee Time

PCR

約20塩基からなる二つの単鎖DNA（プライマーとよぶ）ではさまれたDNA断片をDNA合成酵素（DNAポリメラーゼ）を用いて大量に増幅する技術を **PCR**（polymerase chain reaction）とよぶ．その原理は1983年，マリスによって考案された．

具体的には，DNAの一本鎖への変性→プライマーの結合→DNAポリメラーゼによる相補性DNAの合成→変性→プライマーの結合という作業を繰返すことで，目的とする遺伝子領域だけを試験管内で増殖させることができる（図）．高度好熱菌（*Termus aquaticus*）より純化したDNAポリメラーゼ（Taq DNAポリメラーゼ）を採用することで機械による作業の自動化が実現したおかげで，一挙に世界中に技術が広がった．増幅サイクルの回数に制限はないので，原理的には試料の中に対象となるDNA断片が1分子でもあれば検出可能である．

たとえば，毛1本分の毛根に付着したDNAや，患者にうがいをさせたときにはがれてくる少数の細胞からDNA断片を採取することが可能である．さらにDNAは化学的に安定であるため，古い試料からも増幅ができる．実際，数十万年前のネアンデルタール人の化石からDNA断片が増幅されてDNA塩基配列が決定されている．その応用範囲の広さは，つぎつぎと新しい変法を生み，バイオテクノロジーの世界ではなくてはならない技術となっている．

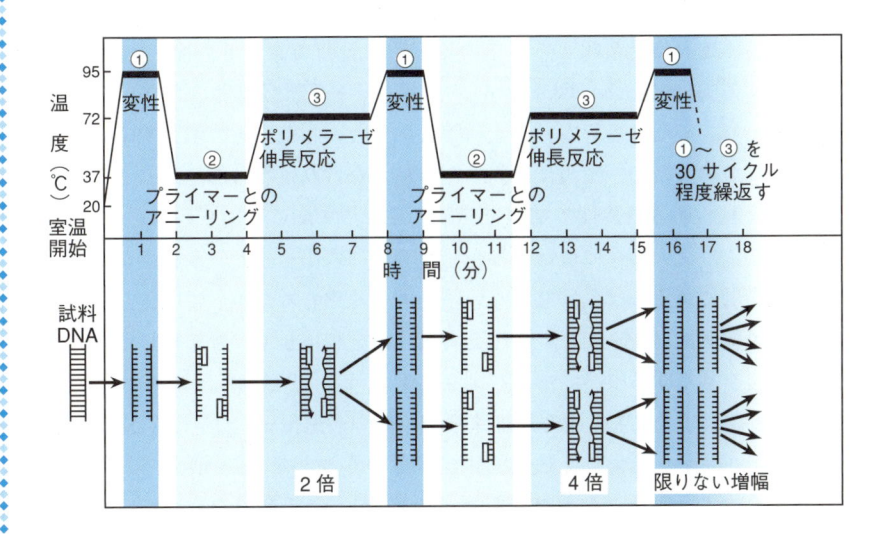

図　PCRの原理

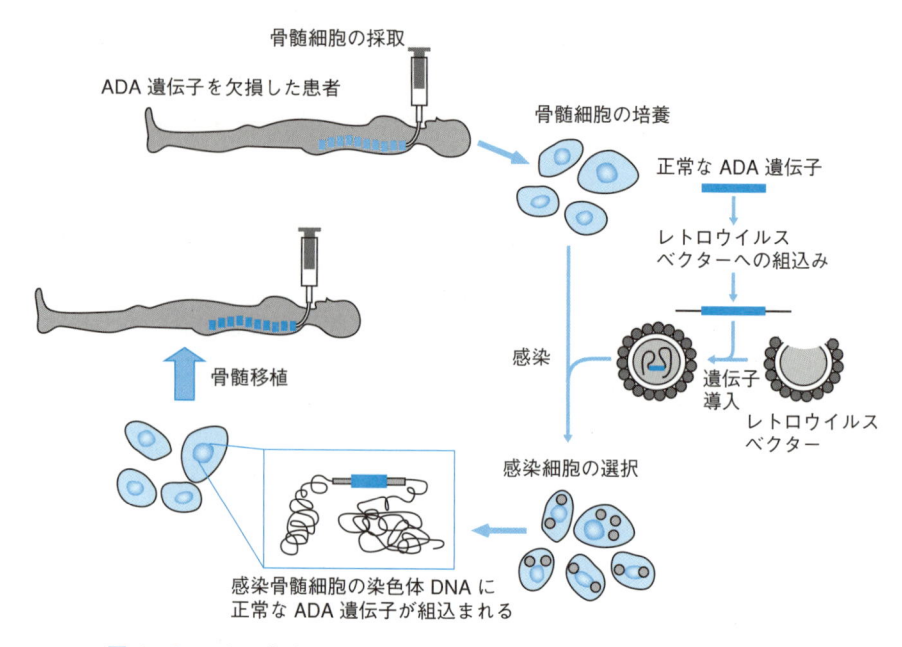

図 9・2　レトロウイルスベクターによる遺伝子導入を採用した遺伝子治療

心筋梗塞の患者には，弱った心筋細胞を活性化させる物質を組込んだ細胞を移植する治療も考えられている．あるいは糖尿病で破損した患者の足の静脈近くに細胞増殖因子（HGF）の遺伝子を注射して，血管を新たにつくる遺伝子治療も臨床研究が進んでいる．

みもなされた．次いで，がん，循環器疾患（動脈硬化や再狭窄など），神経疾患（パーキンソン病，アルツハイマー病など），感染症（エイズやB型肝炎など），糖尿病という後天的な疾患も遺伝子治療の対象となった．たとえば，治療法のない後期のがん患者に対して，がん細胞の増殖を抑えるがん抑制遺伝子や，免疫力を増強させる遺伝子を組込んだ細胞をがん組織に注入する方法がある．

9・2　再 生 医 療

　事故や病気によって失われた組織を再生させることができれば素晴らしい．そんな夢の技術（**再生医療**）が実現に向けて一歩ずつ進んでいる．その方法には三つある．

　一つ目はヒトの受精卵からあらゆる細胞に分化できる ES 細胞（胚性幹細胞）を採取する方法である（図9・3A）．ただし「ヒトは受精卵のときからヒトであり，受精卵を破壊する行為は殺人に等しい」といった立場の個人や宗教団体から反対されているため，実現には高い壁を越えなければならない．二つ目は成人の体の中に見つかった体性幹細胞を利用する方法である（図9・3B）．これは倫理問題もなく，大人の体に豊富に存在し，容易に取出せるという利点がある．しかし，技術的に越えなければならない壁が大きく立ちはだかっている．三つ目は**誘導多能性幹細胞（iPS 細胞）**を作製する技術を利用して，万能化した皮膚細胞や上皮細胞を利用する戦略である（図9・3C）．

体性幹細胞として，骨髄に造血幹細胞と間葉系幹細胞が見つかっている．へその緒の中にある血液である臍帯血（さいたいけつ）の中にも造血幹細胞が存在する．皮膚や内臓の表面を構成する上皮細胞にも幹細胞が存在して，組織が壊れると修復のために再生する．骨格筋には「サテライト細胞」とよばれる幹細胞があって，筋肉が傷つくと筋前駆細胞へと分化して筋繊維と融合する．肝臓は切除によって高い再生能を示す臓器であり，それを担っている肝臓の幹細胞がある．

　iPS 細胞とはマウスの胚性繊維芽細胞に四つの遺伝子（*Oct3/4, Sox2, Klf4, c-Myc*）を外部から導入して強制的に発現させることで，ES 細胞のように分化多能性をもつようになった細胞である（2006年）．この発見をきっかけにして，培養条件を工夫し，他の遺伝子セットを導入する実験や，胚性繊維芽細胞以外の細

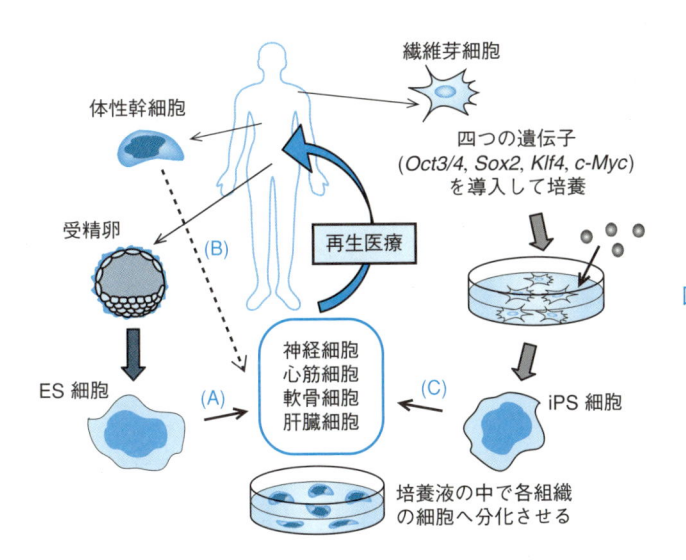

図 9・3 実現へと大きな一歩を踏み出した再生医療の流れ. 従来の (A) ES細胞や (B) 体性幹細胞を用いた方法では倫理的な問題や技術的な壁が立ちはだかって実現には困難が予想されていた. しかし, 繊維芽細胞に四つの遺伝子を導入するだけでES細胞と同等な多分化能をもつiPS細胞を得ることができるという発見によって, 再生医療の展望が大きく開けた.

胞に遺伝子導入する研究が進んできた. その結果, ヒトの皮膚由来の繊維芽細胞を, あらゆる組織に分化できる iPS 細胞に変えるという歴史的な偉業が達成された (2007年).

調べてみると, このヒト iPS 細胞は ES 細胞とほぼ同等にあらゆる組織に分化可能な万能細胞となっていて, 適切な刺激によって肝臓や心筋, 神経, 筋肉, 軟骨など, さまざまな組織の細胞に分化していることが確認された. たとえば心臓の筋肉に分化した iPS 細胞が, シャーレのなかで規則正しく拍動する映像は感動的である. c-Myc というがん原遺伝子 (7・4節参照) の導入は実用化に障害になるという批判もあったが, 他の4遺伝子 (Oct4, Sox2, Nanog, Lin28) を導入した細胞でも同等な結果が得られたことは, その問題も解決されたことを意味する. 現在はレトロウイルスを使って遺伝子導入を行っているという危険性もあるが, 代替技術はいくらでもあるので問題とはならないだろう.

いずれにせよ, この技術は再生医療の実現に大きな道を開いた画期的な成果である. 患者の皮膚から移植用の臓器をつくれるため拒絶反応も起きない. 病気や事故で臓器や組織が損なわれた場合でも, iPS 細胞をもとに組織を再生させたり補充したりする医療技術を確立することも夢ではなくなった. とくに直近で実用化できそうなのは, 薬剤の効果判定や副作用の有無の検査に使うことである. 従来は厳しい臨床試験に合格した薬剤でも臨床の現場で使われ始めてから数ヵ月もたって, 極少数の患者で致死的な副作用が出たために撤退する薬剤があった. ヒトの皮膚由来の iPS 細胞であれば数万人オーダーで収集できるので, たとえばそれを心筋に分化させた細胞を使って事前にテストすれば中途撤退の危険性は激減する.

iPS 細胞は ES 細胞とは異なり, 生命の萌芽である受精卵や卵子を壊してつくるわけではないので倫理的な問題も回避できる. そのため, 再生医療の実現に向けた研究は加速され, 臨床応用への夢は一気に現実化しそうな勢いでもある. これまで, ヒト ES 細胞の製造と利用を前提とした世界中の再生医学の研究が iPS 細

皮膚繊維芽細胞以外にも肝臓などの上皮細胞を使っての研究も進んでおり, こちらはよりすぐれた iPS 細胞となりそうである.

たとえば, 再生した心筋細胞を心筋梗塞の治療に使ったり, 神経細胞を再生して脊髄損傷を治したりできるようになるかもしれない.

ただし, 現在では規制がまったく存在しない iPS 細胞の研究も, この技術を使ってヒトの生殖細胞を生み出す技術が開発されればクローン人間を作製することも可能であることを考えると, 適切な研究指針の作成と規制が必要であろう.

胞の利用という方向へ大きく転換する可能性も出てきた．

9・3 組織工学と医療

組織工学は，幹細胞や組織細胞を操作して生体外で組織を再構築し，これを生体内に移植して機能をもたせる技術である．事故や疾患で欠失あるいは減弱してしまった生体機能の代替・補強には人工臓器があるが，これらは血栓形成や異物拒否反応，組織の過剰な増殖などを起こし，生体適合性が悪い．一方，腎臓をはじめとして移植臓器は圧倒的に数が不足している．組織工学で生み出された臓器を，人工臓器と移植臓器の中間に位置づけられる第三の臓器として定着できれば理想的である．そのためには，移植後に生体内で順応しなくてはならない．人工あるいは生体由来の材料を組合わせた，より生体組織に類似した機能をもつハイブリッド組織体の形成が必要となろう．

たとえば，正常表皮角化細胞の分化を支持細胞の助けを借りながら抑制することで**人工皮膚**をつくる試みがある（図9・4）．実際，培養した皮膚細胞は重層化し，シート状の構造をもってはく離できるほどの細胞間接着能をもっていたという．コラーゲンゲルなどで真皮にあたる組織をつくっておき，その上に表皮角化細胞を培養することで人工皮膚をつくる試みも進んでいる．また，スポンジ状にしたコラーゲンゲルに培養皮膚細胞を取込ませたまま，生体に移植して皮膚をつくる試みもある．

> これらの研究は火傷の治療などにおける再生医療に役立つだろう．

一方，妊婦の胎盤にあって胎児を包み羊水を保持する羊膜は，出産後は廃棄される．羊膜はコラーゲン（タイプⅢ，Ⅳ，Ⅴ）やラミニン，ニドゲンからなる厚い基底膜をもち，血管成分を含まないため拒絶反応が起こりにくいので，捨てるには惜しい素材である．そこで羊膜の本来の特徴を失うことなく，羊膜上の上皮細胞を取除き，病原性，抗原性をなくした精製羊膜コラーゲンシートが作製された．

> 各種細胞の培養基質や外科領域での手術後の癒着防止などを目指した研究が進んでいる．

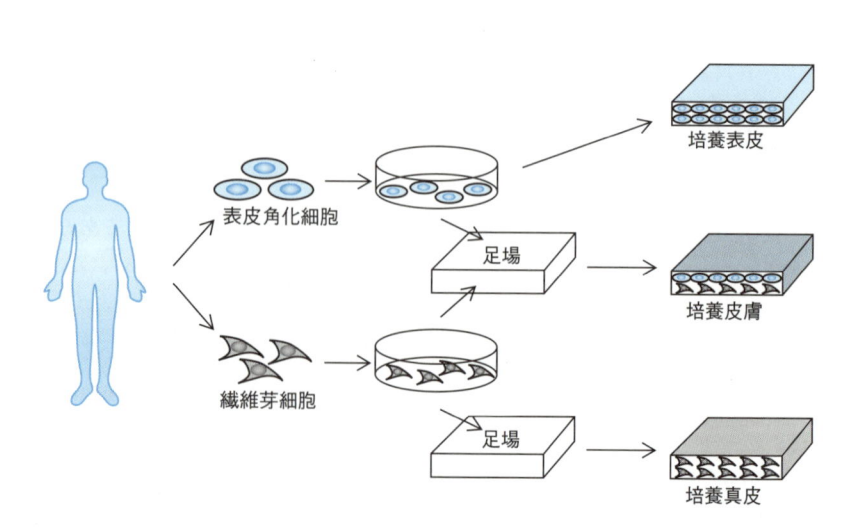

図 9・4 組織工学による人工皮膚の作製．人工皮膚には表皮角化細胞を用いた培養表皮，皮膚下層中の真皮に存在する繊維芽細胞を用いた培養真皮，角化細胞と繊維芽細胞を用いた培養皮膚がある．

組織工学のその他の応用例

人工皮膚のほかにもさまざまな応用研究が進められている．たとえば，β-ガラクトース側鎖を有するスチレン誘導体の人工マトリックスポリマー（PVLA）は，肝細胞の形態，分化，増殖の制御ができるため，生体外での肝組織の再構築と人工臓器への応用を目指している．

さらに，海藻に含まれるアルギン酸を足場にした心筋細胞を培養する技術もある．アルギン酸は98％の水分を含むハイドロゲルだが，凍結乾燥法によって多孔質の堅い足場をつくり，足場は生体に移植すると数カ月で溶解する．そこで，この多数の孔を血管新生の誘導に役立てる，あるいは足場を使って再構築した心筋組織（心筋パッチ）を心筋梗塞で壊死した部分に移植することで心筋の再生を目指す研究もある．

組織工学の究極の目標は *in vitro* においてヒト胚性幹細胞から目的の組織や臓器を自在に分化誘導し，細胞移植や臓器移植によって病んだり傷ついたりした臓器を新しいものと自在に取替えることである．この技術が実現すれば，患者本人の細胞に由来するため免疫拒絶反応が起きないという点で移植医療にも新たな展望を開く．

そして，いままさにこの夢がモデル生物においては現実化しつつある．アフリカツメガエルでは受精卵の分裂がある程度進んだ胚の中で神経に分化する「予定外胚葉」が臓器再生に重要な働きをする．実際，「予定外胚葉」を，アクチビンとよばれるタンパク質を含む培養液中で小腸，心臓，腎臓，眼などへ分化誘導することが可能となった（図5・9参照）．移植した神経幹細胞や骨髄細胞を血液細胞や肝細胞へ分化誘導させたり，骨髄中の細胞を心臓や筋肉細胞に分化させたりすることもできるようになった．あるいは生体内で溶ける高分子を使ってがんの手術などで顎の骨を失った患者の顎の骨型をつくり，これに患者の骨髄からとった幹細胞を含む組織をくっ付けて顎に戻すと，型に沿った形で骨が再生し，型は数年で溶けてなくなるので骨だけが残るという．一方，マウスES細胞からインスリンを分泌できる膵臓細胞へ分化させる技術は糖尿病の治療に使えると期待されている．さらには，中枢神経系変性疾患（パーキンソン病など）や神経損傷（事故による脊髄損傷など）の治療を目指し，ES細胞を培養下で特定の神経細胞に分化させてから脳に移植する，マウスを使った実験が進んでいる．

上述のようにiPS細胞の技術が進展すれば，組織工学分野も大きく様変わりすることも予想される．そうなれば，これまでに培った技術が近い将来の臨床現場での実用化へ向けておおいに役立つであろう．

9・4　新たな脅威となる新興感染症

最近になって出現した未知の（新興）感染症は，多大な厄災をもたらす可能性があるため人類にとって大きな脅威になっている．実際，後天性免疫不全症候群（エイズ），C型肝炎，エボラ出血熱，新型肺炎（重症急性呼吸器症候群：SARS）など，流行性の新興感染症が数多く出現して世界を騒がせている（表9・1）．

表 9・1 最近流行した感染症の種類と流行地

年　次	病原体名	疾患名	おもな流行地
1967	マールブルグウイルス	マールブルグ病	アフリカ
1968	インフルエンザウイルスA (H3N2)	インフルエンザ	
1968	ノロウイルス	嘔吐下痢症	米国
1969	ラッサウイルス	ラッサ熱	西アフリカ
1973	ロタウイルス	乳幼児嘔吐下痢症	
1976	エボラウイルス	エボラ出血熱	西・中アフリカ
1981	HIV	エイズ	米国
1982	大腸菌 O157	出血性大腸炎	米国
1992	ビブリオコレラ O139	新型コレラ	インド
1994	ヘンドラウイルス	脳炎	オーストラリア
1996	大腸菌 O157	出血性大腸炎	日本
1997	インフルエンザウイルス (H5N1)	インフルエンザ	香港
1998 (1999)	ニパウイルス	脳炎	マレーシア
1999	西ナイルウイルス	西ナイル熱	米国
2003 (2002)	SARS コロナウイルス	SARS	中国・香港
2006 (2007)	ノロウイルス (GII4 型)	嘔吐下痢症	日本
2007	麻疹ウイルス	麻疹（はしか）	日本

　世界保健機構（WHO）ではこれら**新興感染症**を「かつては知られていなかったが，過去40年間に新しく認識された病原体（すでに約40種類発見された）による感染症で，局地的に，あるいは国際的に公衆衛生上の問題となる感染症」と定義している．いつ起こるかもしれない地球規模の大量感染と蔓延を防ぐため，これら新興感染症へのさまざまな角度からの対策が急務となっている．実際，2000年以降1100回以上の伝染病の流行が起きている．これらのいくつかは森林の伐採などによる自然破壊の結果，森林の奥深く生息していた動物がもっている病原体が人類に感染して発症した感染症である．現在は飛行機などの交通機関が発達しているため，いったん地球のある場所で感染が広がると，年間約20億人と推定される飛行機利用者や大量の物資の国際間移動によって，瞬く間に世界中がその感染症に脅かされる．とくに自覚症状のない潜伏期間にある感染者による伝染は脅威である．

WHOは，もし強力な新型インフルエンザが大流行したら，世界人口の25％にあたる約15億人が感染すると予測している．

9・4・1　感染性免疫不全症候群

　1981年に米国の同性愛男性で初めて正式に症例報告された**後天性免疫不全症候群**いわゆる**エイズ（AIDS）**は，1983年に発見された**ヒト免疫不全ウイルス（HIV）**の感染によってひき起こされる免疫不全症である（図9・5）．当初は感染者の多くが男性同性愛者や麻薬の常習者だったので社会的な偏見がともなったが，世界中で約4千万人の感染者（2006年末；このうち約6割はサハラ砂漠以南のアフリカに集中している）が存在し，毎年約300万人（2006年）が死亡している現在，その意味での偏見は薄れ，新たな感染者を増やさないための社会教育の必要性が唱えられている．日本のHIV感染者は血液製剤によって感染した薬害エイズによる感染者を含めて累計で約1万人（2006年末）と世界の中では顕著に少ないが，年々増加していることは不気味である．

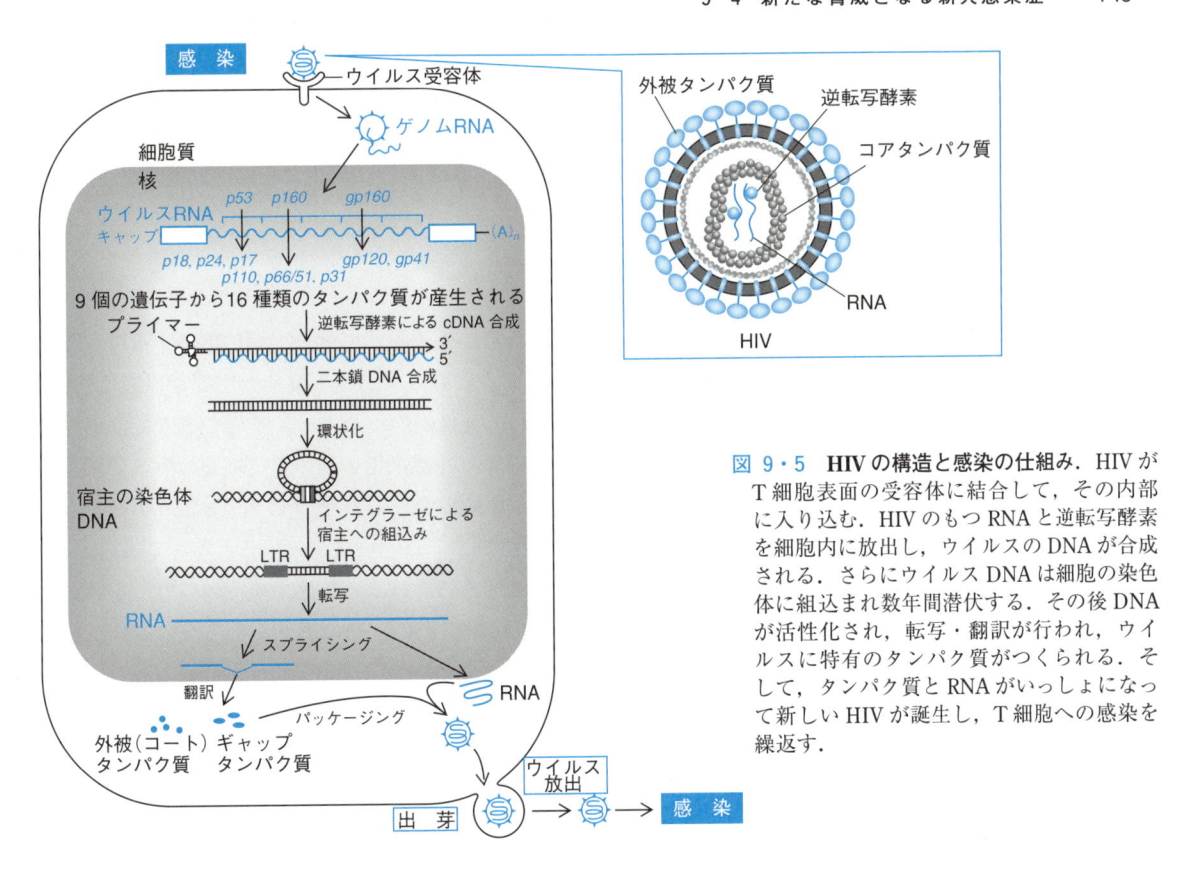

図9・5 **HIVの構造と感染の仕組み**．HIVがT細胞表面の受容体に結合して，その内部に入り込む．HIVのもつRNAと逆転写酵素を細胞内に放出し，ウイルスのDNAが合成される．さらにウイルスDNAは細胞の染色体に組込まれ数年間潜伏する．その後DNAが活性化され，転写・翻訳が行われ，ウイルスに特有のタンパク質がつくられる．そして，タンパク質とRNAがいっしょになって新しいHIVが誕生し，T細胞への感染を繰返す．

完全な治療薬はないが，早期に発見して複数の薬剤を併用するなどの治療を開始すれば発病を食い止めることが可能になりつつある．HIVは感染力が弱く，感染経路も血液・精液・膣分泌液に限られているため，通常は性行為以外では感染することはない．感染しても症状が出ないまま経過し，平均10年の潜伏期間を経た後，増殖したHIVの攻撃を受けたCD4陽性T細胞数が徐々に死滅して免疫系が働かなくなり，さまざまな感染症や悪性腫瘍などを発病して死に至る．ウイルス遺伝子塩基配列の解析からHIVの起源はチンパンジーに感染していたSIV（サルのエイズウイルス）と考えられている．

森の奥深くチンパンジーの病気としてひっそりと生きていたウイルスがヒトの侵入により暴れ出し，ヒトにもとりついてHIVへと変異したのかもしれない．

9・4・2 ウイルス性出血熱

ウイルス性出血熱と総称される四つの疾患（ラッサ熱，マールブルグ病，エボラ出血熱，クリミア・コンゴ出血熱）は，アフリカの狭い地域に限定されていた，いわゆる風土病であるが，交通手段の発達により，世界中を恐怖に陥れる新興感染症となってしまった．

年間約30万人が感染する**ラッサ熱**は発熱，全身倦怠感を初発症状とし，潜伏期間5〜20日ののち突然発症する．約2割の患者が重症化し，年間約5千人が死亡する．1972年に単離されたラッサウイルスはタンパク質性の外皮（エンベロープ）により1本鎖RNAゲノムを守っている．

エボラ出血熱はスーダン南部のヌザラでエボラ川出身の男性が突然の発熱で入

いずれも原因ウイルスが感染すると高熱を発するが，患者のうちの何割かはやがて皮膚や内臓に出血を生じて劇的な死に至る．

ラッサウイルスの自然宿主はマストミス属のネズミで，唾液や糞尿などに大量に排泄されたウイルスに接触感染する．

エボラ出血熱の自然宿主としては，ウイルスを注射しても発症しなかったことからコウモリが疑われている．

同じくアフリカ生まれの，蚊が媒介する新興感染症である**西ナイル熱**は，突如ニューヨークに出現し（1999年夏），米国西海岸にたどり着く間に約1万人近くを感染させ，262名が死亡した．恐ろしいことに，西ナイルウイルスを注射したジュウシマツを刺させた日本在来のアカイエカにマウスの血を吸わせたら，12日以内に大半のマウスは感染して死んだという．

米国では約270万人の小児が発病するが，脱水症状さえ注意すれば死亡することはまれ（数十人）である．しかし，医療設備の乏しい発展途上国を中心に世界ではロタウイルスにより数十万人の子供が命を落としている．

院し，数日後に鼻口腔および消化管より出血して死亡したのが始まりで（1976年），その後アフリカ中央部の各地で10回以上も流行し，合計で千人以上の患者と数百人の死者を出した．患者の血液，分泌物，排泄物などへの接触感染により広がる．エボラウイルスはラッサウイルス同様，外皮に保護された1本鎖RNAをもつ．

9・4・3 感染性胃腸炎

下痢を特徴とする新興感染症もいくつか出現してきた．経口感染する**ロタウイルス**は（図9・6），乳幼児が冬になると起こす急性下痢症の主要な原因であり，5歳までにほとんどの小児が経験して免疫がつくため，年長児や成人では感染しても発症しない．電子顕微鏡観察により，感染児の腸の上皮細胞の中に発見された（1973年），病因ウイルスの形が車輪のようだったのでラテン語で車輪を意味するロタが冠せられた．

冬になると，たとえば生ガキを食することによって感染する**ノロウイルス**が猛威を振るう．これも1972年に電子顕微鏡下で，その形態が明らかにされた新興感染症である．1968年に起こった米国のオハイオ州のノーウォーク市の小学校での胃腸炎の流行をきっかけに，病因ウイルスの探索がなされ，1972年にノーウォークウイルスが電子顕微鏡下で同定された．近縁のウイルスもいくつか見つかってきたため，それらはノーウォーク様ウイルスとよばれてきたが，きちんとした名前を与えようという動きが出て，ノロウイルスと名づけられた．

ノロウイルスはロタウイルス同様に感染力が強く経口感染するが，脱水症状に

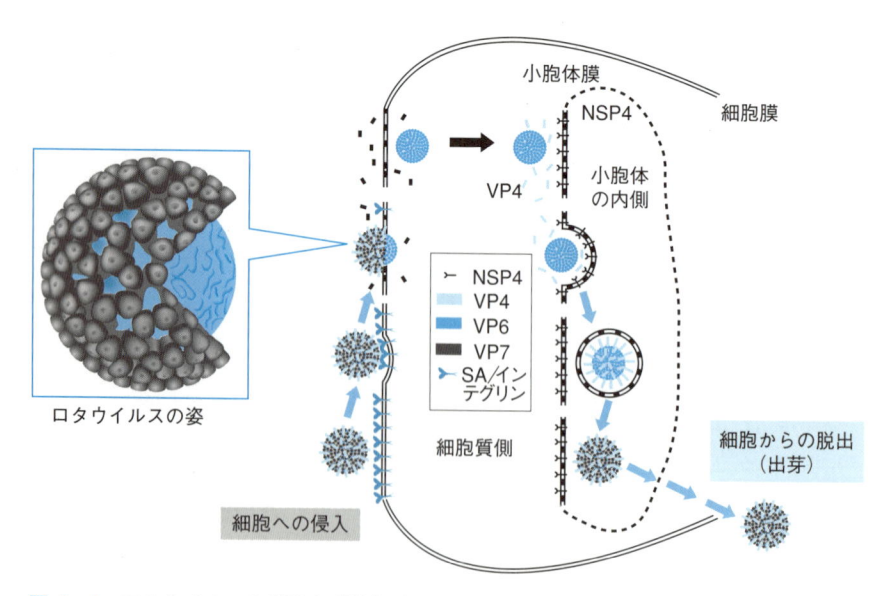

図 9・6 ロタウイルスの構造と感染経路． ロタウイルスは感染細胞膜にあるSA/インテグリンというタンパク質を受容体として利用しながら，表皮を脱いで細胞内へ侵入する．細胞内では自身の遺伝子を複製するとともに活発に働かせて，NSP, VP4, VP6, VP7とよばれるタンパク質を大量に発現しながら増殖する．その後，まずNSP小胞体膜に埋込ませ，小胞体膜に埋込まれる性質をもったNSPを受容体として小胞体内部に入り込み，そこで外皮をまとったうえで，細胞外へ脱出する．

気をつけて安静にすればやがて回復する．ノロウイルスには30種類以上の遺伝子型があり，例年は「冬の生ガキ中毒」としてさまざまな型が検出されていた．ところが，2006～2007年の冬に日本各地で集団感染したノロウイルスはヒトからヒトへ接触感染するGII4型で，便だけでなく，乾燥した微量の吐物から空中に飛散したウイルスを吸い込むことで，空気感染したと推測されている．

1982年に米国ミシガン州とオレゴン州で同じメーカーのハンバーガーによる出血性大腸炎が世界で初めて発生し，その感染体として**大腸菌O157**：H7株が同定された（図9・7）．元来は体の善玉菌の大腸菌に毒素遺伝子が取込まれてベロ毒素を産生する危険な感染体になったのが，O157血清型に属する腸管出血性大腸菌である．水溶性下痢に血便が混じるのが特徴で，重症例では鮮血を多量頻回に排出し，溶血性尿毒症症候群を起して昏睡状態に陥り，死に至る場合もある．

1996年には日本でも2万人近くの患者（死者2名）が出る爆発的発生が見られ，とくに大阪府堺市では小学校給食が感染源となって1万人を超える患者が発生する大事件となった．

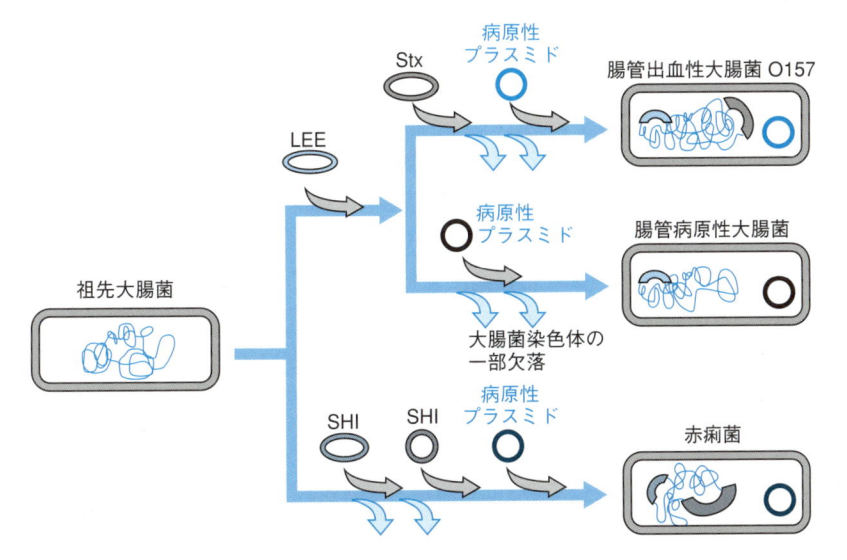

図9・7 **病原性をもつ大腸菌の出現の歴史**．祖先大腸菌は無害であったが，長い進化の時間帯の中でさまざまな病原性の外来DNAが侵入した結果，腸管出血性大腸菌O157のような病原性大腸菌が出現したらしい．そのことは進化の歴史が刻まれている，これら大腸菌の全ゲノム塩基配列の比較により明らかになってきた．病原性の出現までには，病原島（LEE, SHI），ファージ（Stx）の侵入と大腸菌ゲノム塩基配列の一部欠落を経て最終的に病原性プラスミドの獲得によって達成されたと考えられている．

9・4・4 コロナウイルスによる感染性肺炎

図9・8に示した**サーズウイルス**（コロナウイルスの一種）によってひき起こされる新型肺炎である**重症急性呼吸器症候群**（サーズ：**SARS**）は，2002年に中国広東省で突然発生し，9カ月の間に約8千人が感染し，その1割が死亡した．感染者の咳やくしゃみの飛沫で空気感染するので広がりは速い．中国が国家の名誉のため発表を遅らせたために，航空機を利用した中国への旅行者を介して世界各地への感染が進み，世界中を震撼させた．中国政府は対応の遅れと秘密主義を反省して医療体制を改めた．中国広東周辺で捕獲された野生動物種（ハクビシン，タヌキ，イタチ，アナグマ）からサーズに類似したコロナウイルスが分離された

コロナウイルスは，一本鎖（＋）RNAをゲノムとしてもつニドウイルス目のコロナウイルス科のウイルスで，球状の外皮表面に存在する突起が太陽炎（コロナ）のように見えることが語源となっている．

航空機内でサーズを発症した患者を手当てした医師や看護士が感染して死亡したり（ベトナムのハノイ市），患者が宿泊したホテルの宿泊脚が大量に感染したり（香港），カナダに帰国した患者が発症したり（トロント市）など，国際的な大事件となった．

ことから，これらがもっていたウイルスがヒトに感染しやすい型に変異して広まったと考えられている．

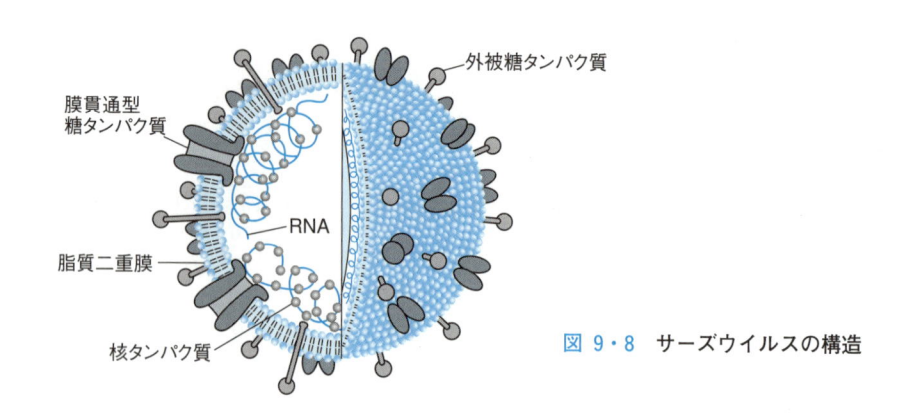

図 9・8 サーズウイルスの構造

9・4・5 パラミクソウイルスによる感染性肺炎と脳炎

パラミクソウイルスは外皮に覆われた mRNA の相補鎖（マイナス一本鎖 RNA）をゲノムとしてもつ一群の RNA ウイルスの総称である．

1994 年にオーストラリア・ブリスベン郊外のヘンドラにあるサラブレッド競争馬の厩舎で1頭のウマが突然に高熱を発して鼻から血の混じった泡を出し，出血性肺炎によって死亡した．次いで他のウマもつぎつぎに発病し，合計で 21 頭の感染と 14 頭の死亡となった．やがて調教師と厩務員も感染して高熱を発し，調教師は死亡した．あわや大流行かと恐れられたが，獣医行政と研究チームの迅速な対応のおかげで短期間に原因ウイルスが解明され，幸いにしてそれ以降は発生しなかった．**ヘンドラウイルス**と命名された病因ウイルスはパラミクソウイルスの一種であった．

次いで，同じパラミクソウイルスに分類される**ニパウイルス**による脳炎が 1998〜99 年にかけてマレーシアで突如として発生した．シンガポールでもマレーシアから輸入したブタを扱っていた 11 名が発症した．報告された合計 200 名以上の患者（ほとんどが養豚場の男性労働者であった）は発熱，強い頭痛，筋肉痛と脳炎あるいは髄膜炎を発症し，そのうち約半数が死亡した．患者の検体を電子顕微鏡で調べたところ，ヘンドラウイルスと同属のウイルスが見つかり，ニパウイルスと命名された．2001〜2003 年にはバングラデッシュ西部の異なる地域でも高い致死率を示すニパ/ヘンドラ様ウイルスによる脳炎が発生した．幸い短期間で終息したが，今後もウマやブタを扱う人にとって油断はできない．

9・5 新たな脅威となる再興感染症

再興感染症は，「既知の感染症で，すでに公衆衛生上の問題とならない程度までに患者が減少していた感染症のうち，この 20 年間に再び流行し始め，患者数が増加したもの」と定義される．

約1年後，800km 離れたマッカイでウマの解剖を手伝った農夫がヘンドラウイルスによる急性進行性脳炎で死亡したが，それ以上の発生はない．その後の調査の結果，自然宿主はオーストラリア原産のオオコウモリであると判明した．

調査の結果，感染源であると判明したブタが 100 万頭近く殺処分を受け，感染の広がりは抑えられ流行は収まった．

自然宿主としてはブタとともにオオコウモリも疑われている．

9・5・1 インフルエンザ

数十年ごとに大流行するインフルエンザはその代表例である．**インフルエンザウイルス**には，A型・B型・C型の3種類がある．このうち，最も変異を起こすのが野生のミズドリ（水鳥）を自然宿主とするA型ウイルスで（図9・9），これまで世界的に大流行し，多くの人命を奪ってきた．この変異のため，一度罹患して抗体ができても，つぎの冬にはその抗体が効かなくなって再度感染してしまうし，既成のワクチンも効果が薄い．ヒトにはB型やC型も感染するが，B型の変異は少なく，C型はほとんど変異を起こさない．

インフルエンザウイルスの表面には2種類の抗原（HとN）がある．A型ウイルスの場合，Hには13種類，Nには9種類あり，抗原型の組合わせにより（H1〜H16）×（N1〜N9）という多数の遺伝型に分類される．過去に大流行したときの遺伝型はスペイン風邪（1918年：H1N1型），アジア風邪（1957年：H2N2型型），香港風邪（1968年：H3N2型），ソ連風邪（1977：H1N1型），香港風邪（1997年：H5N1型）である．このほか，1996年に北海道でH5N4型が，1999年に香港でH9N2型が発見されている．最近では毒性が強力に変異しており，1997年の流行では感染者の死亡率が30％もあり，2004年の流行に至っては60〜70％ときわめて高かった．H5N1型のトリインフルエンザウイルスは，本来は鳥の間でのみ伝染しており，ヒトへの感染はまれだが，簡単に変異するので危険である．

変異の温床は中国が世界最大の産地であるカモにあるらしい．頻繁にHとNの組合わせを変えたり（抗原シフト），HやNの一部分を変異させたり（抗原ド

インフルエンザ治療薬としては，リン酸オセルタミビルという化合物（商品名タミフル）などがある．タミフルは図9・9（a）に示したインフルエンザウイルスの糖タンパク質であるノイラミニダーゼという酵素を阻害することで，感染細胞内にウイルスを封じ込め，他の細胞への感染を抑える働きがある．
タミフルはA型とB型のウイルスに効果を示し，C型や単なるかぜには効果がない．その効果はウイルスが増殖しきってからでは薄く，発熱からの時間が短いほど効果が期待できる（およそ48時間以内）．

1997年に香港でH5N1型による死者が出たとき，香港政府は香港全域の約160万羽のニワトリを屠殺処分するという英断により世界全域への大流行を阻止した．

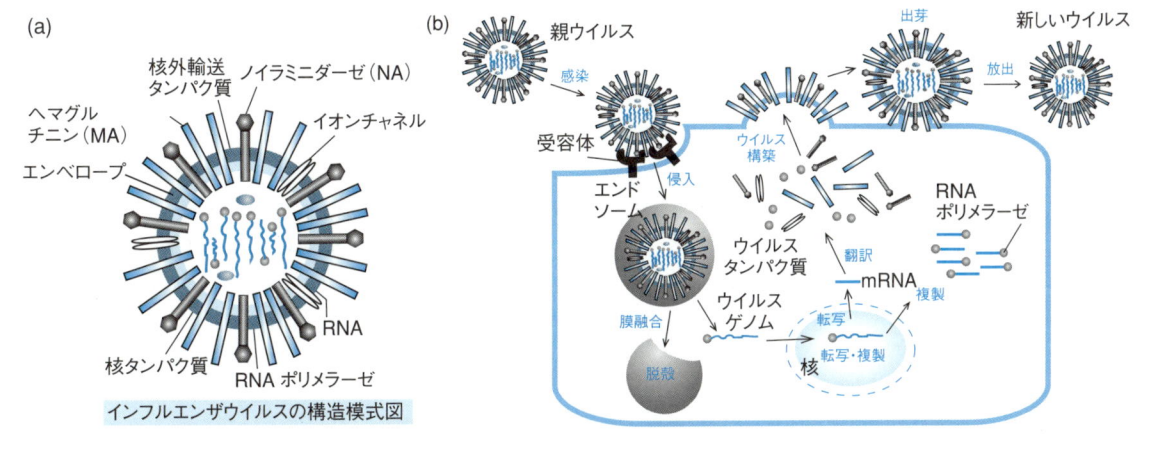

図9・9 **インフルエンザウイルスの構造と増殖の仕組み**．（a）A型インフルエンザウイルスが属するオクトミクソウイルスは8本（または7本）に分節された一本鎖（マイナス鎖）RNAをゲノムとし，脂質二重膜の外皮（エンベロープ）に覆われている．脂質にはヘマグルチニン（赤血球凝集素）とノイラミニダーゼとよばれる二つの糖タンパク質が埋まっている．（b）感染はウイルスのヘマグルチニンが感染細胞の細胞表面にある特異構造をもつシアル酸の糖鎖を受容体として結合することで始まる．ワクチンによって体の中にできる抗体は，このウイルス表面のヘマグルチニンと結合することで，宿主細胞へのウイルス感染を阻止するのである．細胞表面に結合するとエンドソームとよばれる細胞内膜によって取込まれる．やがて，外皮を脱ぎ捨ててRNAゲノムは裸になって核内へ移行する．そこで，大量にRNAゲノムを複製しながら，活発に発現（転写・翻訳）してウイルス構成タンパク質を大量に産生する．次いで，自発的にウイルスの構築が始まり，細胞膜に集合して，ウイルス構築が進み，最終的に膜から大量の新しいウイルスが放出されてゆく．

リフト）することで，常に多彩な変異型ウイルスが生じていると推測されている．ヒトでは肺や気管支などの呼吸器で増殖し，咳やくしゃみを介して伝染するが，ミズドリ（カモ）では腸の中で増殖し何の症状も出ないためウイルスが大量生産され，排泄された水中の糞を媒介して伝染する．感染した渡り鳥はウイルスを世界にまき散らし，ニワトリなどの家禽を通じてヒトに感染する．

<small>ミズドリは発症しないがニワトリは発症して死亡するので，養鶏産業にとっては脅威である．</small>

9・5・2　抗生物質の効かない細菌

フレミングがアオカビから発見したペニシリン（1929 年）をはじめとして，その後つぎつぎと発見された抗生物質は細菌を病因とする感染症に対する特効薬として 20 世紀の医療に革命を起こしてきた．しかし，21 世紀に入り，その力にかげりが見えてきた．**抗生物質の効かない耐性菌**が徐々に増えつつある．ならば新しい抗生物質をつくればよいと思うかもしれないが，ことはそう簡単ではない．抗生物質の大部分は 1940〜60 年の間に発見されており，それ以降の 40 年間で発見された抗生物質で臨床応用まで進んだのはわずか二つにすぎないのである．そのような状況で，米国メルク社が南アフリカの土壌に棲む放線菌から発見した（2006 年），プラテンシマイシンには新型抗生物質として多くの期待が寄せられている．これは脂肪酸の合成にかかわる酵素を阻害する新しい作用機序をもつ抗生物質で，**メチシリン耐性黄色ブドウ球菌（MRSA）**や**バンコマイシン耐性腸球菌（VRE）**を含む多くのグラム陽性菌を強力に殺す．

黄色ブドウ球菌は皮膚や消化管内などに常在するグラム陽性球菌で，弱毒性菌なので感染しても抵抗力があれば重症化することはない．しかし，病気で弱って

パンデミック・インフルエンザ

パンデミックとは「病気などが世界的に流行する」ことを意味する．1918 年から 1919 年にかけて世界的に大流行した新型インフルエンザウイルスによるスペイン風邪が代表的なパンデミック・インフルエンザの例である．この病気は中世イタリアでは天体が原因と考えられており，語源の"インフルエンツァ"は「天体の影響」を意味する．

第一次世界大戦の最中に，中国南部出身の使用人を発生源とする症状が非常に重いインフルエンザが米兵に感染し，それがインド・マルセイユ（フランス）航路を経てからマルセイユで流行し始め（1918 年 5 月末），わずか 15 日の間に西部戦線で対峙していた両陣営で爆発的に広がった．両軍とも戦闘活動できないほど兵員が激減した部隊が続出したという．まもなくフランス全土へ，やがてスペインへと広がっていっただけでなく，ほぼ同時に中国・インド・日本でも発生して瞬く間に世界中に感染が広がった．このインフルエンザはスペイン風邪とよばれて恐れられた．実際，当時の世界総人口は 12 億人のうち 2 千〜6 千万人が死亡し，日本でも 2 千 5 百万人が感染し，38 万人が死亡したほど大きな被害を及ぼしたのである．米国では約 85 万人がインフルエンザで死亡したが，この記録はそれ以降 2 回（1957 年と 1968 年）にわたって大流行した発生した悪性のインフルエンザによっても破られていない．不思議なことに，これだけ猛威を振るったインフルエンザも翌年 11 月までにほぼ完全に消滅した．

このときの死者がウクライナ地方の永久凍土に保存されており，その死体からインフルエンザウイルスの DNA 塩基配列が決定され A 型 H1N1 型と判明した．

いる患者にとっては重症感染症の原因となる．1940年代に工業的に量産化に成功したペニシリンが病院で頻繁に使われるようになると，ペニシリン耐性株が出現した．それに対抗して新たな抗生物質であるメチシリンが開発されたが，やがてメチシリンに対する耐性株も出現した．これがMRSAであり，院内感染の原因となって大きな社会問題となっている．

　緑色の色素を産生する**緑膿菌**はグラム陰性の桿菌（細長い円筒状）で，自然界に遍在しており病原性は低いが，体の抵抗力が低下すると肺炎や尿路感染症などをひき起こす．緑膿菌は元来が抗菌薬に強く，効く薬が少なかったところへ，すべての薬剤に耐性をもつ緑膿菌が現れたため，とくに病院などで蔓延すると患者への被害は甚大となる．

　結核菌により感染する結核は，戦後のストレプトマイシンなどの抗生物質の著効により激減したが，現在でも日本を含む世界中で毎年約200万人が命を落とす恐るべき病気である．世界では結核はエイズやマラリアと並ぶ3大感染症とよばれている．日本でも年間約3万人が新たに結核に感染し，2千人以上が死亡している．とくに高齢者は若いころに感染したままになっている人が多く，高齢になって体力が弱ったために免疫によって抑圧されていた菌が目覚めて発症するケースが多い．

> 2005年には結核予防法が約50年ぶりに改正され，ツベルクリン反応検査は廃止されて全員がBCG接種を生後6カ月までに行うことになった．

10 先端バイオ技術の応用

すると，たちまちにして，すべてのものが偽りだと考えようと欲している間さえも，そのように考えている自分自身が必然的に何ものかでなければならないことに気がついた．そして「私は考える，それゆえに私は在る」という真実こそがとても堅固で確実なものであって，それは懐疑論者たちの最も常軌を逸した仮定のすべてをもってしても揺るがすことができないと認めたので，これこそが私が探し求めてきた哲学の第一原理として受け入れることができると私はためらうことなく判断した．
ルネ・デカルト（1596〜1650）『方法序説』

デカルトが名著『方法序説』の中で提唱した近代精神と科学の方法論は，その後の西欧における科学の発展の基盤になり，その成果のひとつとしてバイオ技術という大輪の花を咲かせた．これまでに開発されてきた技術は幅広い範囲に応用されて，さまざまなタイプの生命の不思議の謎を解いてきたが，それは基礎生物学における謎にとどまらず，生活に密着した謎にまで及んでいる．この章では，そのいくつかについて紹介する．

10・1 個人識別と犯罪捜査

ミニサテライトマーカーを使って個人の識別が高い確度をもって行われるようになった．たとえば，ヒト第1染色体の短腕（端）に存在する16塩基の繰返しをもつ**ミニサテライト**を利用した「MCT118鑑定法」では，父親および母親に由来するバンドの位置を検出することで繰返し回数（14〜41回）を比較する（図10・1a）．たとえば，被験者Cは22回と37回の繰返し塩基配列をもつ（22・37型）と鑑定され，被験者Dは（19・35型），被験者Eは（26・30型）と鑑定される．理論的には28×28＝784通りの組合わせが存在することになるが，実際には特定の組合わせが過半数を占める．そのため，同じ組合わせをもつ人も多数おり，ひとつのDNA鑑定だけでは個人を特定できない．

マイクロサテライトによる「TH01鑑定法」では第11染色体（短腕の端）に見つかったAATGというマイクロサテライトに注目し，この4塩基配列の繰返し数が個人によって5〜11回という違いを示すことを利用する（図10・1b）．繰返し数の幅が7種類と小さいのでこれだけでは個人の特定はできないが，上記のMCT118鑑定を同時に行うと高い正確さで個人が特定できるようになる．

このほか遺伝子マーカー鑑定法では，繰返しの多さを比較することのできる**遺伝子マーカー**（YNH24，YNZ22，MS1）によって縦列型の反復配列の多型を比べることができる．また，ミトコンドリアDNA（mtDNA）（図10・2）による鑑定は，試料が古くて壊れていても使えるという利点がある．

これらの**DNA鑑定**は親子鑑定や個人識別（身元確認）に活躍している．た

> ミニサテライトおよびマイクロサテライトについては3・8節も参照のこと．

消防士などの危険な職務では，万が一のときに遺体の損傷が激しくても個人識別ができるようにと，健康なときのDNAを保存しておくところも現れた．

えば，結婚していない男女間に生まれた子供の父親認知の請求や，夫婦間に生まれた子供を夫が自分の子供でないと訴える嫡出子の否認請求では非常に高い確度で結論を出せる．まずは，ごまかしが効かないと心がけたほうがよい．核DNAの採取のためには5 mL程度の血液が使われるが，ミトコンドリアDNAだけでよければ綿棒で口の内部をなぞることで付着する少数の口腔粘膜細胞だけでも十分である．

(a)
(i) VNTRミニサテライトマーカーの原理

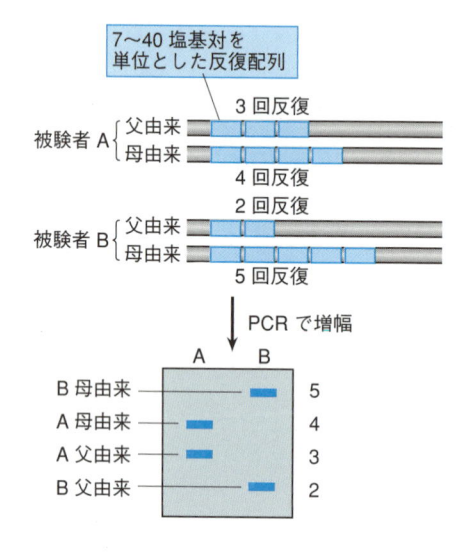

(ii) よく使われるMCT118鑑定法の実際

第1染色体短腕(端)
(14〜41回の繰返し)

TCAGCCC-AAGG-AAG
ACAGACCACAGGCAAG
GAGGACCACCGGAAAG
GAAGACCACCGGAAAG
GAAGACCACCGGAAAG
GAAGACCACAGGCAAG
‥‥‥
GAGGACCACTGGCAAG

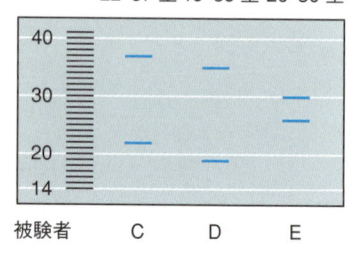

(b)
(i) マイクロサテライトマーカーの原理

(ii) よく使われるTH01鑑定法の実際

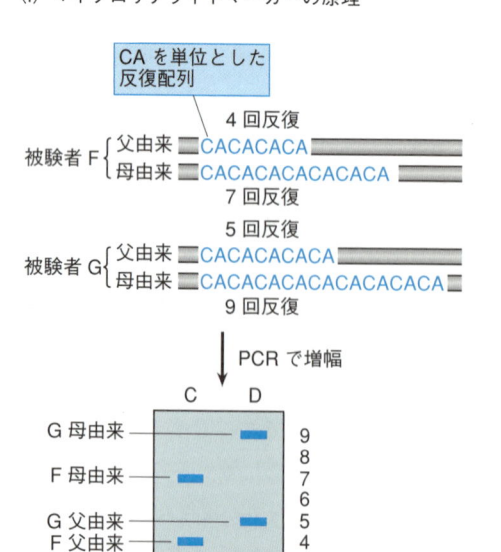

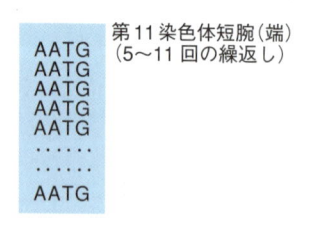

第11染色体短腕(端)
(5〜11回の繰返し)

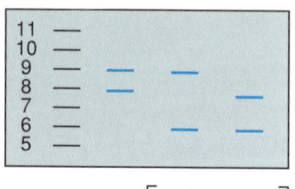

AATG
AATG
AATG
AATG
AATG
‥‥‥
‥‥‥
AATG

日本人に見られる分布の偏り
8型：6%
9型：40%
6型：26%
その他：28%

図10・1　ミニサテライトを利用したMCT118鑑定法（a）とマイクロサテライトによるTH01鑑定法（b）の原理

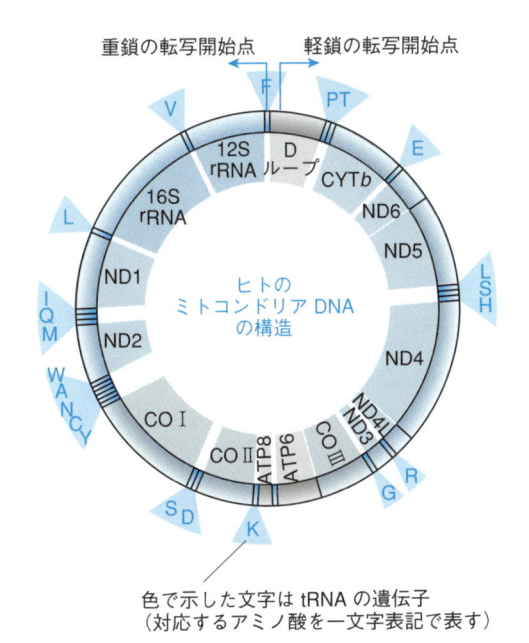

図 10・2 **ヒトのミトコンドリア DNA の構造**．ミトコンドリアは 30 億年以上も前に細胞に侵入して寄生した細菌に由来すると考えられている．ミトコンドリア DNA（mtDNA）は環状二本鎖 DNA として細胞核にある DNA とは独立に細胞質のミトコンドリア内に存在する．ヒトの場合 mtDNA の全長はわずか 16,569 塩基対と小さいため，試料内の核 DNA が古くなって断片化していても mtDNA だけは部分的に生き残っていることが多い．実際，古くなって核 DNA が壊れたサンプルからでも mtDNA なら回収される例が多くある．mtDNA のうち D ループとよばれる変異性の高い非コード領域の塩基配列（482 塩基）の領域に変異が蓄積しているため，その変異を解析することで進化の跡（系統樹）や個人差を解析できる．

ND1：NADH デヒドロゲナーゼ遺伝子
CYTb：シトクロム b 遺伝子
ATP：ATP 合成酵素
rRNA：リボソーム RNA
CO I〜CO Ⅲ：シトクロム c オキシダーゼ
　　　　　　複合体 I〜Ⅲ

色で示した文字は tRNA の遺伝子
（対応するアミノ酸を一文字表記で表す）

Coffee Time

科学捜査としての DNA 鑑定

　DNA 鑑定の結果が水戸地裁（1992 年）で初めて証拠として判決に引用されて以来，日本でも DNA 鑑定が科学捜査の基盤技術として定着しつつある．この判例では強姦致傷の容疑で捕まった犯人が車の助手席シートに残した精液のしみや，被害女性の膣内の残った精液の血液型と 4 種類の DNA 鑑定の結果が一致し，その型の出現頻度が 1600 万人に 1 人の確率であると計算されて決定的な証拠となった．DNA 鑑定の有利さは，とくにミトコンドリア DNA を利用する場合には，試料の DNA がかなり古くても極微量でも鑑定が正確に進められることにある．

たとえば 6 カ月以内の試料の場合，血痕の大きさが 2 mm 以上あるいは 100 万分の 1 L 以上あれば，実用的な DNA 鑑定が可能である．また DNA は熱や乾燥に対しても変性せず，長期間安定なので，古くて保存状態の悪いサンプルからも回収できる．たとえば，犯罪現場に残った毛髪 1 本や 20 年前の犯行時に衣服に付いていた 1 滴の血痕の染みからでも解析に充分な量の DNA が採取できる．最近では，毛根細胞が付いていない毛髪からでもミトコンドリア DNA ならば回収して DNA 鑑定に欠けることができるまで技術が洗練されてきた．

10・2　歴史の検証

　DNA 鑑定は歴史の検証にも使われている．ロシア帝国ロマノフ王朝の第 18 代皇帝ニコライ 2 世は，1917 年に起きた革命で皇位を追われてシベリアに流され，翌年，家族もろともボルシェビキに処刑された．いったん埋葬されたが，白ロシア軍の接近を恐れ遺体が掘り起こされて行方不明となった．皇帝一家の遺体が発見されないことから，実は無事に国外へ逃亡して生き延びたという説も流れ，やがて世界中から自分が第 4 皇女アナスタシアであると主張する女性が続出してニコライ 2 世の遺産の相続権を主張した．その証明のため，ニコライ 2 世の DNA

が必要となった．

　そこで，伝説で指定されたウラル地方の再埋葬場所から70年以上も前の遺骨が掘り出され，DNA が採取されて DNA 鑑定された．その信憑性の対照試料としてニコライ2世が明治24年（1891年）に来日したさい，滋賀県の大津市で津田巡査に切りつけられ（大津事件），そのとき止血に用いた100年前の血染めのハンカチが日本から提供された．この乾いた血を水に溶かして DNA が採取された．これら DNA を DNA 鑑定にかけた結果，両方がぴったり一致したというのである．この時点で第4皇女本人である可能性は失せたが，皆の興味は遺骨の信憑性に移っていった．この結果は2001年になると覆った．

　今度は対照試料としてニコライ2世が着ていた衣類の汗の染み，墓地から発掘された弟ロマノフ大公の毛髪・爪・下顎の骨，および妹オリガの長男であるチホン氏の生前の血液からミトコンドリア DNA も用いられた．これらは期待通り特徴的な領域の600塩基対がすべて一致したが，上述の遺骨から決定された塩基配列はこの領域で5箇所も異なっており，明らかに別人の遺骨であると結論付けられたのである．これでニコライ2世虐殺の謎は振り出しに戻ってしまった．

　一方，フランス革命で断頭台の露と消えたマリー・アントワネットの残した唯一の息子であるルイ17世の DNA 鑑定は，いまのところ成功している．ルイ17世はフランス革命後は暗く不衛生なタンプル塔に幽閉されてわずか2年後に10歳（1795年）で獄死（結核で病死）したとされる．解剖された遺体の心臓はアルコールで固定後，乾燥して保存され，現在はサン・ドニ聖堂（フランス王家の墓所）に安置されている．死亡時の状況が不明なため，例のごとく身代わり，替え玉説が出てきて，われこそがルイ17世を名乗る人物やその子孫であると主張する人々が現れてきた．そのなかで最も有名な人物のものと，この心臓の DNA に対して，マリー・アントワネットの遺髪，彼女の姉の遺髪，姉の孫およびその娘の遺髪などの DNA と比較した DNA 鑑定が行われた．その結果，この人物は偽者で，心臓は確かにルイ17世のものであることが確定した．

天才モーツァルトの DNA 鑑定

　早熟の天才モーツァルトは1791年，35歳で早世したが，赤貧にあえいでいたため満足な葬式も行われず，遺体はウィーンの共同墓穴に多くの死体といっしょに埋められた．その後，その中から拾われた頭蓋骨がモーツァルトのものと信じられて保存されている．モーツァルト生誕250年を記念して，モーツァルトの遺骨といわれている頭蓋骨の真偽を確定するために DNA 鑑定がなされた（2006年）．あらかじめ掘り出したモーツァルトの親族から抽出した DNA を用いて比較したが，いずれにおいても血縁関係が確認されないという，あいまいな結果が発表されている．

10・3 古代DNAとDNA考古学

　DNAは，犯罪捜査で数十年前よりもっと古いサンプルからも採取できることがわかると，最古のDNA採取の記録争いが始まった．いったいどれだけ古いサンプルからDNAは検出でき，それがDNA鑑定にかけられるのだろうか？
　中国北京の老山漢墓（約2千年前）で出土した漢代王室の血縁関係と思われる女性の，乾燥して残っていた脳組織からDNAを取出して分析することに成功している．約二千年前のイタリア・ベズビオ火山の噴火で一瞬のうちに姿を消した古代都市ポンペイの遺跡からは，発掘されたウマの骨からとったミトコンドリアDNAの解析に成功した．ウマや人骨のDNAの抽出が試みられた．熱い火山灰でDNAが破壊された人骨からはまだ成功していないが，DNA解析に成功していない．エジプトのミイラには頭蓋骨や肋骨などの骨が残っているため，現在ミトコンドリアDNAの抽出と解析が進められている．これらのような古い試料から採取したDNAは**古代DNA**と総称される．
　考古学への貢献は人骨だけではない．青森市の三内丸山遺跡でクリ（栗）を管理して栽培していた可能性を示すという考古学の常識を破る大きな発見があった．縄文中期（約5千年前）の遺跡にあったクリの木柱と，貯蔵穴から出土した殻付きのクリの実からDNAの採取に成功しDNA鑑定がなされた．すると3本のクリの木柱から採取したDNAには大きなばらつきが見られたので天然木と判断されたが，クリの実はどれも同じDNAのパターンを示したという．この結果は，同じ遺伝子をもつ複数のクリの木が集落のまわりに植えられていたことを示唆する．栽培の歴史は弥生の稲作から始まったというのが常識だったが，それを一挙に縄文中期にまでさかのぼらせたのである．
　弥生時代の環濠集落である池上曽根（大阪）と唐古・鍵（奈良）両遺跡から出土した水稲の炭化米を同様にPCRでDNA鑑定したところ，中国本土より直接伝わったコメが混在していたことが明らかにされ，すべて古代朝鮮半島を経由して伝わったという従来の説に波紋を投げかけている．水稲に適している温帯ジャポニカ米はDNA鑑定によると8種類に分類できるが，このうちひとつは中国本土に広く分布するものの朝鮮半島には存在しない．両遺跡からはこのタイプのコメが1粒ずつ見つかったことで，約2200年前の稲作文化の中心であった中国の長江流域から直接に伝わったという少数派の「大陸直接ルート説」が科学的に裏づけられた．
　現在，世界各地の遺跡から発掘された人骨のDNAや現存する先住民のDNA，あるいは世界各地の現代人のDNAのDNA鑑定を行って民族の系譜をたどろうという研究が進んでいる．長い間論議の多かった日本人の起源の問題，とくに南方系か北方系かの区別やアイヌ民族とヤマト民族の関係，縄文人と弥生人のかかわりなどもDNA鑑定によって近い将来，明らかにされるであろう．

10・4 太古のDNA

　もっと古いサンプルからもDNAは採取できるのであろうか？シベリア凍土において冷凍状態で見つかったマンモスの骨（約4万年前）からミトコンドリア

鳥取県にある青谷上遺跡では約1800年前の弥生時代後期の遺跡から出土した頭骨や背骨などは100体近くにおよび，そのうち3体から脳（合計約550g）が，神経繊維がはっきりと残るほぼ生の状態で出土した．遺跡は低湿地帯の粘土層にあるため適度な水分と遮断された空気のおかげで細胞が保存されたと考えられている．DNAの抽出が試みられたが，核DNAの抽出は困難だったので研究をいったん中断し，DNA解析技術がさらに進歩する時代まで保存し直すことになっている．

凍結ミイラの DNA 塩基配列の決定

オーストリア・イタリア国境にある氷河で覆われたエッツタール渓谷（海抜約 3200 m）の溶けかけた氷水の中に発見された約 5000 年前の凍結ミイラ，アイスマンは大きな注目を浴びた．「エッツィ」と名づけられたこのミイラは，動物の毛皮でできた着衣の上に樹皮繊維で編んだ外套を羽織り，毛皮の帽子と革製で草をつめた靴を身につけていた．さらに携行品として火打石製の短剣，櫟（イチイ）の枝でできた長弓と 14 本の矢を入れた毛皮の矢筒，木製の柄をもつ銅製の斧が見つかった．おそらく狩猟の最中に足を滑らせて氷河に閉じ込められたのであろう．採取した筋肉は無事に採取でき，そこから抽出されたミトコンドリア DNA の塩基配列を決定し，すでに世界中から集めてあった約 700 人分の同一領域（約 400 塩基対）の塩基配列を決めて比較された．すると，エッツタール渓谷の住民に近いことがわかり，さらに欧州に散らばって在住している 7 人がアイスマンとまったく同一の塩基配列をもっていたという．無縁だと思われていたこの 7 人は，実はお互いがアイスマンの約 200 代後の子孫として遠い親戚だったのである．

DNA が採集され，PCR によりアフリカゾウと近縁であることが示された（1994 年）．さらには 2 万年前の雄マンモス（愛称ジャコフ）のほぼ全身が損傷の少ない良好な冷凍状態で発見され（1999 年），核 DNA の採取による研究が進められている．また，1856 年発見のオリジナル標本である数万年以上も前のネアンデルタール人の化石からミトコンドリア DNA が抽出され塩基配列の決定に成功した（1997 年）．

植物の細胞は堅い殻で包まれているので，数十万年前の化石からでも DNA が採取できることがある．とくにモミ属などの花粉の外壁はスポロポレニンというきわめて分解されにくい物質などからできているため，化石花粉は太古の DNA の宝庫であることが期待できる．実際，シベリアにある永久凍土の深部の泥から採取された花粉から 30～40 万年前の DNA が採取されている．米国アイダホ州北部の湖底の土から採取したモクレン科の樹木の葉の化石（約 1700 万年前）から DNA を採取し，800 塩基対からなる DNA 断片を PCR により増幅できたという報告がある（1990 年）．

コハク（琥珀）は木の幹から流れ出た樹液や樹脂（松ヤニなど）が化石化したものである．カナディアン・メープルから流れ出た樹液はヒトにとってご馳走だが，樹脂だって昆虫にとっては魅力ある食物である．太古のある日，甘い樹脂の香りに誘われて近寄った昆虫は，一口舐めようと着地したが最後，ネバネバとした樹脂に脚をとられて脱出できなくなってしまった．この昆虫は，やがてつぎつぎと流れ落ちる樹脂に丸め込まれて地表へ落ち，そのまま長い眠りについてしまう．薄い羽の細部に至るまで元の姿を保ったまま保存されている昆虫を含んだ黄金色の透明なコハクは，まさにジュラ紀・恐竜時代が残したタイムカプセルである．この高価な宝石であるコハクの中に閉じ込められて何千万年も静かに眠っている太古の昆虫は DNA を保持しているだろうか？ コハクは液体窒素で冷却しお湯を数滴かけると粉々に砕けるので，そこから漏れ出た昆虫から DNA を採取

1993 年に大ヒットしたスピルバーグ監督の SF 映画「ジュラシックパーク」では，コハクの中に閉じ込められた蚊の腹に残った血の固まりから恐竜の DNA を採取する場面がでてくる．恐竜の血を吸ったであろう蚊を利用するという設定である．そこから恐竜を胚操作で甦らすというのは，全ゲノムの回収が困難であろうから実現性は低いだろうが，現実は夢のような話に一歩ずつ近づいている．

するのは不可能ではないだろう．実際，米国のポイナーらは約 4000 万年前のコハクに閉じ込められたハチやシロアリから DNA 断片を抽出し，PCR で増やしてその DNA 塩基配列を決定したと報告した (1992 年)．さらには約 1 億 2 千万年前 (中生代白亜紀) のコハク中のゾウムシの一種から DNA の回収に成功したという報告さえある (1993 年)．

10・5 遺伝子組換え作物

遺伝子組換え作物 (GMO) は昆虫などの外来遺伝子を植物ゲノムに導入することで形質を転換し，新たな特徴をもつようになった作物である (図 10・3)．最初に認可がおりたのは，日持ちのするトマトであった．トマトの実が腐るのは，実の細胞中にある酵素が細胞の形を保持しているペクチンを分解して柔らかくなるからである．米国のカルジーン社はアグロバクテリウムを利用して，この酵素をコードする遺伝子の発現を抑制するようにアンチセンス遺伝子を組込んで熟成の速度を遅くしたトマトの品種，フレーバー・セーバーを開発した．米食品医薬品局 (FDA) は「このトマトの食物としての安全性は従来のトマトとまったく同じである」と発表し，このお墨付きをもって遺伝的組換え体野菜の第 1 号として米国で発売された (1994 年)．この発表をきっかけにして，他の遺伝子組換え作物もつぎつぎと安全性が認可されるようになった．

このトマトは完熟して収穫しても，果肉は 1 ヵ月たっても変化しないほど日持ちが良くなったという．

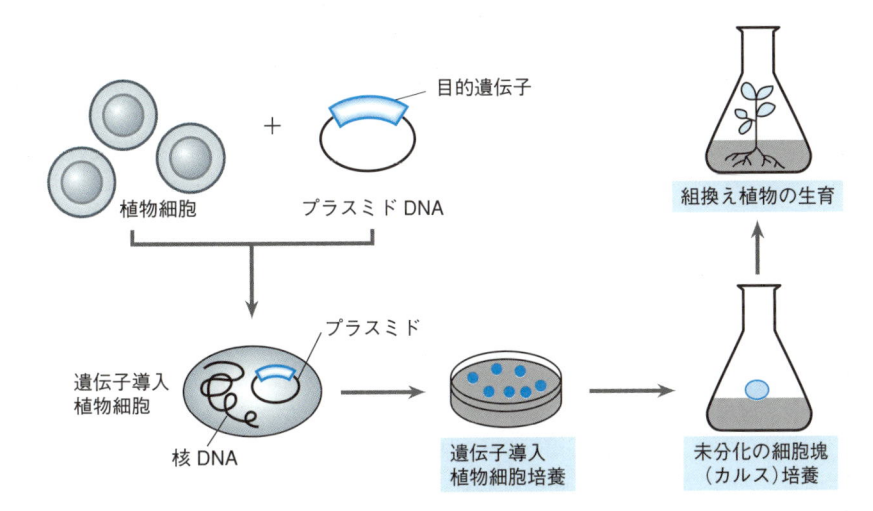

図 10・3 植物細胞への遺伝子導入．植物細胞は堅い細胞壁で包まれているので動物細胞のように遺伝子導入が容易ではない．そのため，独自の方法を用いて遺伝子導入が行われている．

イチゴやジャガイモの霜害は葉に寄生した細菌がつくるタンパク質が霜の核になることで起こる．米国の AGS 社はこのタンパク質をコードする遺伝子を抜き取った新たな細菌株 (フロストバン) を開発し，イチゴやジャガイモに散布して感染させ，この細菌が感染したら霜害が防げるようにした．「この遺伝子組換え作物は当該遺伝子を除去しただけなので安全性は高い」という理由で米国環境保護局 (EPA) が野外実験を許可した (1986 年)．これがきっかけとなって遺伝子

組換え作物反対派は勢いを失い，その後は他の遺伝子組換え作物についてもつぎつぎと野外実験が許可されるようになった．

モンサント社が売り出した遺伝子組換えトウモロコシ（スターリンク）には，昆虫が食べると体内で**BTトキシン**という毒物に変化するタンパク質を生み出す細菌（*Bacillus thuringiensis*）の遺伝子が組込まれている．この作物に取りついた害虫（アワノメイガなど）はすぐに死ぬので，殺虫剤を散布しなくてよい．しかし，BTトキシンは害虫ではない蝶などの幼虫も殺す．さらに，この遺伝子は普通のトウモロコシのみでなく雑草を含む他の植物にも移動して，それらを昆虫キラーにしてしまう恐れが出てきた．昆虫が全滅することになれば，それを餌にしている野鳥も全滅してしまうなど，生態系の攪乱や破壊も問題視されている．また，長年にわたって摂取した場合の安全性は不明で，市場に出すことで人体実験を行うのではと疑いたくなるくらいの状態である．

モンサント社の遺伝子組換えダイズやナタネ（ラウンドアップ・レディー）は，同社が開発した強力な除草剤**グリホサート**（商品名：ラウンドアップ）に耐性である．グリホサートはアミノ酸生合成系の酵素（EPSPS）の活性を阻害することで芳香族アミノ酸（Tyr，Phe，Trp）の生合成を阻害するため，雑草を含めて普通の植物は生育できない（図10・4）．ラウンドアップ・レディーにはグリホサートと親和性が低くて阻害されない変異型EPSPSの遺伝子が組込まれているので抵抗性となるのである．あるいは，グリホサートを分解できるアグロバクテリウムの酵素である*GOX*遺伝子をナタネに導入した商品も開発されている．このようなナタネならラウンドアップを1～2回まくだけで，雑草は全滅するという．

このような遺伝子組換え作物によって，それらの遺伝子の環境への拡散と生態

米国でもスターリンクは家畜飼料用にのみ認可され，ヒトの消費用には認可されなかった．ところが，ヒトの食用のコーンにスターリンクが混入していたことが発見され（2000年），廃棄処分を受けた農家や業界は大きな損害を受けた．その後，全国的なリコールとコーン生産者の集団訴訟が起こり，会社側は農家の損害に対して和解金を提示した．このときに日本や韓国を含む国々は米国産コーンの輸入を停止した．この事件後は米農務省による検査は厳しくなっている．

ラウンドアップ・レディーをめぐる問題

モンサント社は除草剤と種子をセットで販売し，作付面積に応じて技術料を徴収し，収穫した種子は使えない契約のため，農家は毎年種子を購入しなくてはならない仕組みとなっていることで，農業へのモンサント社の独占の悪影響が懸念されている．ナタネの栽培が盛んなカナダでは50％以上がこのナタネを用いている現実は軽視できない．また，環境への拡散は予想以上に早く，すでにカナダではすべてのナタネにラウンドアップ・レディーの遺伝子が汚染してしまっているため，遺伝子組換えナタネを認めない欧州には輸出できない事態に陥っている．

一方，米国と欧州の政府は同じ方法で作製した遺伝子組換えトウモロコシであるラウンドアップ・レディー・コーン NK603 とその加工品を，食品および食品原料として使用することを認可した．現在，米国ではラウンドアップ・レディー・コーン2として大量に流通している．日本でコーンスターチ（スナック菓子，コーン油，ビールに使われている）に使用されているトウモロコシの多くはこの品種である．トウモロコシのほぼすべてを輸入に頼っている日本では，輸入された遺伝子組換え作物を食べないですますのは難しいのが現状である．実際，日本では1996年秋に，遺伝子組換え作物の輸入認可がおりたため，遺伝子組換え作物（大豆・トウモロコシ・ナタネ・ジャガイモ・綿）の国内流通が始まっている．なお，日本では遺伝子組換え作物の原材料が5％以下の使用ならば表示義務がないことにも注意しよう．

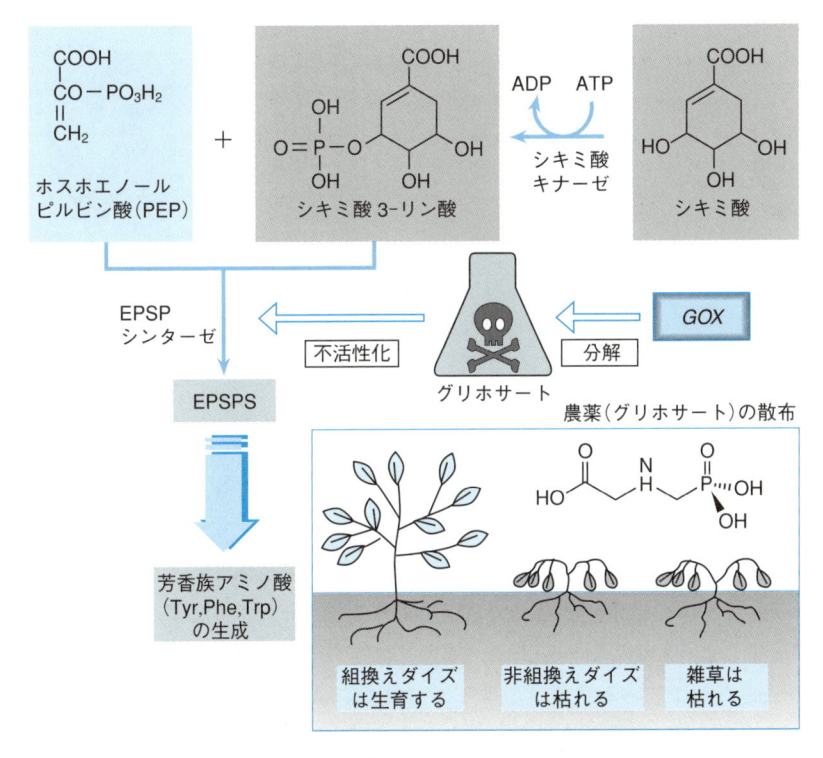

図 10・4　除草剤グリホサートの作用する仕組み

系の撹乱をもたらすなどの危険性をはじめ，さまざまな問題が生じている（⇒コラム）．

10・6　改善された遺伝子組換え作物

当初は害虫や除草剤に強いという生産者の利益が重視されてきた遺伝子組換え作物であったが，やがて消費者の利益のために品質に重点を置いた商品が開発されるようになってきた（図10・5）．農業生物資源研究所はスギ花粉症予防に役立つ遺伝子組換えイネを栽培している．花粉症ではスギ花粉中の2種類のタンパク質がヒトのT細胞と結合してアレルギー症状を起こしていることが知られている．この花粉症予防イネには，このタンパク質の一部をつくる遺伝子が組込まれているため，このコメを食べると体が慣れて花粉に耐性となるという．マウス実験で有効だったので，いずれヒトでの有効性試験などを経て，機能性食品として流通させる計画を進めている．

逆に，アレルギー抗原となるグロブリン系タンパク質をコードする遺伝子を欠如させることで，アレルギー成分が発現しないように操作したコメ（低アレルゲン米）やコムギもある．これらはアトピーなどのアレルギー疾患に悩む子供にとって必須な食物となるかもしれない．

薬を含んだ食物を開発する計画もある．たとえば，ジャガイモにある種の薬を産生する遺伝子を組込めば，ジャガイモを食べるだけで治療ができる．また，胃腸では分解されないタイプのワクチンを産生する遺伝子をウシに組込んで乳で分

このほか，特定の栄養成分を増減させた作物，たとえば骨粗鬆症を防ぐカルシウムを多く含むコメや野菜，カボチャやニンジンに多く含まれるβ-カロテンを含むコメ（ゴールデンライス），鉄分増強イネ，大豆成分を組込んだ高タンパク質の，善玉コレステロールの素であるオレイン酸を多く含むダイズ，あるいはビタミンCを多く含む美容に良いコムギ，ラウリン酸高生産性ナタネなどが開発されつつある．

β-カロテンを
含んだコメ
（ゴールデンライス）

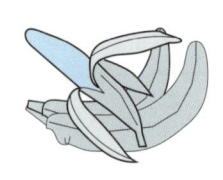

エイズワクチンを
含んだバナナ

ワクチンを
含んだ牛乳

アレルギー抗原
を含まない小麦
（低アレルゲン米）

図 10・5　消費者の利益を目指した遺伝子組換え作物の例

泌されるように工夫しておけば，牛乳を飲むだけでワクチンを接種したのと同じ効果が期待できる．飢餓と病気予防が同時にできる遺伝子組換え作物は，病院はおろか食料さえ満足にない発展途上国の子供たちにとって天の恵みと感じるであろう．実際，エイズウイルスのコート（外被）タンパク質をつくる遺伝子をバナナに組込み，エイズが蔓延している南アフリカの人々に食べるエイズワクチンとして提供しようという計画がある．また，エイズワクチン入りトウモロコシも実用化が進められている．食べるエイズワクチンはワクチンを冷蔵する必要がなく，ワクチンを注射しなくてもいいという点でエイズが蔓延しているアフリカ諸国で役立つという期待がかかる．また，少しの広さの畑から大量の抗体など医療用タンパク質が収穫できる経済効率の良さも利点である．

さらに，効果は大きいが希少で高価な漢方薬となる成分を産生する遺伝子を組込んだ食物は西洋医学と東洋医学の融合を促すことによって医療に変革を与えるだろう．これらは薬学（pharmacy）と農業（farming）を組合わせた造語としてバイオファーミングと総称されることもある．

このほか，コレラ毒素遺伝子の一部をイネに組込んだコレラワクチン米も開発されている．実際，このコメを粉末にして食べさせておいたマウスでは，コレラ毒素を与えても下痢になるなどの症状が出なくなったという．

10・7　不毛の地の緑地化

　遺伝子組換えにより，従来の技術では不可能であった不毛の地でも生育する作物の開発が計画されている．たとえば，空気中の窒素を取込んで栄養分に変える窒素固定能力をもつ根粒菌の遺伝子を根の周辺に寄生しているさまざまな細菌に組込み，窒素固定能力をもつ最近株をつくる試みがある．これが成功すればこの細菌が感染した植物は新たに窒素固定能力を獲得することになるため，窒素分の少ないやせた土地でも育つ作物が開発できるとの期待がかかっている．

　光なしでは生育できない藻類を遺伝子操作によって暗闇でも育つようにできる．米国のバイオ企業は光合成をする微小藻類（*Phaeodactylum tricornutum*）のゲノムに，糖を細胞へ運ぶ機能をもつ糖輸送タンパク質（Glut1 と Hap1）の遺伝子を導入してエネルギー源を光から糖へ変えることに成功した．これを薄い糖液で培養したところ，光の有無にかかわらず増殖速度は同じであったという．従来は，増殖するにつれて光が当たらない部分が増えて増殖速度は低下していたが，この遺伝子操作によっていつまでも増え続け，野生型藻類の 15 倍の密度にまで達したのである．この技術によって環境を管理しやすい屋内施設で生育できれば

> **遺伝子ドーピング**
>
> 　遺伝子治療の専門家や運動団体は「遺伝子治療」と同じ技術を使った**遺伝子ドーピング**が近いうちに現実化するのではないかと心配している．ヒトの筋肉はミオスタチン（TGFベータの仲間）遺伝子の発現を抑制するか，インスリン様増殖因子Ⅰ（IGF-I）の遺伝子を過剰発現すれば増強できることがわかっていた．実際，ミオスタチンが欠落した筋肉モリモリのウシや，ミオスタチン遺伝子が変異したおかげで，4歳なのに腕を伸ばしたままで3.5 kgのバーベルをらくらくと持ち上げられるほどの筋肉を発達させている子供が知られている．この子供は両親由来のミオスタチン遺伝子がともに変異していて活性のあるミオスタチンを産生できないため，筋肉がどんどん育つ．
>
> 　米ペンシルベニア大の研究チームは，老化による筋力の衰えや筋ジストロフィーなどに対処する予備実験として，IGF-Iを過剰発現するように組込んだウイルスを実験用のラットに注射した．するとラットの筋肉が太さ，筋力ともに15～30％増加したと発表した．このとき，「この技術はスポーツ選手の筋肉増強に転用される可能性がある」と発言したことで大騒ぎとなった．筋肉内に加えられた遺伝子を検出するには，選手の筋肉の一部を傷つけて採取しなければならないため現実には実行不可能である．そうなると遺伝子ドーピングは検出不能となる．
>
> 　赤血球を増やすエリスロポエチン遺伝子や，筋肉を強くし，血管を太くする成長ホルモン遺伝子を遺伝子治療と同じ原理でウイルスベクターを使って選手の体内に導入すると，格段に運動能力が上がるだろう．人体には無害とされるウイルスは筋肉に侵入して過剰発現するので，実用的なベクターとなる．冬季オリンピック（1964年）のクロスカントリースキーで金メダルを二つ取ったフィンランドの選手は赤血球量が普通の人より多いため，有酸素運動に非常に有利だった．赤血球量の操作も遺伝子ドーピングされやすい標的である．

生産効率が上がることから，ドコサヘキサエン酸（DHA）やβ-カロテンなどの栄養補助食品の生産現場には大きな技術革新となっている．

　ユーカリは1年で3 m以上も伸びる生長の早さを誇っているが，生長には潤沢な水を要求する．乾燥した環境下でも繁茂できるペンペン草の異名をもつシロイナズナから耐乾性の原因となる遺伝子を単離してユーカリに導入し，少雨・乾燥地をユーカリの森に変える研究が進められている．同様にして，サボテンなどのもつ乾燥に強い遺伝子を組込むことによって，乾燥地でも育つ野菜や穀物を生み出す遺伝子組換え植物をつくる試みもある．沖縄・西表島の海岸線に広がるマングローブの根は海水に浸かって水分を補給できるほど塩分に強い．耐塩性を与える遺伝子を単離して野菜などに組込み，塩分の高い海岸線の低地などで育つ作物の開発も試みられている．また，土壌改善に役立つ微生物の改良も作物の育つ環境の拡大に役立つはずである．これらの技術の発展は21世紀の食糧難問題を解決する鍵になるという楽観論もある．

そのほか，ナズナから単離した耐寒性遺伝子を組込んだ冷害に強いコメ，α-アミラーゼ遺伝子を導入して芽を出す時期を早めた早期収穫米などが開発されつつある．太陽光が強く水分が少ない砂漠では植物体内に活性酸素が蓄積しやすい．そこで，活性酸素を分解する大腸菌カタラーゼ遺伝子を導入して砂漠条件下でも育つタバコが開発された．塩分に富む海水に生育している植物の細胞内にはグリシンベタインという酵素が多量に蓄積して浸透圧を調節している．この酵素をコードする遺伝子を導入した海の塩分にも耐えて生育できる遺伝子組換えイネが誕生した．

10・8　青いバラ

　人体へ摂取する作物は安全性が問題となるため，鑑賞用の花へ遺伝子操作を施す試みが日本で始まり大きな成功を収めた．赤・青・紫など花や果物の美しい色は，花弁の細胞が酸性であるかアルカリ性であるかというpHの状態と，**アントシアニン**（糖がグリコシド結合によって付加した配糖体のひとつ）という色素の

地雷を検出する雑草

カンボジアなどかつて戦争があった国では，戦場のみでなく生活の場所にまで埋められたままになって残された膨大な数の地雷の撤去は難題である．ここに，救世主となるかもしれない遺伝子組換え雑草の計画がもちあがった．地雷は土の中で特定の重金属を出すので，その汚染を根が探知すると色が変わる植物を，デンマークのバイオテクノロジー企業が遺伝子組換え技術を使って開発した．

地雷は古くなると腐食して火薬が埋められた場所に漏れ出すことが多い．火薬には特有の硫化窒素化合物が含まれている．そこで，地中に含まれる通常以上の窒素成分を吸収した場合には葉が黄色に変色するように工夫した雑草を開発すれば，地雷の場所が特定できるというアイデアである．完成すれば，地雷原にこの雑草の種子をまくだけで，1ヵ月もすると地雷発見ロボットよりも安価に幅広い地域でいっせいに地雷の発見が可能となる．まさに，遺伝子組換え作物の面目躍如のアイデアである．

構造変化に依存する．アントシアニンはB環へ付くヒドロキシ基の数と位置の違いでシアニジン（赤），ペラルゴニジン（橙），デルフィニジン（青）という三つのタイプに分かれる（図10・6）．これらが赤，橙，青の色素となり，どの成分が花弁で合成されるかで花の色が決まる．ただし，黄色のバラはこれらとはまったく異なる化合物であるカロテノイドに由来する．

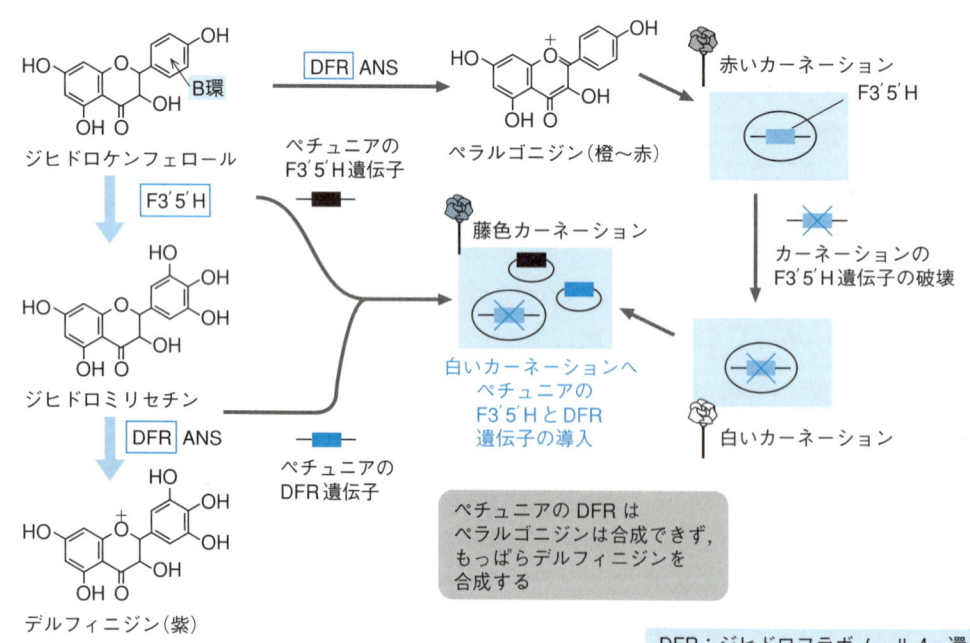

DFR：ジヒドロフラボノール4-還元酵素
ANS：アントシアニン合成酵素
F3′5′H：フラボノイド3′5′-ヒドロキシ化酵素

図 10・6 青いバラ，藤色カーネーションの作製原理

貴婦人の花を代表するバラはフランス王朝の時代に大流行し，幾多の交配によって多彩な色や形をもつ新種が生まれたが，「青いバラ」だけはどのような腕利きの職人でさえ生み出せなかった．その理由は，バラが青色の素であるデルフィニジンを産生する主要な酵素であるフラボノイド 3′5′-ヒドロキシ化酵素（F3′5′H）（青色遺伝子）の遺伝子をもたないからである．

　そこで，日本のサントリー社は「青いバラ」の花を咲かせるという試みに挑戦し，ペチュニアの F3′5′H 遺伝子をクローニングしてバラに組込み，植物体にまで育てた．しかし，ペチュニアの青色遺伝子はバラではまったく機能せず，デルフィニジンが生産されなかったため花の色に変化は見られなかった．さらに辛抱強くいくつかの青い花の咲く植物を試した中で，パンジーの青色遺伝子を導入したところ，遂に青いバラの花を咲かせることに成功した（2004 年）．この青いバラは，花びらに含まれる色素のほぼ 100 % を青色色素が占めているという．さらに興味深いのは，この青いバラの青色色素・デルフィニジンを蓄積する能力が通常の交配によって遺伝する．そのため，いろいろな花色をもつバラと交配させるだけで，多彩な色合いをもった青色系のバラが多種類生み出せることになるという．

　バラとは愛称が悪かったペチュニアの青色遺伝子も，白色カーネーションとの愛称は良かった．割合と簡単に，美しい「藤色のカーネーション」（ライラックブルー）の花が咲いたのである．この可憐な花は大変な人気をよび，すでに高級花として販売されて愛好家にもてはやされている．

10・9　マーカー補助選抜の出現

　ゲノムプロジェクトの推進のおかげで，数多くの植物における選抜育種の役に立つ膨大な遺伝情報が蓄積されてきた．まだゲノムが完全に解読されていない農産物についても DNA マーカーの整備が進みつつある．ゲノムにおいて DNA マーカーは住所における「番地」に相当する．ある農産物の品種においてすぐれた形質が見つかったときには，DNA 診断で培った技術を使えば，その形質と連鎖する DNA マーカーを見つけだすことは従来に比べて容易になってきた．そのすぐれた形質を支配する遺伝子を DNA マーカーで判別できれば，伝統的な交雑育種のスピードが加速される．この技術は**マーカー補助選抜**（MAS）とよばれ，遺伝子組換え作物が時代遅れとなりそうな勢いで，環境にやさしい新しい技術として推進されている．

　MAS における新種の育成は交雑ができる種の中で行われるため，環境を乱す心配や食物としてとった場合に健康に与える害に対する懸念も，遺伝子組換え作物に比べると大幅に低減される．遺伝子組換え作物は主として単一の標的遺伝子の改変や導入に頼っているため，これまで害虫予防と除草剤耐性という二つにおいてしか大きな成功は収めていないが，MAS は多くの遺伝子がかかわっていても選抜できるので，多彩な意味で有用な作物を得る可能性が高い．しかも技術は簡単で開発にかかる費用は低い．さらには，選抜された新種の栽培も特別な農薬を使ったりする必要がないため安価ですむ．遺伝子組換え作物で組換えられた遺

> MAS はすでに市場に導入ずみで，遺伝子組換え作物に反対してきた環境保護団体も支持に傾きつつある．

> MAS の推進者は取返しがつかなくなる前に遺伝子組換え作物の早期の停止を唱え始めている．それとともに，MAS に使う遺伝情報を人類共有の財産として管理・運営していこうという動きもある．

伝子は放っておいたら既存の植物へ伝播する．この汚染が広範な植物にまで広がると，MAS の有効な適用にも障害が出てくるおそれがある．

10・10 光 る 生 物

自然界には自家蛍光を発する生物が数多く見いだされている．たとえば，オワンクラゲは美しい緑色の蛍光を発するが，その理由は 238 個のアミノ酸からなる**緑色蛍光タンパク質**（GFP）を発現させているからである．GFP は 65～67 番目のアミノ酸残基の間で環状化を起こして発色団となり，酸素 O_2 の存在下に励起スペクトル（395 nm と 475 nm），発光スペクトル（508 nm）の蛍光を出す．遺伝子組換えによって GFP と対象タンパク質の融合タンパク質を発現するように設計すると，細胞や個体の中で検出が容易な緑色蛍光を発色するため，生きたままの状態で対象とするタンパク質の挙動が時間を追って観察できる．64，65 番目のアミノ酸をそれぞれ Phe，Ser から Leu，Thr へ置換した変異体（EGFP-S65T）はヒト細胞内で効率良く翻訳されるだけでなく，励起スペクトルがずれて野生型の 35 倍もの強い蛍光を出すようになった．このほか，青（ECFP）や黄（EYFP）を発色する変異体も得られている（図 10・7）．

サンゴ（珊瑚）からは青や黄，緑，橙赤，紅など自家発光する多彩な蛍光タン

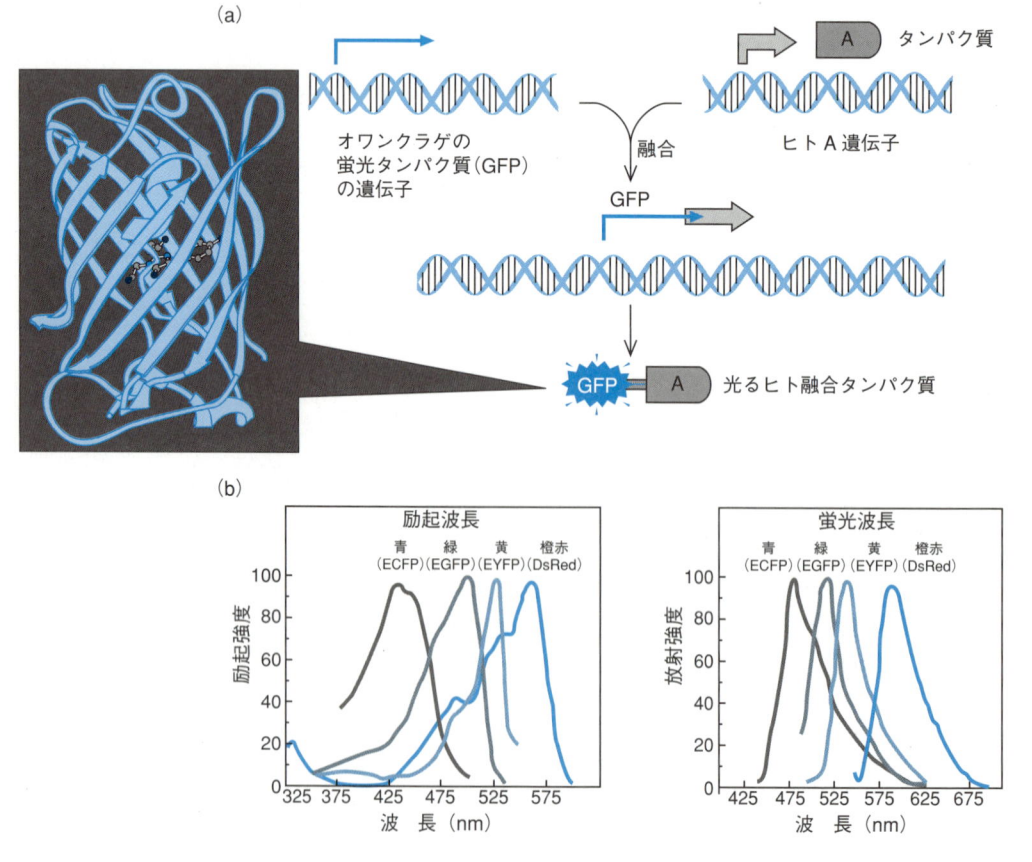

図 10・7　蛍光融合タンパク質の光る原理

パク質が採取され，対象との融合タンパク質として発現できるベクターも開発されている．なかでも，ヒユサンゴから単離されたカエデと名づけられた蛍光タンパク質は紫外光によって色が緑から赤に変換するため，細胞の標識に便利である．実際，高密度で存在する神経細胞1個1個を突起に至るまで明瞭に蛍光表示できたという．ただし，標識反応が不可逆的である（赤色から緑色にもどらない）ため，標識による追跡が1回のみに限られる．

蛍光タンパク質は細胞のみでなく，個体も光らすことができる．なかでも，熱帯魚ゼブラフィッシュにサンゴの蛍光タンパク質の遺伝子を組込んだ「光る熱帯魚」は**遺伝子組換えペット**（GMP）としてビジネスの世界でも成功した．メダカくらいの大きさのゼブラフィッシュはインドのガンジス川が原産で，体に黒と銀の横縞模様が入っており，研究室では実験魚としても愛好されている．もとはシンガポール国立大学で河川の水質調査を目的として，重金属などの毒素が水の中にあればそれに反応して蛍光色に光る実験魚として開発した魚である．ところが研究室の暗がりであまりにも美しく光るものだから，観賞用として販売しようということになった．米国の会社がひき受けグローフィッシュという商品名で売り出したところ人気は上々という．普通の光の下でも赤，緑，黄色などに美しく発光するが，紫外線を当てると暗闇でも鮮やかに光る．ただし，その場合は紫外線から目を保護するためUVカットのガラス越しに鑑賞すべきである．なお米国FDAはグローフィッシュを規制する必要はないとコメントしており，日本でも「光るメダカ」として輸入・販売されている．

このほか，マウス，カイコ，カエル，ブタ，植物などにも蛍光タンパク質の遺伝子を組込んで光らせる試みが成功している．米国では実験用にアカゲザルにGFP遺伝子を組込むことに成功したが，発現量が少ないため皮膚や毛まで光らすことはできなかったという．

この弱点はウミバラ科のサンゴから抽出したドロンパと名づけられた新たな蛍光タンパク質によって解消された．ドロンパは，二つの波長の光に反応して光ったり，消えたりする性質をもつため，生体内の特定のタンパク質との融合タンパク質にして発現すれば，対象となるタンパク質の経時的な観察が何度でも行える．ドロンパは二つの状態が繰返せるため，ガラスに塗れば書換え可能な光メモリーとして動作させることもできる．

このような遺伝子組換え生物（GMO）の輸出入に対しては，カルタヘナ議定書の規制があるので，海外旅行のお土産として現地で遺伝子組換えペットを購入して国内で飼育するためには，正式な許可を事前に取らないかぎりはできないことに注意しよう．

11 ナノテクが拓くバイオの未来

物質の底の方にはまだ十分な空間が残っている．（中略）私はどのように行うかについてを議論するのではなく，原理的に何ができるかについてだけ述べたい．ことばを換えれば物理学の理論に従って何ができるかについてである．私は反重力を発明しようというのではない．それはいつの日か物理法則が我々の考えているものと違っているとわかったときのみ可能であろう．私が話そうとしているのは，物理法則が我々の考えているものと同じものであるときに何ができるかについてである．我々が今やっていない理由はまだそこまで手がまわっていないという理由のみである．（中略）私が知る限りでは物理の原理は原子1個1個を操る可能性について否定はしていない．それはどのような法則にも違反しない試みであり，原理的には可能なことである．しかし，現実には我々はあまりに巨大であるから誰もやっていないだけのである．
リチャード P. ファインマン（1918〜1988）（1959年の米国物理学会ディナーパーティーでのスピーチ）

 生命の不思議を探る新しい技術が続々と開発されている．とくに極微を操作するナノテクノロジーの進展の貢献は大きい．これまで見えなかったものが手に取って見るかのように詳しく解析されることで，新たな謎も生まれている．

11・1 ナノテクノロジー

ナノテクノロジーは，物質を10億分の1メートル（ナノメートル：nm，1 nm = 10^{-9} m）の領域において自在に制御する技術のことである．たとえば，地球を10億分の1に縮小するとビー玉のサイズになるが，そのような超微小な世界を操作する技術である．

 このうち，生物学を対象とする分野は**ナノバイオテクノロジー**とよび，生体模倣のできる素材やプロセスなどを扱う．ナノテクノロジーがサイエンスのまな板にのったきっかけは，著名な素粒子物理学者であるファインマンが米国物理学会の晩餐会の席で行った「底にはまだじゅうぶんな余地がある」という講演である（1959年）．彼は虫ピンの頭ほどの面積に全24巻の『大英百科事典』を詰め込む可能性について述べた．その影響で専門家の間で研究が進んだ成果がいっそう広く知れわたるのは，2000年にクリントン大統領が「連邦議会図書館のすべての情報を収納できる角砂糖ほどの大きさのデバイスを開発する全米ナノテク先導計画」を宣言してからである．

 ナノテクノロジーの手法は大きく二つに分類される（図11・1）．ひとつはおもに機械・電子系の分野で使われる**トップダウン**方式で，従来の材料をナノメートルレベルの大きさにまで小さくすることである．最も確立されたナノメートルでの加工技術はリソグラフィーとよばれる．もうひとつは，化学の分野で使われる**ボトムアップ**方式で，原子や分子（0.1〜10 nm程度）を1個1個並べて積み上げたり，自己組織化の性質を利用して巨大な分子（超分子）を組立たりするものである．

ナノテクと略されることが多い．

リソグラフィーは電気・電子分野では，半導体表面の"微細加工"技術のことをいう．現在，光を使ったフォトリソグラフィーが主として利用されている．

自己組織化とは秩序をもった構造が自発的に形成されることをいう．自己組織化は共有結合に比べて弱い力である水素結合などの分子間相互作用によって推進される．

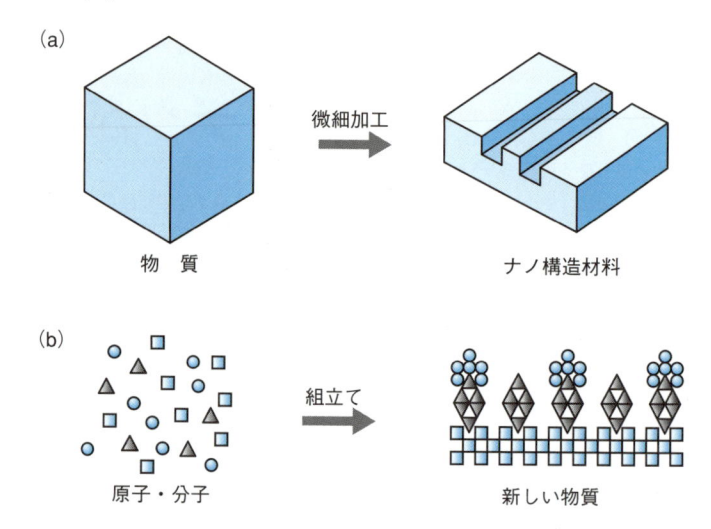

図 11・1　**ナノテクノロジーの手法**. (a) トップダウン方式, (b) ボトムアップ方式

電子顕微鏡の歴史

ナノテクノロジーの推進には電子顕微鏡が大きな役割を果たした. ドイツでは尖った針の先から放出させた電子線に磁界や電界を作用させて絞り込むことで**透過型電子顕微鏡（TEM）**がつくられた（1932年）. 次いで試料の上に細く絞り込んだ電子線を当てて走査し, 試料が放出する反射2次電子を捉えて試料の凸凹を立体的に観察できる**走査型電子顕微鏡（SEM）**が生まれた（1935年）. 現在では解像度が上がり, 原子よりも小さい 0.1 nm 以下の超高分解能も達成され, 薄膜化された結晶試料ならば原子配列を観察できる段階にまで達成されている.

スイスでは先の尖った（先端が原子1個）極微のナノ探針を走査させる新しいタイプの**走査型トンネル顕微鏡（STM）**が誕生した（1981年）（図）. 探針の試料との原子の距離が 1 nm 以下になるとトンネル電流が流れるが, その大きさは原子レベルでの試料の凹凸による探針との距離によって強弱が変化するので, それを走査しながら測定して画像処理するのである. STM は原子や分子を自在に動かすという目的にも使える. 実際, IBM 研究所では STM を操作して超高真空下の清浄な物質表面上でキセノン原子を移動させ, IBM という3文字を原子で書くことに成功した（1989年）. STM は分解能をあっさりと原子レベルまで高めたが, 導電性物質しか観察できなかった.

それを改善するために開発されたのが**原子間力顕微鏡（AFM）**である（1986年）. AFM では探針と試料の間で働く原子間力によって探針がたわむので, その変化を計測して試料の凹凸を観察する. ここに原子間力は 1 nm 以下の距離では引力となるが, 0.1 nm 以下の領域では斥力となって反発する.

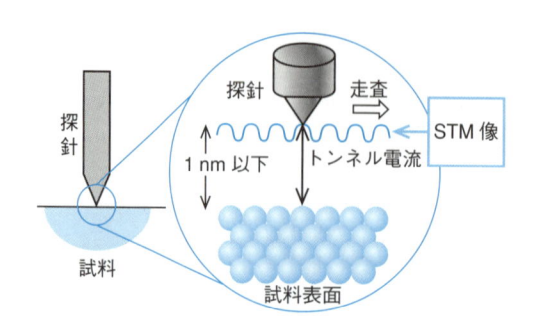

図　走査型トンネル顕微鏡の仕組み

11・2 フラーレン,カーボンナノチューブ,量子ドット

ナノ材料として有用なものに,フラーレン,カーボンナノチューブ,量子ドットなどがある.

1985年には60個の炭素原子(C_{60})が集積してできたサッカーボール様(直径1 nm)の構造をもつ**フラーレン**が発見された(図11・2a).フラーレンは炭素原子からなる五角形と六角形の網目がつながった構造をしており,そのほか,C_{70},C_{76},C_{80}といったものなどがある.C_{60}は12個の五角形と20個の六角形からなっている.また,フラーレン内にカリウム(K)金属が挿入されたK_3C_{60}は超伝導を示す物質として知られている.さらに,フラーレンは標的細胞に集中的に薬を運ぶDDSなどにおいての応用が期待されている(後述).

さらにフラーレンと同様に炭素原子のみからなる物質として**カーボンナノチューブ**(**CNT**)が注目されている.カーボンナノチューブは炭素原子が直径数nmの長い網目状の円筒形に連なった構造をしており(図11・2b),丈夫で弾性があるのみでなく電気を通すことができる.長い六角形の網目状のシートの巻き方によって金属や半導体になるというように,導電性が変化する.**ナノピンセット**はCNTからなる1本の脚(針)のサイズが13 nmのピンセットである.電圧をかけると針が閉じるため,微粒子をつかんで動かすことができる.CNTは電子を放出しやすい特性があるため,次世代の薄型ディスプレイなどの開発,集積回路の素子の小型化,表面積の広さを生かした有害物質の除去装置などの応用が考えられている.

> 超伝導とは電気抵抗がゼロになる状態のことをいう.

> 直径が0.4 nmの極細のものまで作製され,フラーレンをCNTの中に内包させる技術も開発されている.

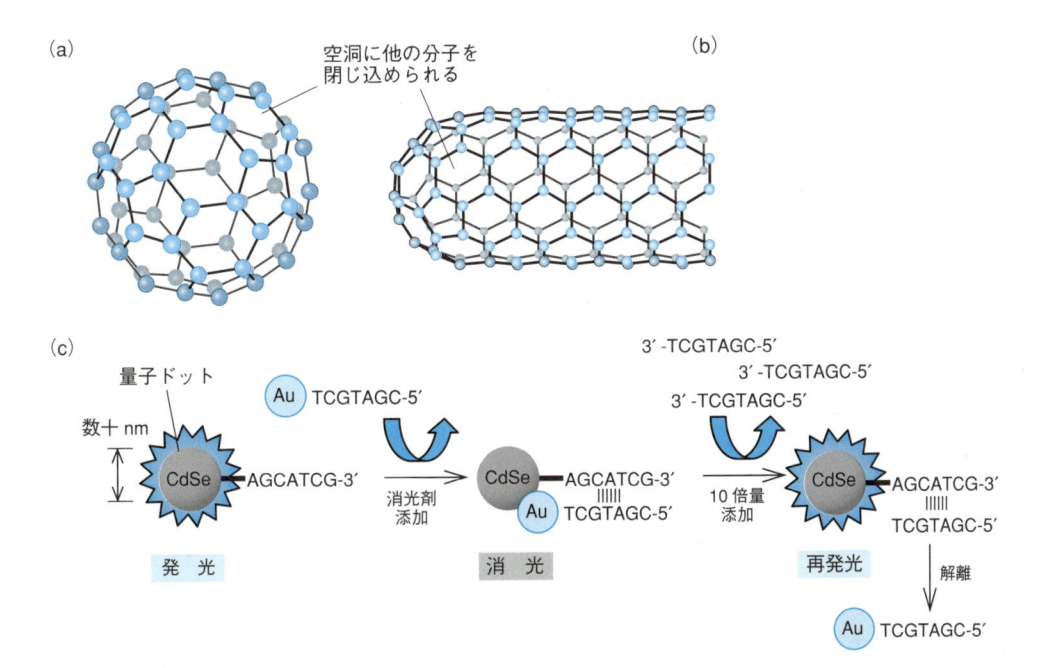

図11・2 **ナノ材料の代表例.**(a) フラーレンC_{60},(b) カーボンナノチューブ,(c) 量子ドットの応用例.セレン化カドミウム(CdSe)は条件によって蛍光色を変化できる点ですぐれている.これにオリゴヌクレオチド(DNA)を付加したものは,これに金原子(Au)を付加したDNAを添加してハイブリダイズさせると,金原子の作用で消光するため診断などに有用である.さらに,金原子を含まないDNAを大量に添加すると,競り勝ってAu-DNAが解離するため,再発光するという点においても便利である.

量子ドットとは金属や半導体の超微粒子などによってつくられる微小な点（ドット）が規則的に配列した構造のことをいう．量子ドットでは数十 nm の領域に電子1個が3次元に閉じ込められている（図11・2c）．ナノ空間に電子が閉じ込められると，通常では見られない特異な電子状態や物性を示すことがわかっている．このような現象は「量子サイズ効果」とよばれ，これを利用してさまざまな電子材料の開発が進んでいる．とくに，セレン化カドミウム CdSe からできた量子ドットは新しい発光材料として期待されている．

> ナノメートルサイズの球状のタンパク質をシリコン基板上に規則的に二次元に配列させた量子ドットの研究も進められている．

ナノスプレー

ナノピンセットのようにナノレベルの技術を応用した例として，**ナノスプレー**もあげられる．ナノスプレーは内部を金属メッキしたガラス管の先端を熱して細く引いたときにできる微細な管に高電圧を加えておき，数十 nL 程度の低速でサンプルをじわじわとスプレーし続ける技術である．現在は生体分子の分子量を決定するための質量分析計において利用されており，サンプルをこの微細な管を通して空中に吹き出すと，内部の金属メッキがイオン源となり，毛細管現象とイオンのもつ静電力によって低速スプレーが可能となる．

11・3 デンドリマー

ナノバイオテクノロジーを牽引する新しい材料として十数 nm の大きさで樹木のように多くの枝をもつ高分子の総称である**デンドリマー**が注目を浴びている．

図11・3(a)に示すように，デンドリマーは中心分子（コア）と側鎖部分（デンドロン）から構成される．ここで側鎖の枝分かれ回数を世代とよんでいる．分子量が数万に達するほど，巨大になっても分子量が均一にそろっているという利点をもつデンドリマーのコアは，多数の枝によって覆いかくされることで特徴ある挙動を示す．枝の形とサイズは自在に設計でき，球状となった大きなデンドリマーは表面にさまざまな種類の原子団（官能基）を高密度でもつことが可能と

> 語源はギリシャ語の「δεν δρον」（樹木）で，米国のトマリアらによって最初に合成され命名された（1984年）．

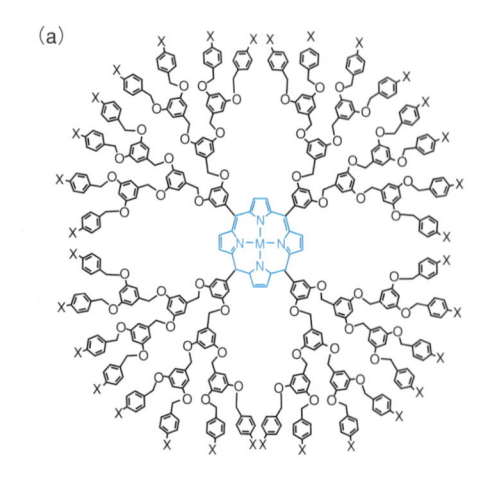

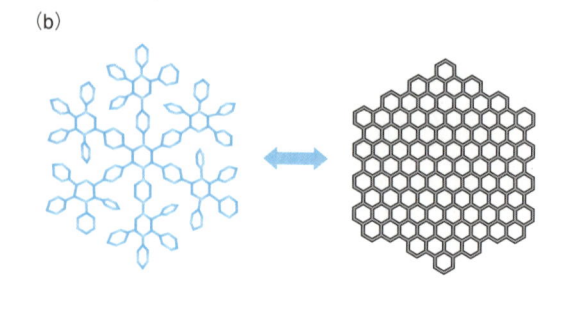

図11・3　デンドリマー．(a) 中心分子にポルフィリンを用いた例，(b) 構造が変化するポリフェニレンデンドリマー

なる．また，デンドリマーはさまざまな特徴的な構造をとる．たとえば，ベンゼン環のみで構成された雪の結晶のような形をしたデンドリマーから水素を奪いつつ炭素-炭素結合をつくらせるとハチの巣の切り口のような分子ができる（図11・3b）．

現在，デンドリマーに関するさまざまな応用研究が進められている．触媒作用をもつ金属原子をデンドリマーの表面にくっ付けると，反応を効率的に進める分子ができあがる．また，デンドリマーでヘムのまわりを覆って酸素を運ぶようにすると血中のヘモグロビン（図2・7参照）と同じように機能する．あるいは，光を吸収するポルフィリンをたくさん組込んだデンドリマーにより人工的に光合成を行うということも考えられている．さらに，水に溶けにくい抗がん剤などの薬物をポリアミドアミンからなるデンドリマーに取込ませることで可溶性にして患者の患部の薬を運ぶことが可能になる．

フラーレンとデンドリマーを結合させたフラロデンドリマーでは，難溶性のフラーレンも水溶性となる．また，デンドリマーが体内に残存して毒性をもたらすという心配をなくすために，たとえばシュウ酸とグリセリンとのエステル結合でできあがっているバイオデンドリマーをつくれば，体内の酵素によって生体に害のないグリセリンやシュウ酸などに徐々に分解されるので安全である．

デンドリマーを利用した抗体

デンドリマーを抗体の代わりにしようという試みは注目に値する．その手順は以下のように進める．❶まずポルフィリンをコアにし，末端に二重結合をたくさんもち八つの枝をもつデンドリマーを合成する（図11・3a参照）．❷これに標的となる小さな分子を混ぜてデンドリマーの枝に包み込ませる．❸つぎに枝同士をメタセシスという反応で縛りあわせて標的への立体構造をしっかり認識できるように枝の接触を密にする．❹アルカリ加水分解によりコアにしていたポルフィリンを切り離す．❺するとデンドリマーの包みに穴が開くので標的分子は逃げ出し，後には標的分子の形に空洞の開いたデンドリマーが残る．❻このデンドリマーは標的の形状を記憶しているので，抗体のように多数の分子から標的分子だけを選び出して空洞に取込むことができる．

11・4 生物由来ナノマシン

生物はそれ自体が**ナノマシン**である．タンパク質複合体の立体構造の解析が進み，生体ナノマシンの構築と動作までが詳細に解析されてゆくにつれて，そのすぐれた機能が明らかになってきた．また，1分子測光技術が開発されて洗練されてきたおかげで個々の分子の動きが時間を追って詳細に観察できる．

細菌べん毛を構成する28種のタンパク質構造解析は，べん毛が固定子に対して回る回転子，軸受け，フック，スクリューなどを有した人工の**ナノモーター**と類似の直径30 nmほどのナノマシンとしての機能を明るみにした（図11・4a）．らせん状のスクリューが回転し推進力を発生するが，その回転エネルギー源は，水素イオン（プロトン）やナトリウムイオンが細胞膜を貫通する部分を流れることで生じる極微小電流である．

ATP合成酵素（F_0/F_1-ATPase）は，F_1部分と生体膜の中に埋込まれたF_0部分とから構成されている（図11・4b）．ミトコンドリアでは内膜の外側と内側で

この分野では日本は世界に先んじたすぐれた業績を立て続けに出してきた．

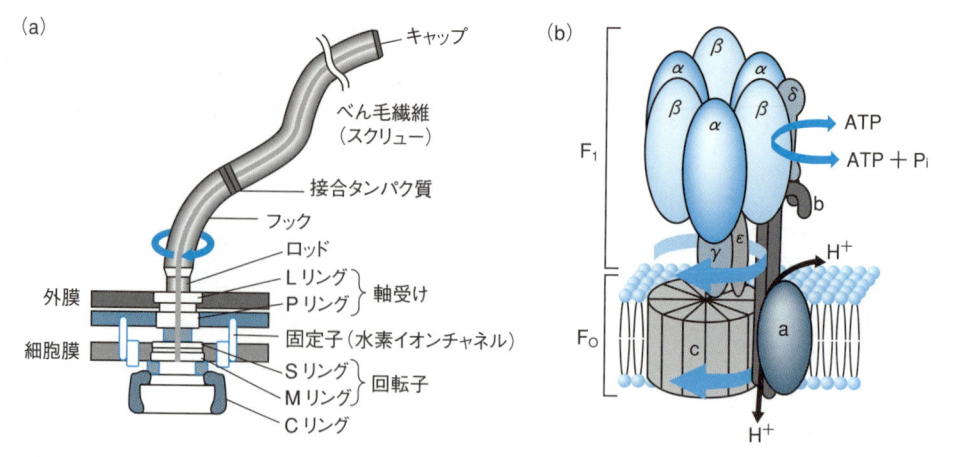

図 11・4　ナノモーターの例.　(a) 細菌べん毛は 28 種のタンパク質から構成されるナノマシンである．各タンパク質が固定子，回転子，反転制御装置，軸受けなどの部品としての役割を果たすのに適した立体構造をとり，ATP を動力として動いている．(b) ミトコンドリアにある ATP 合成酵素は F_1（エフ・ワン），F_O（エフ・オー）というタンパク質複合体からなるナノマシンである．ミトコンドリア内膜の外側と内側で生じている水素イオン（H^+）の濃度差（外側＞内側）を駆動力として，モーターを回転させることで ATP を合成している．

生じている水素イオン H^+ の濃度差（外側＞内側）によって起きる外側から内側へ向かっての H^+ の流れが ATP 合成の駆動力となっているのである．ナノモーターとしての ATP 合成酵素では 3 対の $\alpha \cdot \beta$ サブユニットから構成される固定子（直径 10 nm）において β が変形して回転子である γ サブユニットを回す．すなわち，β は ATP 結合型，ADP 結合型，空型の 3 種類の構造をとり，三つの β が順番に ATP を ADP に分解してゆくことでギアのごとくカチカチと 60 度ずつ回転してゆく．この回転トルクの力は ATP の分解で得られるエネルギーとほぼ一致するという．

その意味で，ATP は極微の電池といってもよいだろう．

茎の短いカイワレダイコンのような形をした二量体タンパク質であるキネシンは，ATP を加水分解して生じる化学エネルギーを利用して，細胞内で縦横に張りめぐらされている微小管のレール上を，素早い二足歩行で進むことで，さまざまな物質を運搬している（図 11・5）．微小管上には，キネシンが強く結合する場所（E フックとよばれる）が 8 nm おきに等間隔で点在するが，キネシンは ATP の加水分解によって生じるエネルギーを使って，まずこの強い結合を解いて微小管から離れる．次いで微小管上をふらふら行ったり来たりしてつぎの結合部位を探しながら，ADP を放出するさいに，プラス端側（チューブリンが重合して伸びてゆく方向）のひとつ先にある結合部位を見つけて強く結合する．この動作を 1 秒当たり約 100 回という高速で繰返すことで，微小管とくっ付いたり離れたりしながらプラス端側に 1 回の ATP 加水分解で 8 nm ずつ進んでゆくのである．

このほか，ダイニンやミオシンという名前のついた，同じような仕組みで ATP をエネルギーとして動くタンパク質モーター（ナノマシン）の研究が進んでいる．

11・5　ナノスケールの操作

光の照射で形が変わる分子を使ってナノスケールの操作ができるさまざまな道具が開発されている．分子モーターなどに応用するにはクランク軸やギアなどの

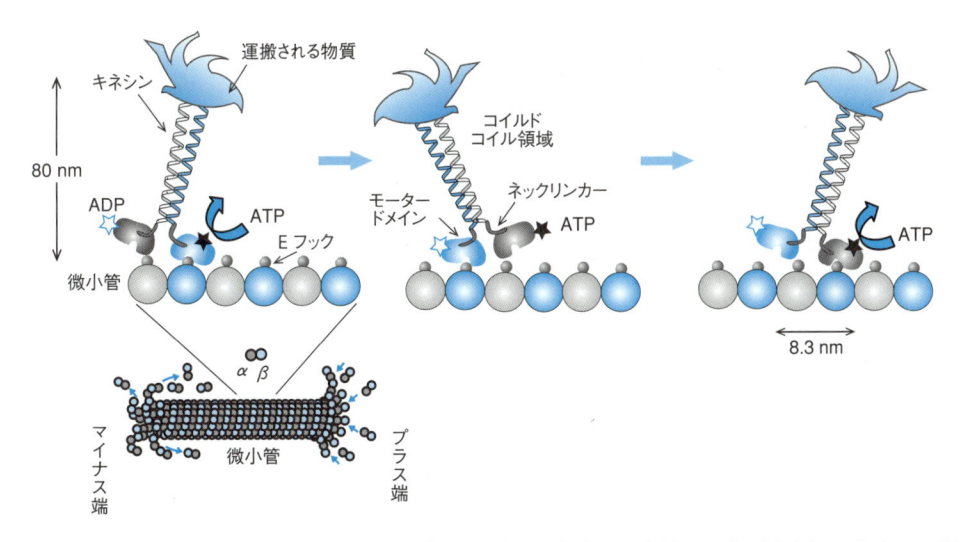

図 11・5 微小管の上のキネシンの運動（二足歩行モデル）． 二歩足の一方（青色）のキネシン頭部（モータードメイン）が微小管に結合しているときには，他方の足（灰色）は片足を上げた状態として微小管から離れている．ここにATPが結合すると，ネックリンカーとよばれる領域が構造変化を起こすことで回転して，他方の足（灰色）はプラス端側へ振り飛ばされ，前方の微小管結合部位に結合することが可能となる．後方の足（青色）のATPはエネルギーを使ったのでADPに変わり，微小管から離れる．前方の足（灰色）は微小管に結合することでATP状態に変化しているので，それがADPへ変換されるエネルギーを使って同じことが繰返される．こうして，交互に二本足（頭部）を動かすことで微小管上を歩くよう移動するのである．

ように，ほかの分子との連結可動が達成できなければならないが，実際，それらナノサイズの部品が化学合成されている．たとえば206個の原子でできたナノサイズのシャフトと外輪（スリーブ）は，鋼鉄製の製品と同等の動作を示すナノレベルの機械部品である．一方，フラーレンをナノ車両の分子構造，フラーレンを車輪として使用したナノカー（車両）は金箔の上をモノを乗せて走ることもできる（図11・6）．光で駆動される1対の**分子ペダル**では，光を吸収して生じたねじれが分子レベルのボールベアリングのまわりで回転し，このスイング運動がゲスト分子を介して伝達される．

　光に反応して伸び縮みする有機化合物などを組合わせて合成した**ナノピンセット**は長さ約1nmの手をもち，光が当たると他の分子をつかんだり，離したりできる．ピンセットを膜上に並べた人工細胞膜をつくって物質を取込ませたり，薬剤の極小カプセルをはさんで患部まで運ばせたりするなどの応用が考えられている．

　単層のカーボンナノチューブからなる**ナノ爆弾**は波長800 nmのレーザー光を当てて熱すると，おそらくナノチューブの内側に付着した水の分子が過度に熱せられることによって，爆発する．がん細胞の周囲に超微細な爆発装置としてセットし，レーザーを当てたところ狙ったがん細胞だけを殺すという医学分野での応用が報告されている．また，ガス分子を選択的に交換できる**ナノバルブ**としての可能性も見いだされている．あるガス分子はチューブ内の水分子を追い出して通過できるが，別のガス分子は水分子にブロックされて通過できないというようなものである．

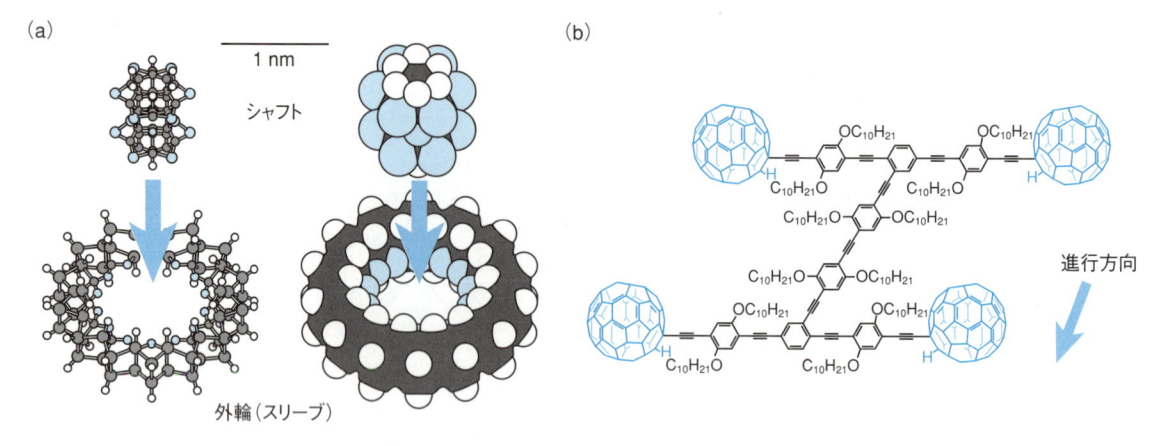

図 11・6　ナノマシンの例．(a) 206 個の原子でできたナノサイズのシャフトと外輪（スリーブ）．灰色の丸は炭素原子を示す，(b) ナノ車両の分子構造．フラーレンを車輪と見立てて，金箔の上を滑走することができる．

ナノカーのみでなく荷物を運べるナノトラックやナノ列車なども考案されている．

炭素原子を中心として合成した分子団でできた長さが数 nm しかない**ナノ車両**の開発も進んでいる（図 11・6b）．これら分子集合体はフォトン（光子）を動力にしたエンジンで薄い金箔の道路上を車両のように走行し，電界などで方向を変えることもできる．

ホチキスの針のような形状をした短い一本鎖 DNA を単位としてつぎつぎとつなぎあわせ，自在にナノメートルスケールの画素をつくる方法が開発された．**DNA 折り紙**とよばれるこの技術を使って実際に 100 nm 程度の大きさの「ナノサイズの顔」や「ナノサイズのアメリカ地図」が公表されている．組合わせを工夫すれば，六角形や三角形などのより大きな構造もつくることができる．

特殊に設計した有機分子は金属イオンと水中で混合するだけでひとりでに組上がり（自己組織化），かご状の化合物をつくる．この中にできる直径 1 nm の球が収まるほどの小さなくぼみに，薬品の分離精製に使われるフッ素化合物の液体を閉じ込める技術が開発された．この小さな空間を**ナノフラスコ**として利用することで効率の良い新たな有機合成反応ができるだけでなく，薬を閉じ込めて患部に運ぶという応用も考えられている．

11・6　ナノ医療

ナノテクを応用して病気を治療する**ナノ医療**の技術開発が進んでいる．ドレクスラーが著書『創造する機械』(1986 年) で予言したナノレベルの機械「ナノマシン」の実現はナノテクの医療への応用の原点ともなっている．彼は本の中で原子を自在に操作してナノマシンを組立てる能力をもつ「アセンブラー」という汎用の組立てデバイスを論じ，自己修復マシンを使った極微の生産プロセスなどを実現可能な先端技術として紹介した．ナノテクを駆使してつくったナノマシンは医療ロボットのひとつとして近い将来に活躍するかもしれない．マイクロメートル（10^{-6} m）レベルに縮小された医師のチームがナノカプセルに乗り込んで患者の患部に到達し手術に成功するという，ハリウッドの SF 映画「ミクロの決

目を閉じて想像をたくましくしてみると，コンピューターに駆動された大型液晶モニターに移されたバーチャル映像によって特殊な訓練を受けた医師が，ナノマシンを使って遺伝子治療する場面がまぶたの裏に浮かぶが，これも SF 映画の出現以前に現実化してしまうかも知れない．実際，数 μm 程度のマイクロマシンは研究が進んでいる．たとえば，200 μm（0.2 mm）の大きさのモーターを回転させることに成功している．

死圏」（1966年）の一場面が，さらに千倍も微小なナノロボットに形を変えて分子レベルでの修復を実現する医療の可能性が出てきたのである．

11・6・1 薬物輸送システム（DDS）

ナノ医療の先駆けは薬を正確に患部に運ぶ技術である**薬物輸送システム（ドラッグデリバリーシステム，DDS）**である（図 11・7）．たとえば，抗がん剤を使ってがん細胞を攻撃しようとしても，注射や経口服用では患部に薬が届くまでに多くが分散して効果が薄まるのみでなく，健康な細胞にまで作用して副作用が出てしまう．そのため，がん細胞へ集中的に抗がん剤を送り込むことができれば効果は顕著であろう．血管の壁を通過できる大きさは 400 nm 以下，腎臓がろ過できるのは 3 nm 以下なので，これ以上の大きさならすぐに尿として排泄されることなく，しばらく体内にとどまっておくことができる．約 4～400 nm のカプセルをナノテクを駆使してつくれば DDS として使えると期待できるので，たとえば患部に届いたときに薬を放出させるために電磁波や超音波を照射すれば壊れる仕組みを備えたリポソーム（約 20 nm）を模倣した**ナノカプセル**が考えられている．実際に，フラーレンを化学処理によって多数くっ付けた二重膜で覆われたナノカプセルがつくられている．シャボン玉のような脂質二重膜では大きさをそろえることはできないが，フラーレン二重膜では一定の大きさのものを多数つくることができる．そのため，DDS としてのみでなく，他のナノ医療の応用にも期待がふくらんでいる（⇒コラム）．

また，すでに述べたナノスプレーの技術をインスリンなどの薬物を血管内に長時間低速で供給する研究もある．

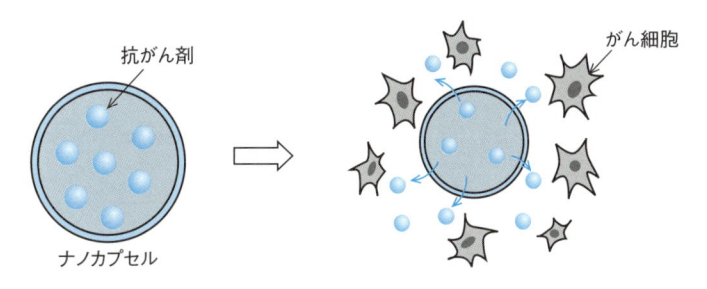

循環器病では，血管透過性の亢進した部位にのみ特異的に集積する性質をもったナノカプセルを作製し，増殖抑制剤を内包して病変の抑制に成功した例もある．この治療戦略は，多くの炎症性・増殖性疾患に応用可能という．また，細胞表面の特定のリン酸化を認識するナノカプセルやさまざまな血管の特性を感知する機能化造影剤の開発研究もある．

図 11・7 DDS の仕組み

Coffee Time フラーレンのナノ医療への応用

フラーレンをミニ細胞として，試験管内実験系や遺伝子治療におけるベクターとしての利用も可能である．また，フラーレンに超音波や光を当てるとフラーレン周辺にある物質の酸素から活性酸素（細胞を傷つける作用がある）が発生する特性を利用して，フラーレンを含む溶液をリンパ腫のあるマウスに注射し，フラーレンががん細胞のまわりに集まるようにしたうえで超音波を当てると腫瘍が小さくなったという応用もある．

11・6・2 DNAチップテクノロジー

DNAチップとは，ガラスやシリコンなどの基板上に化学合成したオリゴヌクレオチドをはり付けた製品で，**DNAマイクロアレイ**とよぶこともある．広く使用されている製品は，転写されうる遺伝子のmRNAに対応するオリゴヌクレオチドをはり付けたcDNAマイクロアレイで，12×20 mmほどの枠内に極微小な間隔で約4万個の遺伝子を超高密度に固定している．これを用いれば，対象とするサンプル内の遺伝子群の働き具合い（発現）を同時に調べることができる．

「タイリングアレイ」と称されるDNAチップは，ヒトなどの全ゲノムDNA塩基配列を，大量のDNA断片やオリゴヌクレオチドによって，あたかもタイルを敷き詰めるかのごとく，等間隔にスポットとしてはり付けたDNAチップである．転写制御因子の結合位置やゲノムの修飾（メチル化など）あるいはDNAが巻き付いているヒストンの修飾などをゲノム全体の規模で網羅的に調べることができる．タイリングアレイには，以下のものがある．

① BACアレイ：約100万塩基対規模の巨大なサイズをもつDNA断片（BACクローンとよぶ）を数千個用いてヒトゲノム全体を敷き詰めたアレイ．

② オリゴアレイ：70塩基のオリゴヌクレオチド数万個をはり付けたアレイ．

③ SNPアレイ：SNPタイピング（個人差としてヒトゲノムの中に存在するDNA塩基配列の違いを分類すること）の目的でつくられたアレイで，SNPが父と母のどちらに由来するかを区別できる．

タイリングアレイを使うことで，たとえばヒトの肝臓の細胞において活発に活動している遺伝子の場所である「転写活性化領域」が1万箇所あまりも検出されている．タイリングアレイはゲノムDNAのコピー数を調べる方法としても有用である．たとえば，がん細胞においてゲノムDNA（gDNA）の欠失，過剰，増

病気の診断などに高密度のDNAチップを使用してDNA診断を実行することは困難なので，検査する遺伝子を絞って（たとえば，疾患に関連する遺伝子や血液細胞特異的に転写される遺伝子だけを選んで）はり付けた「選抜アレイ」を作製し，疾患における遺伝子の働き具合いの異変によって病気を診断するRNA診断の研究も進められている．

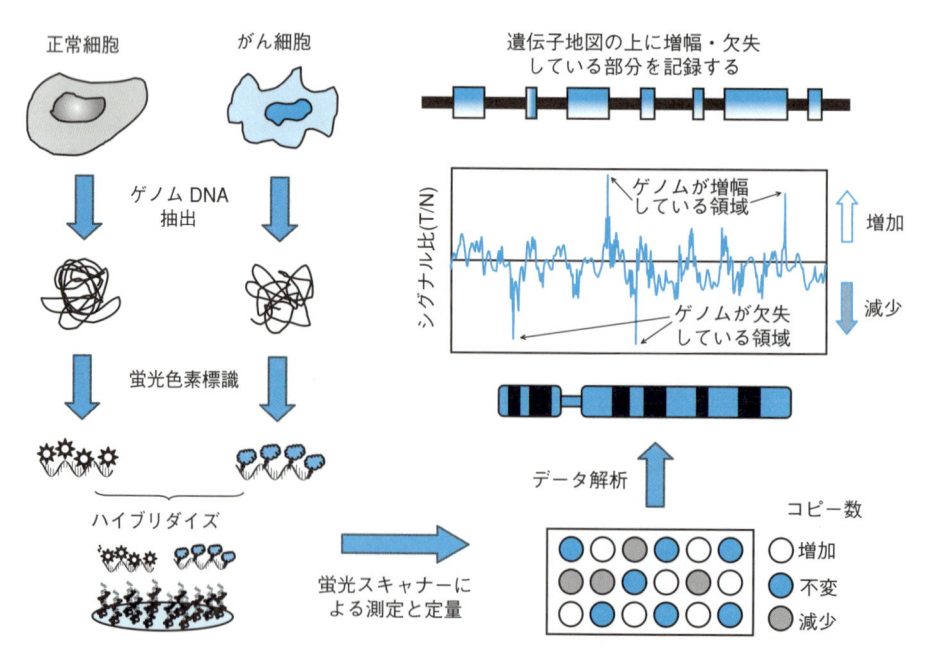

図 11・8 タイリングアレイの使用法

幅という異常を検出するため，まず腫瘍由来（T）と正常組織由来（N）のゲノムDNAを別個の蛍光色素で標識して混ぜ，正常細胞の分裂（M）期中期染色体とハイブリダイズさせ，染色体上の蛍光色素強度（T/N）比を染色体にそってスキャンして欠失・増幅している異常部分を全染色体で網羅的に検出する（図11・8）．これら最新のDNAチップで得られる情報を，いかにして病気の診断に役立てるかは検討に値する課題である．

11・7　RNA工学およびRNA創薬

RNAはたったひとつの酸素原子の存在（五単糖の2′位がHでなくてOHであること）だけで（図2・8参照），DNAとは大きく異なる性質を示す．たとえばDNAは直線状の二重らせん構造をとるが，RNAは独自な立体構造を取りやすい．この特質のためRNAは多彩な構造と機能をもつが，その特徴を利用してRNAを操作する技術を **RNA工学**，それをもとに医薬品を開発することを **RNA創薬** とよぶ．

11・7・1　リボザイム

RNAワールド（1章参照）の名残と思われる酵素活性をもつRNAが，米国のチェックによって原生動物テトラヒメナにおいて発見され（図11・9a），RNA（*ribo*nucleic acid）と酵素（*enzyme*）の合成語として**リボザイム**（ribozyme）と名づけられた（1981年）．原始的な仕組みの生き残りらしく，触媒活性はタンパク質性の酵素に比べると格段に効率は悪い．しかしその後，人工的につくられてきたリボザイムの中には効率良く標的RNAを特異的に切断するものが出てきており，新たな医薬品として期待されている．人工リボザイムには3種類が知られている．ひとつは三つの幹（ステム）から構成され触媒領域がハンマーヘッドの

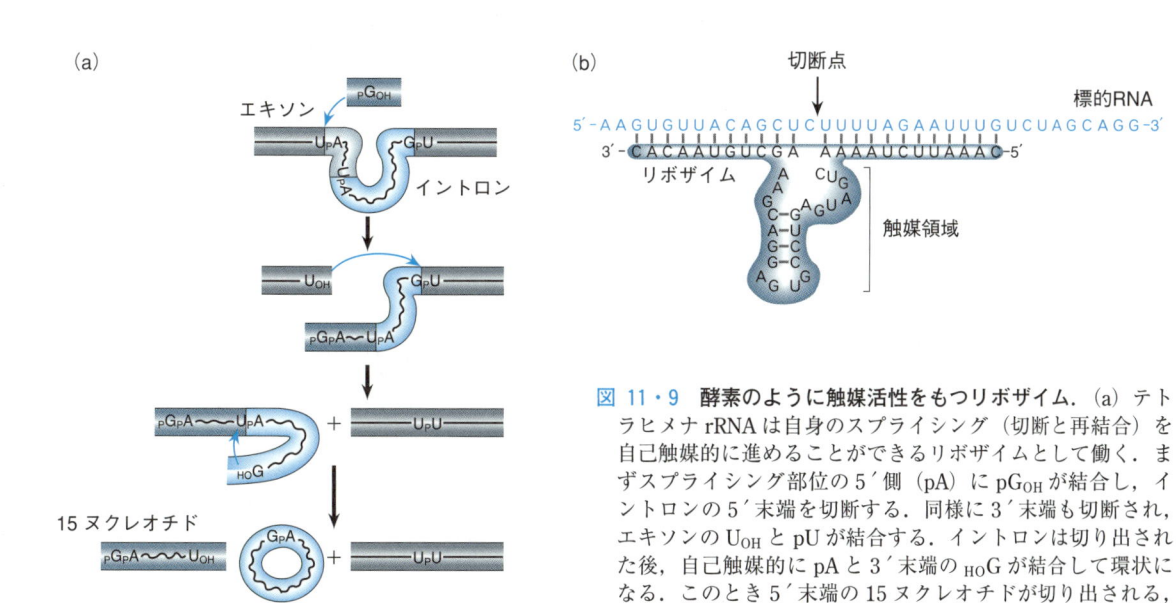

図11・9　**酵素のように触媒活性をもつリボザイム**．（a）テトラヒメナrRNAは自身のスプライシング（切断と再結合）を自己触媒的に進めることができるリボザイムとして働く．まずスプライシング部位の5′側（pA）にpG$_{OH}$が結合し，イントロンの5′末端を切断する．同様に3′末端も切断され，エキソンのU$_{OH}$とpUが結合する．イントロンは切り出された後，自己触媒的にpAと3′末端の$_{HO}$Gが結合して環状になる．このとき5′末端の15ヌクレオチドが切り出される．（b）ハンマーヘッドリボザイムの構造

形をしたリボザイムで，標的 RNA を Mg^{2+} イオン存在下で NU (A, C, U)，特に CUC 配列のすぐ後で切断する（図 11・9b）．二つ目は三つのヘリックスと二つのループからなるヘアピン型リボザイムで基質 RNA ループの $A_{-1}G_{+1}$ 間のリン酸ジエステル結合を特異的に切断する．三つ目は四つのステムからなる HDV リボザイムで，ホルムアミドや尿素などの RNA 変性剤で活性化される点が特徴的である．

11・7・2 アプタマー

特定の生体物質（とくにタンパク質）に特異的に結合する人工の小さな RNA 分子は**アプタマー**とよばれる．RNA は特異的な立体構造を取りやすいので，膨大な種類の RNA 分子種を合成したうえで標的タンパク質への結合力によって選択すれば，特異性の高いアプタマーが単離できる．具体的には以下のような手順で作製する（図 11・10）．

語源はラテン語で適合（fit）するという意味をもつ語（aptus）とオリゴマーの接尾語（mer）に由来する．

① T7 RNA プロモーターを含む 34 塩基と逆転写酵素のプライマーとなる 18 塩基にはさまれて，N（AGCT すべて）が 25 個連なったオリゴヌクレオチドを化学合成する．

② これを鋳型にして T7 RNA ポリメラーゼを働かせ，ランダムな RNA 分子集団を合成する．25 塩基をはさめば，$4^{25} \fallingdotseq 10^{15}$ という巨大な数の組合わせをもつオリゴヌクレオチドの集団が合成できる．

③ この分子集団に対し，標的タンパク質を結合させた樹脂を詰めたガラス筒

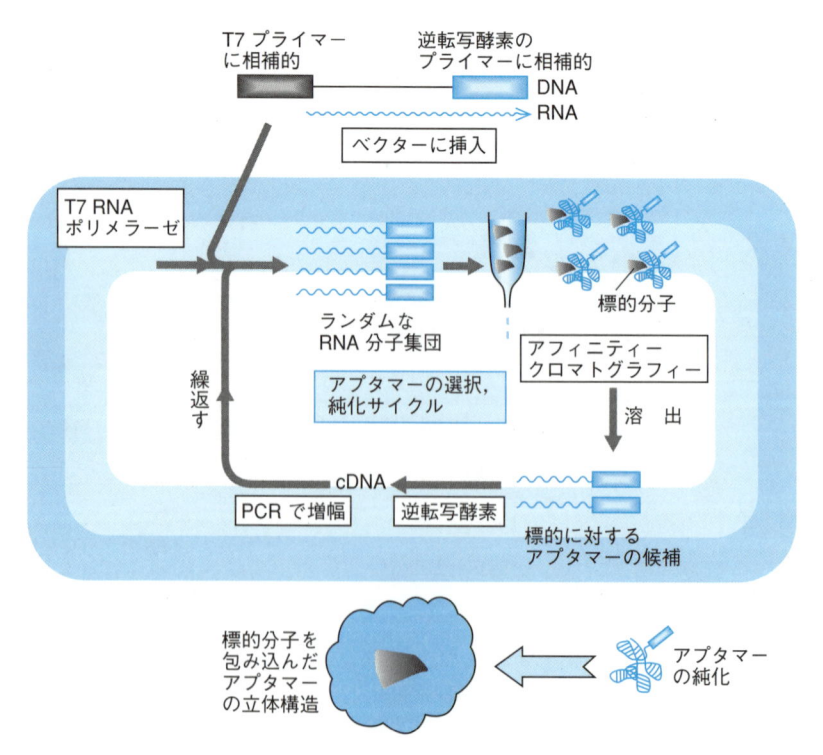

図 11・10 アプタマー作製法の原理

（カラムクロマト）を塩濃度を高めた状態で通過させると，標的タンパク質に親和性をもつ RNA のみが樹脂に吸着される．

④ 吸着した RNA 画分を低塩濃度の条件下で溶出させる．

⑤ 溶出した RNA を鋳型にし，18 塩基部分をプライマーとして逆転写酵素を働かせてもう一度 DNA に転換する．ここで 1 サイクルが終了する．

⑥ この DNA を PCR 法により再び増幅する．

⑦ 増幅された DNA を用い，②〜⑤のプロセスを何回も繰返して特異的に結合するアプタマーを純化してゆく．

上記の方法によって，標的タンパク質の機能を促進あるいは阻害する RNA アプタマーを得ることができる．このため，医薬品や抗体に代わる試薬としての期待もかかっている．たとえば，抗がん性を獲得したアプタマーはがん治療薬への応用が可能である．

2004 年に加齢性黄斑変性症の治療に関する RNA アプタマーが開発され，医薬品として初めて米国食品医薬局（FAD）によって許可された．

11・7・3　RNA 干渉と医療

21〜25 塩基の RNA 分子（siRNA）を細胞に導入したとき，それと同じ配列をもった mRNA が特異的に分解されることで標的遺伝子の発現が抑制される現象を RNA 干渉（RNAi）という（2・8 節参照）．はじめは下等生物や植物で見つかったこの現象が，ヒトでも見つかったことは大きな衝撃を与えた．なぜなら，遺伝子の働きを調節する新しい技術が開発できることがすぐに予想できたからである．ヒトでは 200 種類にもおよぶ小分子アミノ酸が見つかり，それらはマイクロ RNA（miRNA）とよばれて順番に名前がつけられている．実際，人工的な miRNA を培養したヒトの細胞に導入するだけで，標的とした遺伝子から生み出される mRNA のみが効率良く分解されたからである．

遺伝子ノックダウンとよばれるこの技術を使って，まずは実験用の試薬として急速な実用化が進んだ．次いで，機能性リポソームとよばれる脂肪性の二重膜に siRNA を包み込んで患者の病変部に届ける研究が進んできたおかげで，医薬品として使える可能性がでてきた．

このほかにもステロイド骨格に miRNA を結合させたり，ウイルスの殻の中に包み込んだりして患部に運ぶ研究も展開されている．実際，これまでにマウス転移性肝がんモデルにおける強い抗腫瘍作用や一本鎖 RNA を遺伝子としている C 型肝炎ウイルスの増殖抑制，あるいは神経変性疾患において変異遺伝子自体を siRNA で治療するといった遺伝子治療を目指した基礎研究などが進んでいる．

11・8　新種のアミノ酸をもつタンパク質

DNA の塩基配列は 3 個を 1 セット（コドン）としてリボソーム上でアミノ酸に翻訳されてタンパク質を産生する（2・5 節参照）．その組合わせ数は $4^3 = 64$ 種類あり，そのうち三つは終止信号として使われているため，アミノ酸に割り当てられているのは残りの 61 個である．ところが不思議なことに，自然界には多種類のアミノ酸が存在するのにもかかわらず，翻訳に利用されてタンパク質に取込まれるのはわずか 20 種類（例外として後述のセレノシステインがある）に限られている．ほかのアミノ酸を排斥することであまった場所には 20 種類のアミノ酸のいくつかを重複させて加えている．

アミノアシル転移酵素（aaRS）はタンパク質がリボソームで生合成されるとき，アミノ酸を運んでくる 61 種類の tRNA を新生タンパク質の端にひとつずつ付加する反応を触媒する．細胞には少なくとも 20 種類の aaRS が存在するが，

これらはいずれもアミノ酸を 0.1〜1 % という高い確率で誤認して tRNA に付加してしまうほど不正確な酵素である．そして，その欠点を補うかのように aaRS の別のドメインには加水分解によって誤認されたアミノ酸をはずすという校正機能をもつ．この特徴は人工アミノ酸をタンパク質に取込ませるという技術の開発に大きなヒントを与えてくれた．実際，aaRS に人工的に変異を加えるなどの操作をするだけで，自然界にないアミノブチル酸（Abu）などのアミノ酸を取込んだ人工のタンパク質が生合成できたのである．

セレノシステイン Sec はシステインの硫黄原子がセレン Se に置換された異形のアミノ酸で，例外的に多くの生物種においてタンパク質に取込まれている．酵素に含まれる場合には，多くは活性中心に見つかる．これが単に修飾アミノ酸ではないことは，独自な tRNA をもち，終止コドンのひとつである UGA を指定コドンとして採用していることから明らかである．この意味でセレノシステインを "21 番目" のアミノ酸とよぶこともできる．大腸菌では 3 種類のタンパク質が Sec を含むが，Sec を取込むために，まず tRNA にセリン Ser が付加され，このセリンが特殊な酵素（SELA，SELD）により Sec に置換される．終止コドン（UGA）を Sec と読み替えるために，付加されるタンパク質の mRNA における UGA コドンの隣に特別な配列（b-SECIS）がステムループ構造をとっている．そこに別の酵素（SELB）が結合し，終止コドンの読み取りを邪魔しながらタンパク質に Sec を取込ませてしまう．哺乳動物でもよく似た仕組みで Sec が取込まれていることから，この仕組みの起源は原核生物と真核生物の分岐よりも古いことになる．この仕組みを利用して人工アミノ酸をタンパク質の任意の位置に挿入する研究が進んでいる．

11・9 ペプチド核酸

タンパク質の骨格であるペプチド結合と核酸の骨格であるホスホジエステル結合は立体構造や化学的性質がよく似ている．デンマークのニールセンらはこの性質を利用して，骨格部分がペプチド結合で構成され，側鎖として塩基をもつ**ペプチド核酸**（PNA）を化学合成した（1991 年）．ペプチド核酸は 2-アミノエチルグリシンがペプチド結合により連なった基本骨格をもち，そこに DNA と同じ間隔で 4 種類の塩基が配置されている（図 11・11）．ペプチド核酸は DNA（あるいは RNA）の塩基と結合して混成物（ハイブリッド）をつくることができるだけでなく，以下に列挙するような DNA にはないいくつかの有利な点をもつ．① DNA は酸性だがペプチド核酸は中性なので扱いやすい．② ペプチド核酸は DNA より水によく溶ける．③ 核酸を分解する酵素は攻撃できないため細胞内でも分解されない．④ 同じ鎖長ならばより高温で安定に混成物（ハイブリッド）を形成できる．⑤ 容易に三重鎖構造も形成する．⑥ この三重鎖はペプチド核酸が中性であることから安定で，DNA の二重鎖を押し破って新たな三重鎖を形成することもできる．⑦ 基本骨格を改変したペプチド核酸も多種類作製でき，ペプチド核酸と DNA の混成物質（キメラ）も合成できる．

これらの性質からペプチド核酸は有用な試薬や医薬品としての応用が期待され

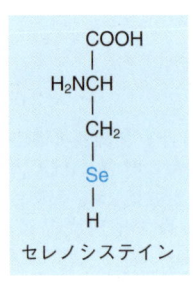

ている．たとえばジーングリップとよばれる商品は標的 DNA と三重鎖を形成して特異的に結合するため，細胞内にある核を分解する酵素によって壊されることもなく安定に保持できる．そのため，蛍光標識によって DNA の生体内分布や追跡が可能となるばかりでなく，患部への輸送も安定に実行できる．ペプチド核酸はそのままでは細胞膜を透過できないが，膜透過性ペプチドを付加したら，効率良く細胞膜をすり抜けて入っていったという．さらには DNA コンピューター（後述）用の分子メモリーの材料としてペプチド核酸を利用する研究もある．

古細菌におけるアミノ酸の産生

太古の地球に似た環境に生育する古細菌は 20 種類のアミノ酸に対して 16 種類のアミノアシル転移酵素（aaRS）の遺伝子しかもたない．不足する 4 種類の aaRS に対応するアミノ酸は，既存のアミノ酸を変換して調達する．たとえば，グルタミン Gln をタンパク質に取込むためにつぎのような仕組みを利用する．

まず，tRNA 結合体（Glu-tRNA^{Glu}）を合成するはずのグルタミル tRNA 合成酵素（GluRS）が，グルタミンの遺伝暗号に結合しうる tRNA^{Gln} を捕らえて構造のよく似たグルタミン酸 Glu を取込んだ Glu-tRNA^{Gln} を合成する．次いで tRNA 依存性アミド基転移酵素（GatDE）が Glu-tRNA^{Gln} を Gln-tRNA^{Gln} へと変換させることで，タンパク質へグルタミン Gln を取込む．そのために，GatDE によってつくられたアンモニア分子が Glu-tRNA^{Gln} の活性化部位に運ばれてグルタミン酸がグルタミンに変換される（図）．

これは進化の過程でグルタミンという新しいアミノ酸が遺伝暗号に加えられた仕組みを思い起こさせる．この分子レベルの仕組みが立体構造の解析から明らかにされた．それによると，同じようなことが試験管内でも再現できる可能性がでてきた．この仕組みを自在に利用できるようになれば，従来の 20 種類のアミノ酸以外の非天然の有用なアミノ酸を人工的にタンパク質に組込む技術の開発にもつながると期待されている．

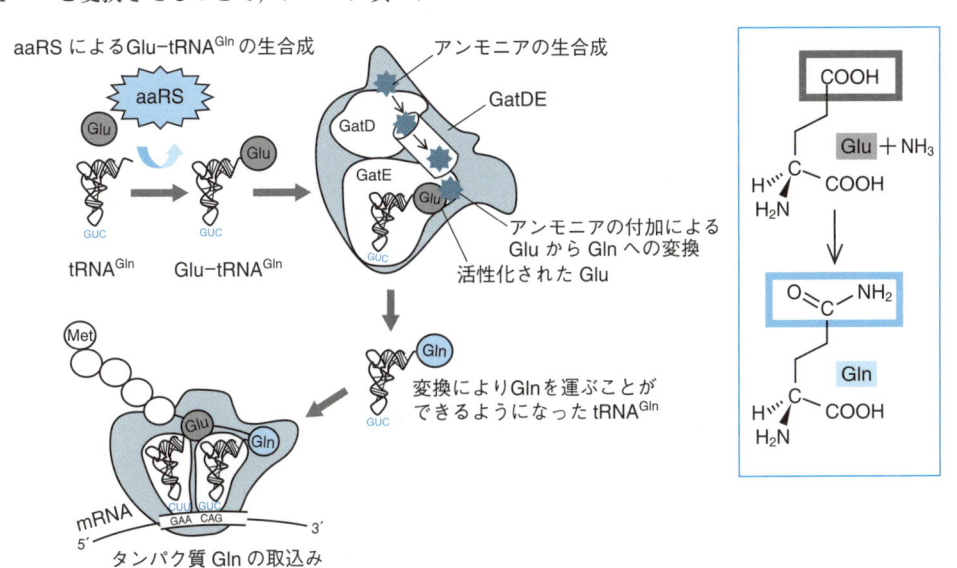

図　古細菌において遺伝暗号に対応するアミノアシル転移酵素（aaRS）が存在しないグルタミン（Gln）をタンパク質に取込む仕組み

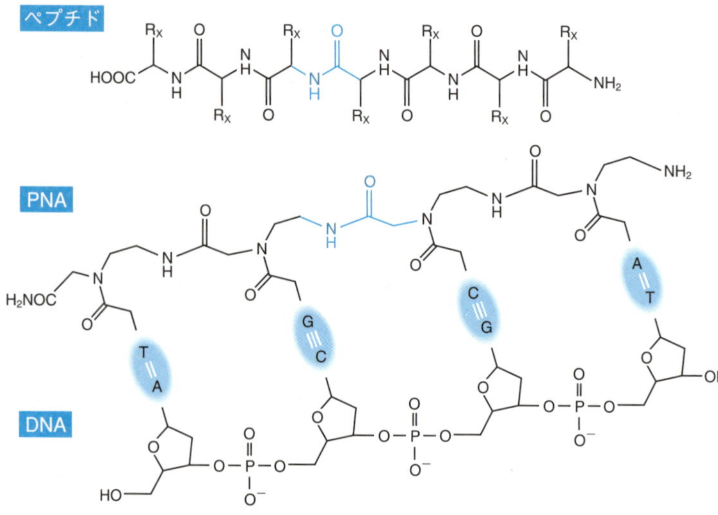

図 11・11　ペプチド，PNA, DNA の構造の比較

11・10　新種の人工塩基対をもつ核酸

地球に生まれた生物がもつ DNA を構成する塩基はなぜ，A，G，C，T の四つしかないのか？ この疑問はいまだ解けていない大きな謎である．それでは，他の化学物質で代用できるのだろうか？ この疑問に答えるべく二重らせんの幅や塩基間の距離にぴったりはまる**人工塩基対**である Ds−Pa（ディーエス・ピーエー）が開発された（図 11・12）．

これは塩基間の水素結合をまったくなくした疎水性の人工塩基であり，Ds は天然型の A や G よりも大きく，Pa は天然型の T や C よりも小さい．そのため，Ds と Pa の間でのみ塩基対を形成し，天然の塩基と対をなしてやがて置き換わるという心配はない．もちろん，Ds−Pa 塩基対の全長は，A−T と G−C 塩基

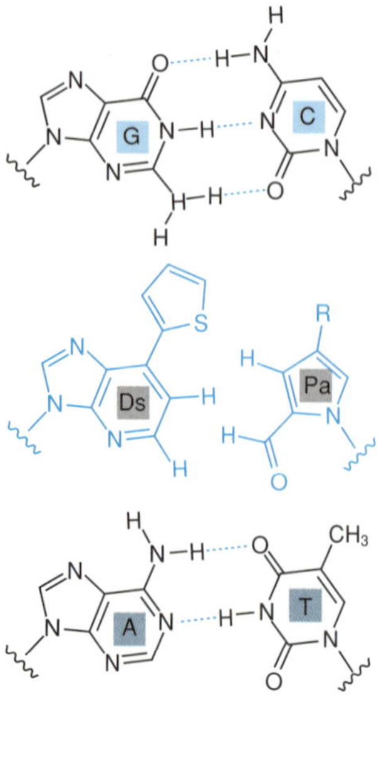

図 11・12　人工塩基対 Ds−Pa と既存の G−C，A−T 塩基対の構造比較．Ds−Pa は高い精度で複製と転写ができる．

対の全長と同じになるので，DNAの二重らせん構造をゆがめることなくその中に組込むことができる．実際，Ds-Pa塩基対は大腸菌がもつDNAポリメラーゼIというDNAを生合成できる酵素によって鋳型として認識されて，人工塩基対をもつDNAを生合成した．さらにはmRNAへの転写のみでなく，タンパク質への翻訳までも行い，ついにはPCRによる複製による増幅までもが可能となった（2006年）．

人工DNAには新しい遺伝暗号を書き込むことができる．この第5と第6の塩基を天然のDNAに導入することで，コドンの組合わせ216通り（6×6×6＝216）にまで増える．さらに，天然には存在しない21番目，22番目，23番目…というふうに，つぎつぎと新しい人工アミノ酸も取込むことができるようになる．そこから生まれる人工タンパク質は予想もできないほどの新しい機能をもたせることもできるだろう．とくに，これまで治療ができなかったような難病を治す新たな薬剤が開発できるかもしれない．この技術は，遺伝子組換え技術の一歩先をいく，新世代の遺伝子操作技術として大きな期待が寄せられている．ただし，ここまで新しいものが生まれてしまうと楽観的な予測ばかりではすまなくなってくる．なぜなら現在では予想もできない，厄災をもたらす技術となる可能性も否定できないからである．

いよいよ試験管だけではなく，細胞内でその過程を見ることができ，人工DNAをもつ生物が誕生する可能性ができてきたのである．

人工DNAをもつ生物が生まれてつぎつぎと増殖していったらどうなるか？それが微生物やウイルスとして爆発的に増幅したら抗生物質を効かない恐怖の感染体として人類はおろか，地球上の天然DNAでできている生物をすべて絶滅させてしまうのではないか，など心配をし始めるときりがなくなる．そのために何をどのように規制するべきかについて，もう少しこの技術が進んできて方向が見えてきたときには再考すべきであろう．

11・11　DNA暗号

DNAマイクロドットとよばれるスパイ用の暗号システムが考案されたことで，21世紀に活躍するスパイは生命科学の勉強もしなければならなくなった（図11・13）．新しく開発されたDNAマイクロドット法では，DNA 3塩基をひとつの暗号文字に対応させた暗号文をDNA塩基配列に変換する．実際，20種類のアミノ酸と3種類の終止コドン（裏表紙参照）は26文字からなるアルファベットに一対一で対応できる．余分な3文字には，もともと六つも重複しているArg，Leu，Serコドンを割り当てればすむ．これでDNAの3塩基の組合わせをひとつの暗号文字に対応させた暗号文が構成できる．

両端には暗号文ではないプライマーとなる塩基配列を一組付加しておく．これはプライマーにはさまれた塩基配列の中に暗号文が潜んでいることを知らせる役割ももつ．諜報機関は，機密を守れる何らかの方法でスパイにプライマーの塩基配列と対応表（コドン/暗号文字）を事前に連絡しておく．この二つを別々の方法で知らせておけば，機密性は高まる．たとえば，発信者はこの塩基配列を含むオリゴヌクレオチドを合成し，ヒトのゲノムDNAと一緒にインクの中に溶かして，そのインクを用いて手紙の最後にサインをしておくとよい．受信者はこのサインの部分を手紙からハサミで切り取って水に浸してからDNAを回収し，あらかじめ教えられていた塩基配列をもつプライマーを化学合成する．それを用いてPCRを行えば暗号文を含むDNA断片を大量に増幅できるため，塩基配列を決定して暗号文を読むことができる．機密性をさらに高めるために，ヒトのゲノムDNAをインクに混ぜておけば，間違ったプライマーを用いた場合にこれが基質となって偽のDNA断片が増幅されるので，暗号は読み取れなくなる．図11・13

本来のマイクロドットは1930年代後半にドイツで開発された暗号法で，文字や点などが無数に並んだ文書や写真の中に暗号文を潜ませる方法である．

にはこの方法を使った実験によって実際にテストし，第二次世界大戦におけるドイツ軍の敗退を決定づけたノルマンディー大作戦の日付を示す「June 6 INVASION: NORMANDY」を無事に暗号として送ることに成功したという例を示す．

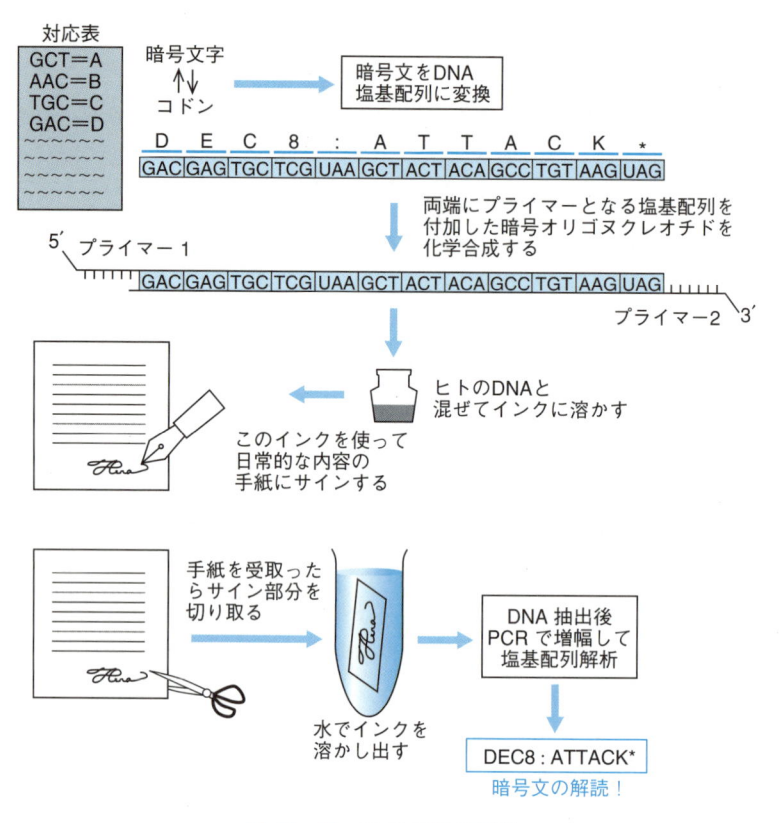

図 11・13 **DNA 暗号の原理**

12 人類はどこへゆくのか？

白い月影が　森に照り注ぐと　枝枝がそよぎ　かすかな声が　重なった葉の下から
　漏れてくる
ああ，恋人よ聞くが良い　底知れぬ鏡となった　池の水面（みなも）に映えるのは
　シルエットとなった　漆黒の柳　そこにも風はそよいで涙する
いまこそ夢を見るとき　慈悲深くて優しい心が醸しだす　癒しのときよ　降り注ぐ
　月の光は　遥かなる天空から　虹彩を放つがごとく　素晴らしきかな今宵この時
ポール・ヴェルレーヌ（1844〜1896）詩集『優しい歌』

　ヴェルレーヌが短い詩の中に表現した月明かりの夜の美しさは，豊かな自然に恵まれた地球があって初めて成り立つものである．人類が月面に着陸したことの大きな意義のひとつは，「月から地球を眺める」という夢をかなえて，漆黒の天空に浮かぶ小さな青い地球を映し出したことであろう．その写真を見たら，地球がいかに美しく，そして小さな存在であるかがいっそうよくわかる．また，そのうえで懸命に生きている生命の中のひとつである人類がいかにひ弱なものであるかを思い知らされる．こんなちっぽけな星の上でけなげに生きている人類を滅ぼしてはならない．基礎科学は，巨額な費用を投じても何の役にも立たないと考えられがちだが，いつか役に立つという事例のひとつがここにある．この思いを決してむだにしてはならない．

12・1　人類と科学技術

　1章で述べたように，地球が誕生してから約46億年，生命が誕生してから約38億年，類人猿が生まれてから約500万年，そして人類（ホモ・サピエンス）が誕生して数十万年，文明が生まれて約1万年，産業革命により膨大なエネルギーを使うようになってわずか200年，インターネットが普及してからわずかたらず．この間の科学技術の急速な進歩によって，人類は文明のもたらす恩恵を享受するとともに，自分が宇宙空間の中でどのような位置におかれているのか，あるいは宇宙進化や生命進化の時間軸の中でどこにいるのかをやっと理解できるようになってきた．それとともに，約60年以上も前に開発された原爆によって初めて生じた「人類絶滅」というシナリオは，とどまることなく多彩な攻め口からいっそう現実味を帯びてきた．しかし，そのことを本気で感じている人は多くない．その間にも，バイオテクノロジーやナノテクノロジーなどをはじめとした科学技術の発展は一人歩きの速度を速めており，恩恵と危機を同時にもたらしうるという意味で，監視が必須な状況になっている．

　このような時代に，科学技術に対する無知は人類にとって致命的である．以下では，「人類を絶滅させないために」という視点から，人類のおかれている状況

を近未来の科学技術の発展とからめながら解説する．

12・2 地球上の生命にとっての人類の役割

地球の大きさは限られている．この狭い地球に現在およそ66億人が生きている．統計では世界人口は，毎年1.2％の割合で増加している．世界人口が初めて10億人に達したのは19世紀初頭で，20億人に達したのは約100年後の1927年である．それ以来，新たな10億人の壁を越えるのはどんどん早くなっている．世界人口は，1960年に30億人に達してからは，40億人（1974年），50億人（1987年），60億人（1999年）と増加を加速し，2007年には，66億人を突破した．このままでゆくと，70億人に達するのも間近であろう．人口が増加しているのは大半が発展途上国で，日本を含めた先進国での増加率は低い．現在，日本の人口は1億2700万人程度であるが，昨今の晩婚化，非婚化による少子化の影響で遠からず減少傾向をたどるだろう．他の先進国も事情はよく似ている．

> たとえば2004年には，1億3300万人が誕生，5700万人が死亡し，世界人口は7600万人増加したという．

水と土地が限られている中で人口数の偏在が顕著になれば，数の大きさは政治力に反映してあつれきが生じ，民族間の衝突の原因になりかねない．しかし，もし，第三次世界大戦が起こったら人類の絶滅は現実のものとなるだろう．なぜなら，最近の技術の進歩は先の大戦のころとは比較にならないくらい危険度の高いものとなっているからである．もう，人類には互いが戦っている余裕は残されていない．

12・3 地球規模の環境破壊

このような状況の中で懸念されることは，急速な**地球環境の破壊**である．こうしている間にも大規模な環境破壊が止めどもなく進行している．なかでも**オゾン層の破壊**と**地球温暖化**という地球規模の環境破壊は，その影響があまりにも大きく，人類はかつてない脅威にさらされている．

12・3・1 オゾン層の破壊

オゾンは酸素原子が三つ集まってできた分子（O_3）である．オゾンは太陽からやってくる紫外線の大部分を吸収するため，バリアとなって地表へ紫外線が到達するのを防いでいる（図12・1a）．大気中のオゾンの減少が**オゾンホール**の規模の拡大という形で年々目立ってきた．オゾンホールとは，南極や北極の上空にある成層圏で春から初夏にかけて出現するオゾンの濃度の低くなった領域が穴のように見えるもので，まるで地球の頭頂にできた円形脱毛のように近年目立って大きくなっている（図12・1b）．近頃では，頭髪が全体に薄くなると同じように地球全体のオゾンが薄くなってきて低緯度の地上にも降り注ぐ紫外線の量が多くなっている．

> 語源は「臭う」を意味するギリシャ語の oζειν である．

オゾン層の破壊はフロンガスの大規模な使用が原因である（表12・1）．**クロロフルオロカーボン**（CFC）は塩素，フッ素，炭素からなる化合物の総称であり，その略称として使われるフロンという名前は和製英語である．世界ではデュポン社の商標名であるフレオンとよばれている．フレオンは化学的，熱的にもきわめ

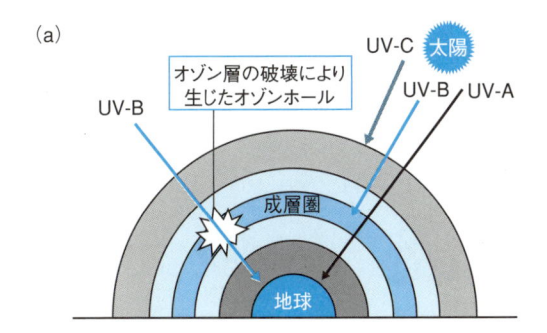

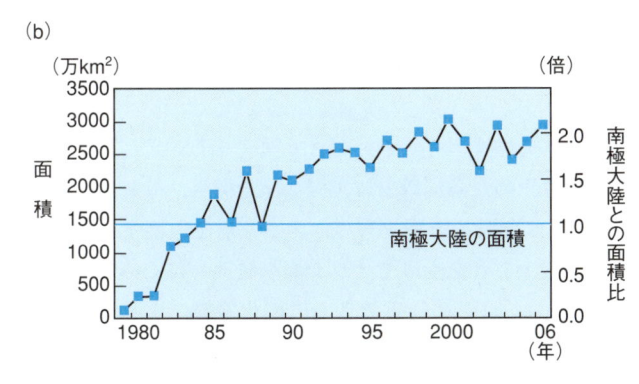

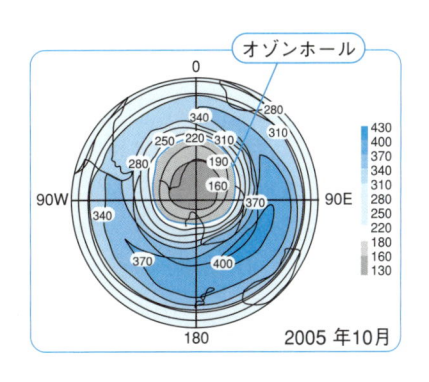

図 12・1　オゾン層の破壊. (a) オゾン層の破壊による地上に到達する紫外線の増加．太陽から地球に降り注ぐ紫外線の種類は波長により三つ (UV-A, UV-B, UV-C) に分類される．UV-A は (315〜400 nm) は雲を通過して地表に届くが，人体への毒性は低い．UV-B (280〜315 nm) はほとんどが成層圏の中にあるオゾン層で遮断されるが，少量は地表に届く．肌の表面に強く作用し，たくさん浴びると赤く炎症を起こし皮膚がんの原因ともなる．UV-C (100〜280 nm) は超高層大気でほとんどが吸収されるのでオゾン層へも地表へも届かない．オゾン層が破壊されるとUV-Bが地表に届くようになるため，人体への悪影響が心配されているのである．(b) 南極上空でのオゾンホール面積の経年変化 (左) とオゾン層分布 (右)．気象庁オゾン層観測報告 2006 より．右図のオゾン層の量の単位は m atm-cm (ミリアトムセンチメートル) で，0 ℃，1 気圧の地表に集めたときの厚さを表す．たとえば，オゾン全量 300 m atm-cm は，厚さ 3 mm に相当する．

て安定で安全性も高く，開発当時 (1930 年) から「夢の化学物質」としてもてはやされ，冷媒，溶剤，発泡剤，エアロゾル噴霧剤などとしてさまざまな用途に大量に用いられた．地表ではきわめて安全な物質が，こっそりと地表を離れて天空に逃れると，これほど大きな厄災をもたらす物質に変化しようとは，当時のだれも想像しなかったのだ．このような「まずは安全，やがては危険」な物質は，昨今の科学技術のきわめて急速な進展の中で，つぎつぎと出現することが予想される．何かにつけ人類の想像力に限界があることを，この事例で思い知る必要があろう．

図 12・2 に示すように，使用されて大気中に放出されたフロンは軽いので上空へ舞い上がり，そこで滞留する．やがて宇宙から大量に降ってくる紫外線はフロンを分解して大量の塩素原子 (塩素ラジカル) を発生させ，それが成層圏のオゾンを酸素分子と一酸化塩素に分解する．一酸化塩素はふたたび酸素原子と反応して塩素ラジカルへと戻るため，オゾンの分解サイクルができてしまい，じわじわ

ラジカルについては図 6・1 を参照のこと．

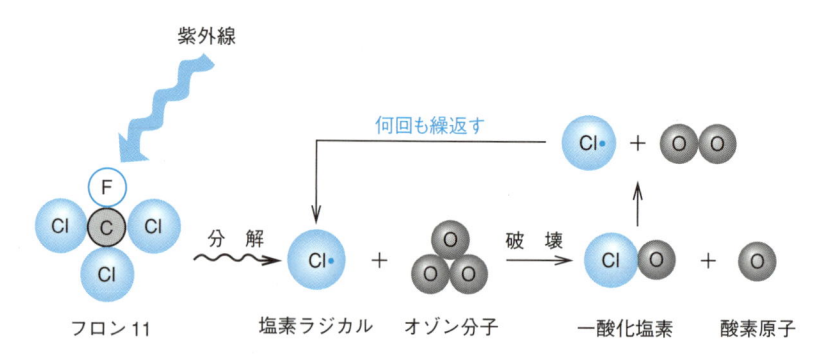

図 12・2 フロンによるオゾン層の破壊. この場合,1個の塩素ラジカルが1万個程度のオゾンを破壊する.

と際限なくオゾン層が破壊されてゆく.

学者による警告を真摯に受け止めた各国政府は国際会議を開き,モントリオール議定書(1987年採択,1999年改訂)を議決して,オゾン層を破壊する物質の削減・廃止への方針が決定した.これを受けてオゾン層を破壊しにくい代替フロン(HFCなど)が登場したが,これらの物質でさえ二酸化炭素に比べて数百〜1万倍以上の温室効果をもつことがわかり(表12・1),地球温暖化への影響を懸念して規制されつつある.ただし,先進国へ対して「発展する権利」を掲げる多くの発展途上国へ協力を求めるのでは楽ではない.しかし,これ以上のオゾン層の破壊が進むととり返しのつかない事態になるだろう.

現在では,代替フロンに代わって,炭化水素(イソブタン)などを使用した"ノンフロン"製品の開発が進められている.

表 12・1　おもなオゾン層破壊物質および代替フロン

	名　称	オゾン破壊係数	地球温暖化指数	おもな用途
オゾン層破壊物質	CFC(クロロフルオロカーボン)	0.6〜1.0	4600〜14000	冷蔵庫,エアコンなどの冷媒,洗浄剤,発泡剤
	CFC-11 ($CFCl_3$)	1.0	4600	
	CFC-12 (CF_2Cl_2)	1.0	10600	
	CFC-113 ($C_2F_3Cl_3$)	0.9	6000	
	ハロン(臭素を含むフロン)	3.0〜10.0	470〜6900	消火剤
	1,1,1-トリクロロエタン CH_3CCl_3	0.1	140	部品の洗浄剤
	HCFC(ハイドロクロロフルオロカーボン)	0.01〜0.552	120〜2400	冷媒,発泡剤,洗浄剤
	HCFC-22 (CHF_2Cl)	0.055	1700	
	HCFC-142b (CF_2ClCH_3)	0.066	2400	
代替フロン	HFC(ハイドロフルオロカーボン)	0	12〜12000	冷媒,発泡剤
	HFC-23 (CHF_3)	0	12000	
	HFC-134a (CH_2FCF_3)	0	1300	
	PFC(パーフルオロカーボン)	0	5700〜11900	洗浄剤,半導体製造
	六フッ化硫黄 SF_6	0	23900	半導体製造 電気絶縁機器

オゾン破壊係数は CFC-11 の単位重量あたりのオゾン破壊効果を 1 として算出
地球温暖化指数は地球温暖化を推し進める度合いを示したものであり,二酸化炭素の単位重量あたりの温暖化効果を 1 として算出

12・3・2 地球温暖化

　じわじわと忍び寄っている地球温暖化は，大規模な気候変動をもたらすという意味でオゾン層破壊以上に深刻である．地球史の時間軸では現在の地球は，約4万年周期で起こる氷河期と間氷期のうち，約1万年前に始まった暖かい間氷期にあるが，図12・3に示したような最近の急激な温暖化は人類の大規模なエネルギー消費が原因だと考えたほうが妥当であろう．

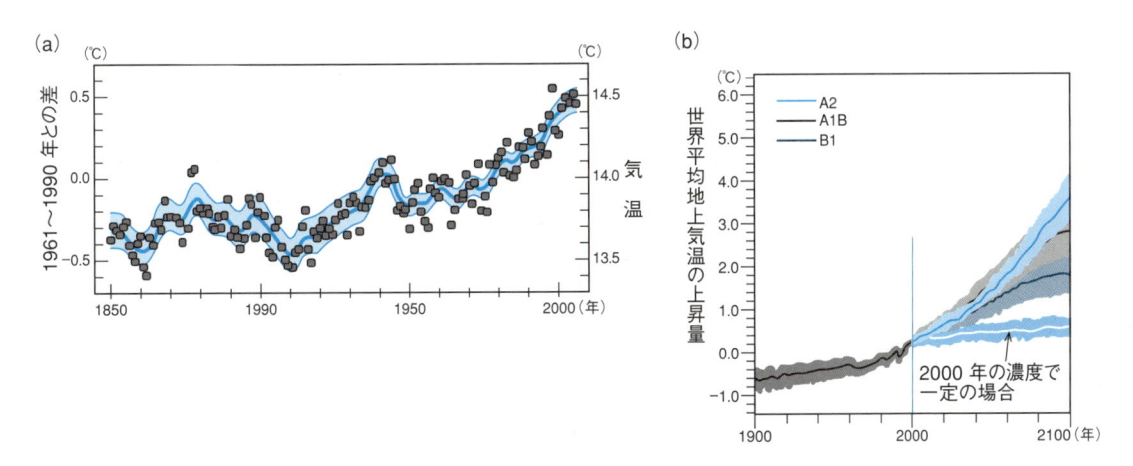

図12・3　**地球温暖化**．(a) 世界の平均気温の変化，(b) 今後の気温上昇の予測．図中のA1B：高成長社会シナリオ（各エネルギー源バランス重視）の場合．ただし，このまま化石エネルギー源を重視した場合は最大6℃上昇すると推測されている．A2：多次元化社会シナリオ，B1：持続発展型社会シナリオ．出典：IPCC第4次評価報告書より．

　とくに化石燃料（石油，石炭）の消費などによる熱エネルギー吸収性の**温室効果ガス**（二酸化炭素 CO_2 など）の排出量の増加がもたらした大気圏内での熱の蓄積と，森林の破壊などによる二酸化炭素消費の減少があいまって温暖化を加速させている．そもそも地球規模の気候変動は数十年たって初めて数値的に認識できるものと考えられていたが，ここ数年の猛暑や，真冬でさえ強くなったと感じる日差しは，そのような生やさしいレベルの変動ではなさそうだ．2005年の夏に米国を襲った数多くの巨大台風や，その後も世界各地で頻繁に起こっている集中豪雨による洪水，欧州をはじめとした世界各地での記録的な真夏の猛暑，アルプスやカナダでの氷河の衰退と，北極・南極での大量の氷解による海面上昇など，地球規模の異常気象が起こっている．温暖化の影響は一部では寒波でさえひき起こす．このまま進めば，農林水産業への影響は甚大となり，食糧問題の発生は避けられなくなるだろう．

　地球温暖化は大規模な海流の変化を生じることで，将来の欧州には急激な寒冷化をもたらす可能性も出てきている．そもそも欧州は緯度が高いわりに（パリは北海道最北端の稚内と同じ緯度）温暖な気候に恵まれている．それはメキシコ湾流が赤道付近の暖かい海水を運んで天然の暖房装置となっているおかげである．この海水の循環を担う原動力はメキシコ湾流がノルウェー北方で大気に冷やされて，塩濃度の高い表層の海水が海底へ沈むことにある．底に沈んだ海水は，その

温室効果ガスとしては二酸化炭素のほかに，メタン CH_4，一酸化二窒素 NO_2，フロン類（表12・1参照）などがある．

2007年の夏には日本各地で気温が40℃を超し，埼玉と岐阜では40.9℃と74年ぶりに最高気温の記録を更新した．

後は深層海流となって南方へ帰ってゆき，南極の北側を這うようにして太平洋にまで達し，そこから北上してアラスカの南方で海面まで上昇して暖かい表層の流れとなって，地球規模の海水循環を起こしている（図12・4）．

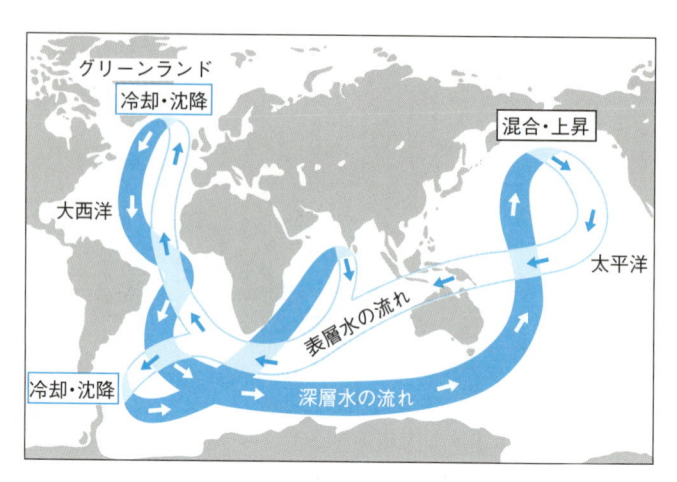

図12・4 海洋水の大循環．北大西洋でつくられた表層水が潜込んで，南下する．さらに南極の冷たい深層水と合流して，インド洋と太平洋を北上し，再び上昇して表層水となる．

この沈み込む量が30年ほど前に比べ，1〜2割ほど減ったという．その原因は二つある．ひとつは海水が暖かくなって十分に冷え切らないこと，もうひとつには北極の氷が解けた結果，北大西洋の海水の塩濃度がこの50年で約0.2％も下がったこと（米海洋大気局の報告）．いずれも海水の比重が低下して，北大西洋で沈むべき海水が十分に沈めない．もし，このまま推移して暖流が完全になくなると，20年以内に欧州北西部の気温は4〜6℃は下がるという．

それにもかかわらず，温暖化の一因である木材伐採とジャングルの消滅は続いており，統計的には毎秒1ヘクタール（100 m × 100 m）の森がなくなっている計算となる．これは1年でスイスの国土分の森林が消えていることを意味する．たとえば，地球全体の植物が生み出す酸素の3割を担当していたアマゾン川流域を覆いつくしていた熱帯雨林の半分以上はすでに失われてしまった．この原因の半分は伝統的な焼畑農業による消失が人口増加により加速されたことにある．それに加えて，放牧地・農地への転用と過剰な商業伐採など，状況は悪化の一途をたどっている．

2007年2月，国連に所属する「気候変動に関する政府間パネル（IPCC）」は，「最近世界中で頻繁に起こっている気候変動の原因は人類による温室効果ガスの排出にあることは，90％以上の確率で確かである」と断定するとともに，過去100年の間に，地球の平均気温が，すでに0.74℃上昇し，このままで進むと21世紀末には世界の平均気温が最悪の場合には約6℃も上昇すると警告した．とくに北極や南極での気温上昇によって大量の氷が解けて海水面が上昇し，世界中で数億人が洪水の危機に直面するかもしれないという．すでに，この100年間で約

IPCCは人為的な気候変動に関する最新の科学的・技術的な知見をとりまとめて評価する政府間機構である．とくに，地球温暖化は人為的な要因が高いことを科学的に裏づけ，その防止への取組みが評価され，2007年ノーベル平和賞をアル・ゴア氏（米元副大統領）とともに受賞した．

17 cm も上昇している．また，世界各地で乾燥による砂漠化も進んでいる．それにもかかわらず，温暖化を防ぐための国際的な話しあいは，発展途上国の発展する権利をどうするかなど，意見の不一致が表面化して，合意点を見いだせていない．このままでは温暖化の進みを止めることは難しいが，現状は待ったなしなのである．

12・4　バイオテロの脅威

　環境破壊は異常気象とともに，未知の（新興）感染症との遭遇という厄災を人類にもたらしてきた（9章参照）．それらを利用した**バイオテロ**がいま，大きな脅威として人類の将来に暗雲をもたらしている．とくに世界を震撼させた2001年9月11日の同時多発テロ以降，バイオテロの脅威はいっそう現実味を増してきた．まさかと思うような出来事が，世界規模でいつ起きてもおかしくない状況は恐ろしい．バイオテロはいったん起きてしまうと，核テロよりも深刻で悲惨な被害が長い時間にわたって広範に拡散する恐れがある．なぜなら，たとえばそれが空気感染性ならば呼吸をしているかぎりは，どこにも逃避できないからである．米国の疾病管理予防センター（CDC）がもっとも危険度が高いカテゴリーAに分類している生物兵器には炭疽菌，天然痘ウイルス，野兎病菌（ツラレミア），ペスト菌，出血熱ウイルス，ボツリヌス毒素がある．これに遺伝子組換えが組合わされば，恐怖はいっそう深刻なものになるだろう．なかでも，炭疽菌（⇒コラム）と天然痘ウイルスはもっとも現実的なバイオテロの素材として対策が立てられてきた．

　もし，「天然痘による自爆テロ」が起こった場合には被害は甚大で，100万人単位で感染し多数の死者が出ると予測されている（致死率40％）．さらには無事に治っても醜い瘢痕が残る点では悲惨な感染症である．天然痘は高い感染力をもって空気感染するので，天然痘ウイルスを注射された1人の工作員が大都市の

恐ろしいのは冷戦時代のソ連が100トン級の大量の天然痘ウイルスを兵器向けに培養していたという事実で，それがソビエト連邦崩壊後，世界中に流れたという．

炭疽菌の恐怖

　土壌中の常在細菌である炭疽菌は皮膚の傷口から侵入して，皮膚，肺，腸などに炭疽とよばれる炭のような黒色病変を起こして高い致死率で感染者を死に至らしめる．コッホが炭疽菌の発見により細菌が病原体であるということを最初に示し（1876年），細菌学の基礎をつくったという意味で歴史的に意義のある細菌である．一般に，生物兵器は自軍の兵士の安全性を確保するため，❶ ヒトからヒトに感染しない，❷ 短期間で致命的な感染症を起こす，❸ 修復可能な有効な治療薬やワクチンがある，ことが重要である．これらの特徴をあわせもつ炭疽菌は第二次世界大戦で生物兵器としての研究がなされていたこともあってバイオテロの道具として懸念されている．

　実際，連合軍はスコットランド西岸のグリュナード島で炭疽菌爆弾の投下実験を行い（1946年），ソビエト連邦では旧日本軍から奪った資料をもとにした生物兵器研究所で炭疽菌の漏出事故が発生し（1979年），ローデシア紛争では内戦地域で炭疽患者が約1万人発生したため兵器の使用が疑われた（1980年）．米国では炭疽菌芽胞入りの郵便物が送付されて23人が感染したという事件も起こった（2001年）．

雑踏を1日中歩き回ったり，満員電車にのったりするだけで何万人も感染させることができる．

天然痘は1977年にソマリアで最後の患者が確認された後，発生することなく，世界保健機構（WHO）は1980年に撲滅宣言を出した．定期的な種痘（予防接種）はすでに1977年には全世界で中止されたため，現在ではほとんどの人は天然痘ウイルスに対する免疫をもっていない．米国では天然痘テロを恐れて，全国民分（2億8千万人）のワクチンを備蓄する計画を進めている．ただし，このワクチンは副作用が強い．そこで，日本（千葉県血清研）で開発された弱毒ウイルスを使ったLC16m8（橋爪株）にとって代わられようとしている．

> わが国では国民の半分にあたる6500万人分の備蓄が計画されている．

12・5　エネルギー資源の将来とバイオマス

人類は現在，膨大な化石資源（石油，石炭，天然ガス）によるエネルギーを使用して生きている．これらは何億年もの太古の時代に光合成により蓄えられた太陽エネルギーであるが，現在のまま使用量が推移すると，あと100年はもたないだろうといわれている．そこで，ほかのエネルギー資源が探索されてきた．

12・5・1　メタンハイドレート

「燃える氷」という愛称をもつ**メタンハイドレート**は，水分子でできた「かご」に閉じ込められたメタンが低温・高圧の状態で結晶化した物質で，解凍すると164倍量のメタンガスに変わる（図12・5）．ほとんどが海底に存在し，とくに日本近海（とくに太平洋側の大陸棚）は現状の世界中の全石油資源よりも多いほどの世界最大の埋蔵量を誇ると推定されているため，地下資源に乏しい日本のエネルギー問題解決の切り札として期待されている．

その起源は主として海の底に堆積したプランクトンの死骸などが発酵して発生したメタンガスであるが，地殻の下のマントル層から生じた非生物起源のものもある．現状では石油に比べて採掘にかかるコストが高いため実用的でないが，石油が枯渇したときには日本は世界最大のエネルギー資源大国になるだろう．燃焼時の二酸化炭素排出量が石油や石炭の約半分であるため温暖化に与える影響も少ない．さらには燃焼させたメタンが発生させる二酸化炭素を，低温・高圧にして水の「かご」であるハイドレートに閉じ込め，メタンハイドレートを掘り起こし

> ただし，現在の技術では海底から採取することがきわめて困難である．事故などで採掘中に解凍されると膨大なメタンガスが空中に散布されて環境を破壊する危険があるので，さらなる技術開発が望まれる．

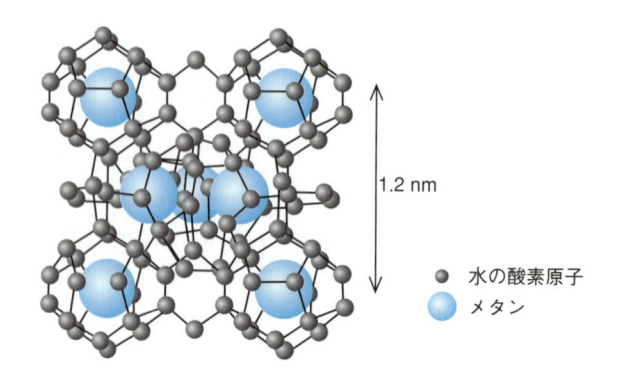

図12・5　メタンハイドレートの構造

● 水の酸素原子
● メタン

1.2 nm

てできた海底の穴に戻そうという環境にやさしい計画もある.

12・5・2 核融合

二つの原子核の間には互いに反発する力（クーロン力）と引きあう力（核力）が働いてバランスがとれている．何らかの作用で核力がクーロン力にまさるほど二つの原子核が接近すると，**核融合**して莫大なエネルギーが放出される．理論上は燃料1gから石油8トン分に相当するエネルギーが得られる．反応が起こりやすいため，最初に水素爆弾として実現され，その後の核融合炉で用いられてきたものは，重水素（ジュウテリウム，D）と三重水素（トリチウム，T）の核融合（D-T反応）である（図12・6a）．太陽をはじめとして，宇宙に散在する恒星が輝いているのは，核融合が生み出すエネルギーのおかげである．

核融合は水素爆弾などの大量破壊兵器を生み出したが，平和利用すると，① 反応後に高レベル放射性廃棄物が生じない，② 核分裂反応のような連鎖反応がないため原理的に暴走反応が起きない，③ 放射性元素は不要で，水素や海水中にある無尽蔵の重水素やリチウムなどの安価な資源を利用できる，などの点で原子力発電よりすぐれている．石炭や石油のみでなくウランも埋蔵量に限りがあることを考えると，長期的には燃料が無限ともいえるほど大量に存在する核融合発電への移行が望ましい（⇒コラム）．

原始星は収縮の過程で中心温度が約250万絶対温度（K）を超えると初めて二つの重水素（D）が起こす核融合（D-D反応）を起こして褐色矮星となる（図12・6b）．中心温度が約1000万Kを超えると水素（陽子，p）同士が核融合する陽子-陽子（p-p）連鎖反応を起こして重水素を生むとともに陽電子とニュートリノを放出する．中心温度が約1500万Kの太陽は，この核融合反応により輝いているのである．

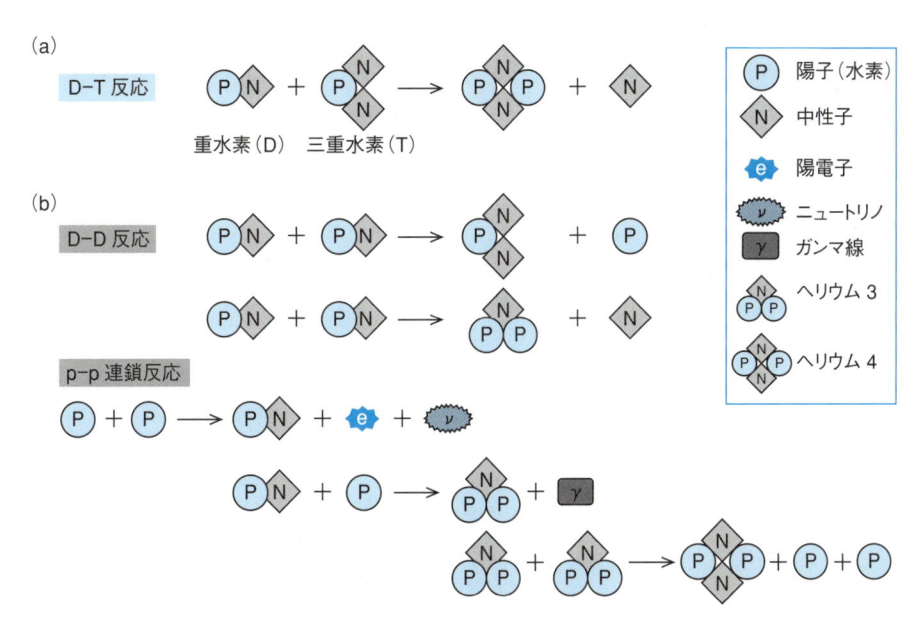

図12・6 **代表的な核融合反応**．p-p連鎖反応は太陽で起こっている核融合で，まず2個の陽子がぶつかると，重水素とともに陽電子とニュートリノが発生する．陽電子はまわりの電子とぶつかって消滅し，ガンマ線になる．ガンマ線はまわりの電子に吸収され熱に変わるが，ニュートリノは非常に反応しにくいのでそのまま宇宙に抜け出る．つぎに，重水素に陽子が融合するとヘリウム3になりガンマ線が出る．さらにヘリウム3同士が衝突してヘリウム4（普通のヘリウム）になる．

核融合発電

　核融合発電を起こすためには燃料を物質がすべてプラズマ状態となる1億℃程度の高温に保たなくてはならない．その方法には磁場に頼る「磁気閉じ込め」方式と，レーザー照射を使う「慣性閉じ込め」方式がある．

　前者には，輪状に巻いたコイルが生む磁気の作用で燃料をドーナツ状に閉じ込める「トカマク型」と，ヘリカルコイルがつくるねじれたドーナツ状に閉じ込める「ヘリカル型」の二つが稼動している．日米露中韓印と欧州連合が参加するITER計画では「トカマク型」を採用し，2020年代には点火状態に達する勢いで研究が進んでいる．

　一方，レーザー方式を採用している米・国立点火施設（NIF）では本格稼動も計画されている．日本では日本原子力研究開発機構のトカマク型・JT60（茨城県那珂市），核融合科学研究所の大型ヘリカル装置・LHD（岐阜県土岐市），大阪大学のレーザー方式・激光12号（大阪府吹田市）などの核融合炉において研究が進んでいる．

12・5・3　太陽風による宇宙発電

　太陽光発電は地上でも進められているが，パネルを宇宙空間で広げれば大気や気象の影響を受けずに効率良く発電できる．実際，大型の太陽電池を備えた衛星を高度3万6千kmの軌道上にのせて発電して，高度20kmに浮かぶ飛行船にレーザーの形で中継し，その後はマイクロ波や光ファイバーで地上のアンテナへ送信するという宇宙太陽発電衛星（SPS）構想もある（図12・7）．

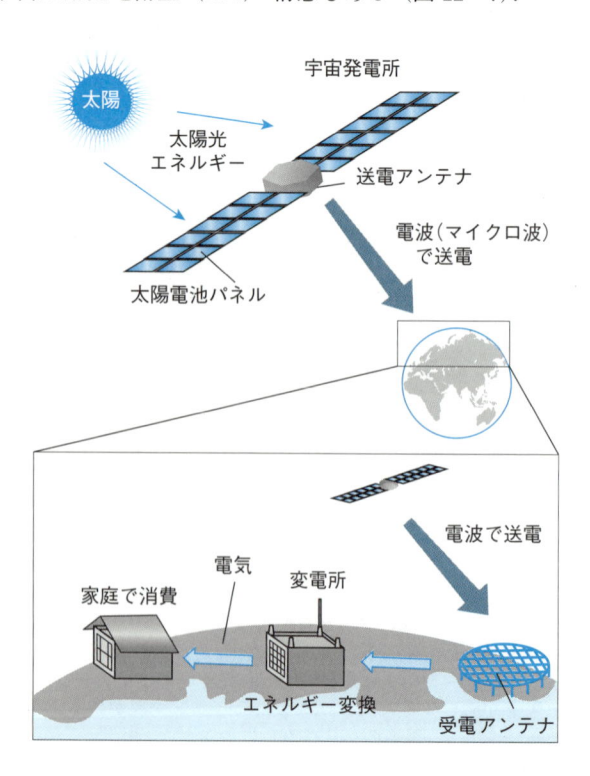

図 12・7　宇宙太陽発電衛星（SPS）構想の概念図

しかし，衛星の打ち上げと管理や発電の効率，無線送電の困難さなど実用化には多くの越えなければならない壁がある．米国の研究チームはマイクロ波を受けるアンテナをプロペラにつけたヘリコプターをマイクロ波による送電によって飛ばすことに成功した後，改良を重ねてマイクロ波から直流電流へ変換する効率を80 %以上にまで高めている．マイクロ波を直流電流へ変換する網目状のアンテナはレクテナとよばれる．高エネルギーのマイクロ波が人体や環境への影響は未知である．そこで，SPS構想ではレクテナを孤島や砂漠などに設置して，そこから電線で送るという計画が練られている．

12・5・4 バイオマス

生物に由来する有機性の産業資源のうち化石資源を除いたものを**バイオマス**とよぶ（図12・8）．またバイオマスを用いた燃料は，**バイオ燃料**または**エコ燃料**とよばれている．バイオマスも燃焼させれば二酸化炭素を排出するが，それに含まれる炭素はその生物がごく最近まで生きていたときに光合成により大気中から吸収した二酸化炭素に由来するため，総体として大気中の二酸化炭素量を増加させない（これを"カーボンニュートラル"とよぶ）．昔の日本は落葉や糞尿を肥料として育てた木材でつくった薪炭をエネルギーとして利用するバイオマスを活用した社会であった．こうしたバイオ燃料を得る目的で栽培される農作物はエネルギー作物とよばれ，石油資源に比べて効率は低いが環境にやさしいという理由で注目されている．ただし，生産が過剰にエネルギー作物にシフトすることで産地の食料供給事情が悪くなるという問題も生じてきた．

化石資源の場合には数億年前の吸収なので，現在の大気には悪影響となるのである．

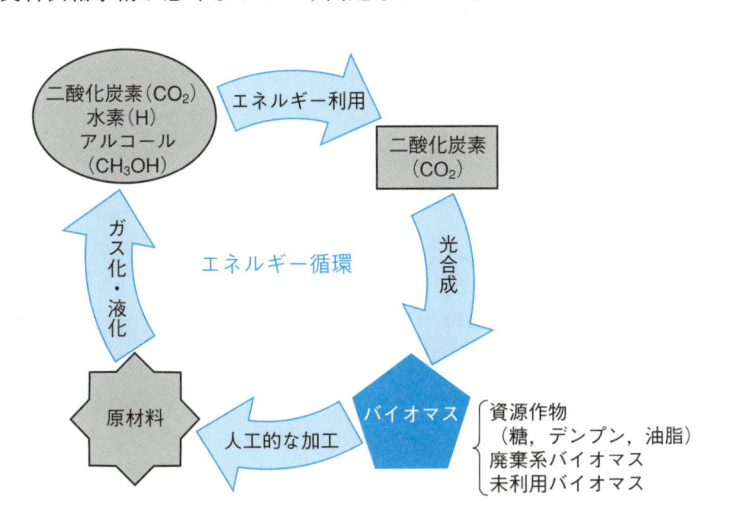

図12・8　バイオマスを利用したエネルギーの循環

食用作物をバイオマスとして利用する動きが盛んである．ドイツではナタネなどの植物油とメタノールを原料として合成したメチルエステルをバイオディーゼルとして使用している．ブラジルや米国ではサトウキビやトウモロコシなど，実を採取した後の廃棄物である茎や葉からグルコースなどを発酵させてバイオエタノールをつくっている．ただし，エタノールをガソリンと混ぜて自動車に使うと燃料系を腐食させて危険なので，エタノール混合率は3 %までと制限がついてい

ただし，この動きは米国でのトウモロコシ相場を急騰させ，つりあがった飼料の値段に耐え切れず養鶏業者の倒産が増加したり，発展途上国における食料資源の値段を高騰させるなどして社会問題化している．

る．このガソリンとエタノールの混合燃料はガソホールとよばれる．そのため，メタノール自動車の実用化試験以外では使われていない．もっとも実用的なのは，メタノールとエタノールの混合物（変性アルコール）としてアルコールランプなどで直接燃焼させて使用することである．

そこで，廃棄物を利用する研究も進んできた．たとえば，外食産業などから出る残飯や家畜飼料の余り，製材所の廃材やパルプ廃液，建築物の廃材や有機物に富んだ汚泥などを加工してエネルギー源とする研究が進んでいる．あるいは，未利用バイオマスとして収穫後のサトウキビの殻，コメやコムギのわらやもみ殻，間伐材や被害木などである．

> しかし，コストの面から実用化できずに研究段階にとどまっているものも多い．

12・6 ナノテクの光と影

ナノテクやナノマシンは「ナノ革命」という新たな産業革命をもたらす人類に役立ちそうな夢の技術だが（11 章参照），予想のつかない危険性も潜んでいる．現在，ナノ粒子の製造・使用・廃棄については世界中で規制はなく，安全な取扱い規準も規定されていない．ナノ粒子の人体や環境への影響についても検証はほとんど行われていない．とにかく，ほとんど何もわかっていないのが現状である．それにもかかわらず，化粧品，粉末，スプレー，自動車部品など，さまざまな製品が実用化されて日常的に使われている．そして，危険性を予測させるようなデータもいくつか出てきている．たとえばマウスを直径約 10 nm のナノチューブに暴露させると，アスベスト被害と同じように肺胞に突き刺さり，肉芽腫の形成の引き金となったという．たとえば 130 nm のナノ粒子では何も起こらなかったのが，20 nm のナノ粒子を吸収したすべてのラットは 4 時間以内に死んだという報告もある．血液の中の異物を食べて壊してしまう食細胞（マクロファージ）が，20 nm の粒子を処理できなかったという報告は，免疫など外敵に対する人体の防御機構が何も役立たない可能性を示唆する．さらには，神経伝達物質と同じ程度のサイズをもつナノ粒子は暴走することで精神を狂わせてしまうかも知れない．

> 地球のあらゆるものが材料となって，ナノマシンの灰色の塊であるグレイ・グーよばれる怪物に変化してしまうかもしれない．これはウイルスや細菌を用いた生物兵器よりも人類の存続にとって脅威であろう．

とくに自己増殖するナノマシンについては，その固有な危険性も指摘されている．ドレクスラーによると，環境や人体内部の廃棄物を使って自己複製する安価で便利なナノマシンは，地球規模的な災厄をもたらす可能性があると指摘している．実際，もしプログラムの間違いなどにより暴走したら，幾何級数的に個体数を増やし始めて誰も止められなくなるだろう．

12・7 彗星衝突の危険性

太陽系の中の惑星は小さな天体（小惑星）が重力によって衝突し，吸収されながら徐々に大きくなってきたと考えられている．ところが，どこにも衝突しないまま宇宙空間に残った小惑星（多くは火星と木星の間を回っている）がいままでに約 20 万個も見つかっている．このうち約 2 千個は重力バランスを壊して地球に近づく可能性があるという．月の表面に残る衝突の跡（クレーター）を数えてみると，その頻度がいかに膨大なものかが理解できよう．

1章で見てきたように，地球上の生命は有史以来何度も絶滅の危機にさらされてきたが（⇒コラム），その大きな原因のひとつが小惑星の激突による環境の激変である．約6500万千前の約10 kmの小惑星の衝突は，広島型原爆5千個分の破壊力をもって地球環境を破壊し，それまで1億5000万年間も栄えていた恐竜が絶滅してしまった．その衝撃の跡はメキシコ・ユカタン半島の浅い海に，直径が約180 kmにもおよぶチチュルブ・クレーターとして残っている（図12・9）．空中に巻き上げられた土砂は，やがて全地球表面を覆って太陽光を長期間にわたってさえぎり，真っ暗闇の中で零下30℃程度の寒冷化に耐えた生物だけが生き残ったことになる．この規模の衝突は1億年に1回程度しか起きないが，

2002年6月（8月）には100 m（1 km）程度の小惑星が地球まで約12万（約130万）kmにまで近づいた．同年9月には10 m程度の小惑星がロシアのシベリア地方イルクーツク州に落下して約100平方kmの樹木が焼け焦がした．これが都会でなかったのは幸運であった．

☕ Coffee Time

大量絶滅

カンブリア紀以降，大規模な火山活動の活発化や大型隕石や彗星などの天体の衝突などが原因で，ある時期に多種類の生物が同時に絶滅した事件が少なくとも6度は起こったことが明らかになっている．このような大量絶滅はその後に生き残った生物が新たな大繁栄を築いたことで地球上の生物相が大変化を遂げ，生物進化が方向付けされていったという意味でも重要である．

❶ 原生代末の大量絶滅（V/C：ヴェント/カンブリア境界：約5億4300万年前）：エディアカラ生物群が絶滅．ゴンドワナ超大陸が形成・分裂し，その結果スーパープリュームが地上まで上昇して大規模な火山活動が起こり，地球表面の環境が激変したことが原因と考えられている．この変動が収まったころ，三葉虫のような硬骨格を有する生物が生まれ，やがてカンブリア爆発とよばれる大量の新種の出現と繁栄が起こる．この時期の巨大隕石落下跡はローンヒル（18 km）に残るが，これが原因だったかかどうかは不明である．

❷ 古生代のオルドビス紀末（約4億4300万年前）：三葉虫やアンモナイトなど海中生物の95％以上，全生物種の70％が死滅した．原因としては超大陸パンゲアの分裂による大規模な火山噴火，超新星爆発による大量のガンマ線放出のさいに生じた酸化窒素が降らせた大量の酸性雨，海中環境における酸欠状態などが唱えられている．この時期の巨大隕石落下跡はアクラマン（90 km）に残る．

❸ 古生代のデボン紀後期（約3億5400万年前）：甲冑魚をはじめとした多くの海生生物を中心にして全生物種の79％が400万年の長い氷河期をはさんで2000万年くらいかけて徐々に絶滅した．

❹ 古生代後期のペルム紀末，P/T境界（約2億4800万年前）：三葉虫を含む海生生物のうち最大96％，すべての生物種で見ても90％から95％が絶滅した地球の歴史上最大の大量絶滅．このころ諸大陸の衝突によりパンゲア大陸が形成され，その地質変動によってスーパープリューム上昇，活発な火山活動，二酸化炭素による温室効果，酸欠状態などが連鎖的に起きたことによる大規模な気候変動が原因とされる．証拠として，ロシアでシベリア洪水玄武岩，中国浙江省長興県の煤山（メイシャン）の酸欠による黒ずんだP/T境界層などが発見されている．カナダのケベック州に残るマニクアガン・クレーター（直径約100 km）が大量絶滅の引き金となった小惑星の衝突跡ではないかという説がある．

❺ 中生代三畳紀末（2億600万年前）：乾燥化と高温化の影響で起こった79％の種が絶滅．アンモナイト類は1〜2種がジュラ紀まで生き残りふたたび繁栄した．

❻ 中生代白亜紀末・KT境界（6500万年前）：直径10 kmの巨大な小惑星が巨大隕石がユカタン半島付近に激突し，発生した火災と衝突時に巻き上げられた塵埃が太陽の光を遮り，長期間にわたる全地球規模の気温低下をひき起こして恐竜を含む絶滅率70％の大量絶滅が起きた．3億年も生き延びたアンモナイトさえ完全に絶滅した．ただし，魚類やワニ，トカゲ，昆虫など，あるいは恐竜から進化した鳥類は生き延びた．

1 km 程度ならば数十万年に 1 回，100 m 程度ならば数百年に 1 回は起きているという．

米航空宇宙局（NASA）の観測によると 2028 年に地球に 98 万 km までに接近する可能性のある約 1.6 km の小天体以外，ここ百年間に地球に衝突する恐れのあるものは見つかっていない．

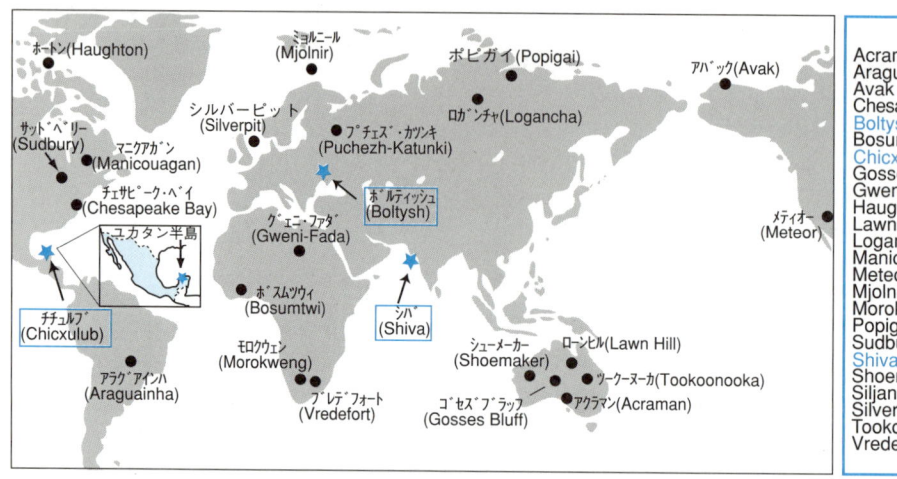

Acraman (90 km) >450 Ma
Araguainha (40 km) 247 Ma
Avak (12 km) >95 Ma
Chesapeake Bay (85 km) 36 Ma
Boltysh (24 km) 65 Ma
Bosumtwi (10.5 km) 1.0 Ma
Chicxulub (170 km) 64.98 Ma
Gosses Bluff (22 km) 142.5 Ma
Gweni-Fada 14 km, <345 Ma
Haughton (24 km) 23 Ma
Lawn Hill (18 km) >515 Ma
Logancha (20 km) 25 Ma
Manicouagan (100 km) 214 Ma
Meteor (1.2 km) 0.05 Ma
Mjolnir (40 km) 143 Ma
Morokweng (70 km) 145 Ma
Popigai (100 km) 35 Ma
Sudbury (250 km) 1850 Ma
Shiva (?) 65 Ma
Shoemaker (30 km) 1630 Ma
Siljan (52 km) 368 Ma
Silverpit (?) 74〜45 Ma
Tookoonooka (55 km) 128 Ma
Vredefort (300 km) 2023 Ma

図 12・9　巨大な隕石の落下した跡を物語る代表的なクレーターの場所，名称，直径および落下した推定時期（Ma＝百万年）．このうち，チチュルブ，ボルティッシュ，シバの 3 クレーターは時期がピッタリ一致する．おそらく上空で三つに分解して 3 箇所に同時に落下したものと推定されている．

エピローグ

　この世に「永遠」はない．存在するものすべていつかは滅びる．太陽でさえ，あと約50億年もすれば巨大化し，爆発して超新星となって消えてしまうと予測されているのだから，地球もそのときまでにはなくなってしまうはずである．すなわち，人類もいつかは滅ぶのである．では，人類を長持ちさせるのにはどうすればよいのであろうか．その答え探しのために，本書が少しでも役立てば幸いである．

　これまでに述べてきた新しい技術が21世紀のバイオテクノロジーとして生命科学の基礎研究のみでなく幅広く，医薬学，農業，水産学，考古学などの社会科学などに展開されていったとき，現在のわれわれには想像もできないような夢の技術が21世紀中につぎつぎと生まれてくるだろう．実験室にナノマシンが登場して，微細な技術で従来は想像もできなかったような斬新な実験データを出してくれるかもしれない．遺伝子診断や遺伝子治療のみでなく，再生医療もナノマシンが活躍する舞台となるのではなかろうか．目を閉じて想像をたくましくしてみると，コンピューターに駆動された大型液晶モニターに移されたバーチャル映像によって特殊な訓練を受けた医師がナノマシンを使って遺伝子治療する場面が瞼の裏に浮かぶが，これもSF映画の出現以前に現実化してしまうかも知れない．

　ゲノム医学がさらに進み，体格や美貌，運動能力や芸術の才能などの人間の個性を決める遺伝子群が特定されてくると，自分や自分の子供にすぐれた才能を遺伝子移植して遺伝子改善・遺伝子強化という倫理的に問題の多い技術に踏む入もうとする動きが必ず出てくるであろう．さらに人間には本来備わっていなかった能力，たとえば超音波を聴き分けられるコウモリの遺伝子や夜行性動物の暗闇でも見えるようになる遺伝子を導入して，遺伝子強化したヒトなどの誕生も技術的に可能となるはずである．一部が機械化された「サイボーグ」という言葉が一昔前のSFでは流行したが，他の生物のもつ超能力を遺伝子強化で導入された新人類の誕生は技術的にはサイボーグより簡単に達成されるのではないか．クローン人間作製技術とともに，この技術が軍事的に使われると恐ろしい．しかし，平和利用として火星あるいは太陽系外惑星を探査する長距離宇宙空間飛行をする宇宙飛行士に遺伝子強化手術が施される可能性はある．

　どこまで技術の発展を許すのか．判断の難しい局面がこれからますます増えてくるだろう．そのさいに大切なのは，それらの技術が人類の福祉に使われるよう厳正に監視し続けることで，過ぎ去った20世紀における原水爆の徹を踏まないよう，われわれは子孫のために努力し続けなくてはならない．

名 言 集

2章　ジャック・モノー『偶然と必然』より

Les événements élémentaires initiaux qui ouvrent la voie de l'évolution à ces systémes intensément conservateurs que sont les êtres vivants sont microscopiques, fortuits et sans relation aucune avec les effets qu'ils peuvent entraîner dans le fonctionnement téléonomique. Mais une fois inscrit dans la structure de l'AND, l'accident singulier et comme tel essentiellement imprévisible va être mécaniquement et fidèlement répliqué et traduit, c'est-à-dire à la fois multiplié et transposé à des millions ou milliards d'exemplaires. Tiré du régne du pur hazard, il entre dans celui de la nécessité, des certitudes les plus implacables. Car c'est l'échelle macroscopique, celle de l'organisme, qu'opère la selection.

Jacques Monod, *Le hazard et la nécessité*（1970）

3章　チャールズ・ダーウィン『種の起源』より

It is not the strongest of the species that survives, nor the most intelligent that survives. It is the one that is the most adaptable to change.

Charles Darwin, *The Origin of Species*（1859）

4章　ポール・ナース「ノーベル賞受賞講義」より

The cell is the basic structural and functional unit of all living organisms, the smallest entity that exhibits all the characteristics of life. Cells reproduce by means of the cell cycle, the series of events which lead to the division of a cell into two daughters. This process underlies growth and development in all living organisms, and is central to their heredity and evolution. Understanding how the cell cycle operates and is controlled is therefore an important problem in biology.

Sir Paul M. Nurse（1949〜）, Nobel Lecture, *Biosci. Rep.*, **22**, 487-499（2002）

5章　ルイス・キャロル『鏡の国のアリス』より

"Well, in our country," said Alice, still panting a little, "you'd generally get to somewhere else — if you ran very fast for a long time, as we've been doing."
"A slow sort of country!" said the Queen. "Now, here, you see, it takes all the running you can do, to keep in the same place. If you want to get somewhere else, you must run at least twice as fast as that!"

Lewis Carroll, *Through the Looking-Glass, and What Alice Found There*

6章　ブレーズ・パスカル『パンセ』より

L'homme n'est qu'un roseau, le plus faible de la nature, mais c'est un roseau pensant. Il ne faut pas que l'univers entière s'arme pour l'écraser: une vapeur, une goutte d'eau suffit pour le tuer. Mais quand l'univers l'écraserait, l'homme serait encore plus noble que ce qui le tue, parce qu'il sait qu'il meurt, et l'avantage que l'univers a sur lui; l'univers n'en sait rien.

Blaise Pascal, *Pensées*

7章　リーランド・ハートウェル「ノーベル賞受賞講義」より

Cancer cells not only divide when they shouldn't but they also reproduce with far poorer fidelity than normal cells. Chromosome aberrations and chromosome losses are very common in cancer cells. This loss of fidelity seemed central to cancer because it would permit the cancer cells to evolve more quickly. We thought we might be able to learn more about how chromosome fidelity is maintained in the normal cell cycle by studying the fidelity of chromosome transmission in yeast cells.

Leland Hartwell（1939〜）, Nobel Lecture, *Biosci. Rep.*, **22**, 373-394（2002）

8章　ルイ・パスツールの言葉より

Dans les champs de l'observation le hasard ne favorise que les esprits préparés.
（La chance ne sourit qu'aux esprits bien préparés.）
La science n'a pas de patrie.
«Il y a plus de philosophie dans une bouteille de vin que dans tous les livres.
«Un peu de science éloigne de Dieu, mais beaucoup y ramène»

Louis Pasteur

9章　ラ・フォンテーヌ『寓話巻5-12』より

Le médecin Tant-pis allait voir un malade
Que visitait aussi son Confrère Tant-mieux.
Ce dernier espérait, quoique son Camarade
Soutînt que le Gisant irait voir ses aïeux.
Tous deux s'étant trouvés différents pour la cure,
Leur malade paya le tribut à Nature,
Après qu'en ses conseils Tant-pis eut été cru.
Ils triomphaient encor sur cette maladie.
L'un disait : Il est mort ; je l'avais bien prévu.
S'il m'eût cru, disait l'autre, il serait plein de vie.

La Fontaine, *Les Médecins Vol. 5-12*

10章　ルネ・デカルト『方法序説』より

Mais aussitôt après, je pris garde que, pendent que je voulais ainsi penser que tout était faux, il fallait nécessairement que moi, qui le pensais, fusse quelque chose. Et remarquant que cette vérité : je pense, donc je suis, était si ferme et si assure, que toutes les plus extravagantes suppositions des sceptiques n' étaient pas capables de l' ébranler, je jugeai que je pouvais la recevoire, sans scrupule, pour le premier principe de la philosophie que je cherchais.

René Descartes, *Discours de la méthode*

11章　リチャード・ファインマン「米国物理学会ディナーパーティーのスピーチ」より

"There is Plenty of Room at the Bottom"......... I will not now discuss how we are going to do it, but only what is possible in principle---in other words, what is possible according to the laws of physics. I am not inventing anti-gravity, which is possible someday only if the laws are not what we think. I am telling you what could be done if the laws are what we think; we are not doing it simply because we haven't yet gotten around to it.........The principles of physics, as far as I can see, do not speak against the possibility of manoeuvring things atom by atom. It is not an attempt to violate any laws; it is something, in principle, that can be done; but in practice, it has not been done because we are too big..."

Richard P. Feynman, at the Annual Meeting of the American Physical Society （1959）

12章　ポール・ヴェルレーヌ『優しい歌』より

La lune blanche
Luit dans les bois ;
De chaque branche
Part une voix
Sous la ramée ...

O bien-aimée.

L'étang reflète,
Profond miroir,
La silhouette
Du saule noir
Où le vent pleure ...

Rêvons, c'est l'heure.
Un vaste et tendre
Apaisement
Semble descendre
Du firmament
Que l'astre irise ...

C'est l'heure exquise.

Paul Verlaine, *La bonne chanson*

参 考 図 書

1章

1) "全地球史解読", 熊澤峰夫, 伊藤孝士, 吉田茂生 編, 東京大学出版会 (2005).
2) リチャード・フォーティ, "生命40億年全史", 渡辺政隆 訳, 草思社 (2003).
3) リチャード・ドーキンス, "ドーキンスの生命史 祖先の物語（上・下）", 垂水雄二 訳, 小学館 (2006).
4) スティーヴン・ジェイ グールド, "ワンダフル・ライフ——バージェス頁岩と生物進化の物語", 渡辺政隆 訳, ハヤカワ文庫 NF, 早川書房 (2000).
5) ブライアン・サイクス, "イブの7人の娘たち", 大野晶子 訳, ソニーマガジンズ (2001).
6) スペンサー・ウェルズ, "アダムの旅 Y染色体がたどった大いなる旅路", 和泉裕子 訳, バジリコ (2007).
7) "恐竜の時代", Newton 別冊, ニュートンプレス (2007).
8) "生命史「最大」の謎 進化のビッグバン", Newton, 2007年5月号.
9) "地球生物学 地球と生命の進化", 池谷仙之, 北里 洋, 東京大学出版 (2004).
10) アンドルー・H. ノール, "生命 最初の30億年——地球に刻まれた進化の足跡", 斉藤隆央 訳, 紀伊国屋書店 (2005).
11) 鎮西清高, "地球環境と生命史", 朝倉書店 (2004).
12) ガブリエル・ウォーカー, "スノーボール・アース", 渡会圭子 訳, 早川書房 (2004).
13) ブライアン・サイクス, "アダムの呪い", 大野晶子 訳, ソニーマガジンズ (2004).
14) アンドリュー・パーカー, "眼の誕生——カンブリア紀大進化の謎を解く", 渡辺政隆, 今西康子 訳, 草思社 (2006).
15) 三井 誠, "人類進化の700万年——書き換えられる「ヒトの起源」（講談社現代新書）", 講談社 (2007).
16) スティーヴン・オッペンハイマー, "人類の足跡10万年全史", 仲村明子 訳, 草思社 (2007).

2章

1) 野島 博, "遺伝子工学の基礎", 東京化学同人 (1995).
2) "分子生物学イラストレイテッド（改訂第2版）", 田村隆明, 山本 雅 編, 羊土社 (2002).
3) 野島 博, "医薬分子生物学", 南江堂 (2004).
4) 野島 博, "分子生物学の奇跡, パイオニアたちのひらめきの瞬間", 化学同人 (2007).

3章

1) "生命と地球の進化アトラスⅠ～Ⅲ", 朝倉書店 (2003, 2004).

2）カール・ジンマー，"進化大全 ダーウィン思想：史上最大の科学革命"，光文社（2005）．
3）高森みどり，"地球のしくみと進化の歴史"，ニュートンプレス（2004）．
4）"トランスポゾンによる進化，変異導入の生物学的意義"，竹田潤二，岡田典弘 編，PNE（2004）．
5）斎藤成也ほか，"遺伝子とゲノムの進化"，岩波書店（2005）．
6）リチャード・ドーキンス，"ドーキンスの生命史 祖先の物語（上・下）"，垂水雄二 訳，小学館（2006）．
7）"「生命」とは何かいかに進化してきたのか"，Newton別冊，ニュートンプレス（2007）．
8）藤原晴彦，"似せてだます擬態の不思議な世界（DOJIN選書）"，化学同人（2007）．

4章

1）"細胞骨格と接着"，貝淵弘三，稲垣昌樹，佐邊壽孝，松崎文雄 編，共立出版（2006）．
2）"ユビキチン──プロテアソーム系とオートファジー"，田中啓二，大隅良典 編，共立出版（2006）．
3）"細胞周期集中マスター"，北川雅敏 編，羊土社（2006）．
4）"細胞周期の最前線──明らかになるその制御機構"，中山敬一 編，羊土社（2005）．
5）"細胞生物学"，永田和宏・中野明彦・米田悦啓 編，東京化学同人（2006）．
6）野島博，"新細胞周期のはなし"，羊土社（2000）．

5章

1）H. Hamada, C. Meno, D. Watanabe, Y. Saijoh, 'Establishment of vertebrate left-right asymmetry', *Nat. Rev. Genet.*, **3**(**2**), 103-113 (2002).
2）"発生生物学がわかる（わかる実験医学シリーズ）"，上野直人，野地澄晴 編，羊土社（2004）．
3）"キーワードで理解する発生・再生イラストマップ"，上野直人，野地澄晴 編，羊土社（2005）．
4）"新編・精子学"，森沢正昭，星和彦，岡部勝 編，東京大学出版会（2006）．
5）"染色体サイクル（実験医学増刊）"，正井久雄・渡邊嘉典 編，羊土社（2007）．
6）山下朗，張ケ谷有里子，山本正幸，蛋白質・核酸・酵素，**51**，2443-2449（2006）．
7）"生殖細胞の発生・エピジェネティクスと再プログラム化"，小倉淳郎，佐々木裕之，仲野徹，松居靖久，中辻憲夫 編，共立出版（2007）．

6章

1）リチャード・G. クラインブレイクエドガー，"5万年前に人類に何が起きたか？ 意識のビッグバン"，鈴木淑美訳，新書館（2004）．
2）"老化のバイオロジー"，鍋島陽一，北徹，石川冬木 編，メディカルサイエンス・インターナショナル（2000）．
3）レオナルド・ガランテ，"長寿遺伝子を解き明かす"，白澤卓二訳，NHK出版（2007）．
4）"ペプチドと創薬（遺伝子医学MOOK 8）"，寒川賢治，南野直人 編，メディカルドゥ（2007）．

5）"メタボリックシンドローム病態の分子生物学", 下村伊一郎, 松澤佑次 編, 南山堂（2005）.
6）門脇 孝, "糖尿病病態の分子生物学", 南山堂（2004）.
7）"生活習慣病がわかる", 春日雅人 編, 羊土社（2005）.

7章

1）黒木登志夫, "がん遺伝子の発見", 中央公論新社（2004）.
2）"最先端の癌研究と治療の新展開（実験医学増刊）", 黒木登志夫, 珠玖 洋 編, 羊土社（2004）.
3）"癌のシグナル伝達がわかる", 山本 雅、仙波憲太郎 編, 羊土社（2005）.
4）"分子レベルから迫る癌診断研究（実験医学増刊）", 中村祐輔 監修, 羊土社（2007）.
5）野島 博, "絵でわかるがんの話", 講談社サイエンティフィク（2008）.

8章

1）子安重夫, "免疫学はおもしろい", 羊土社（1997）.
2）ピーター・パーファム, "エッセンシャル免疫学", 笹月健彦 監訳, MEDSi（2005）.
3）"解明が進むウイルス・細菌感染と免疫応答", 笹川千尋, 柳 雄介, 審良静男 編, 羊土社（2005）.
4）"免疫学集中マスター", 小安重夫 編, 羊土社（2005）.
5）岸本忠三, 中嶋 彰, "現代免疫物語", 講談社（2007）.
6）"免疫研究最前線 2007（実験医学増刊）", 宮坂昌之, 田中稔之, 竹田 潔 編, 羊土社（2007）.

9章

1）中村祐輔, "ゲノム医学からゲノム医療へ", 羊土社（2004）.
2）林崎良英, "ゲノムネットワーク", 共立出版（2004）.
3）"ウイルス・細菌と感染症がわかる", 開 泰信 編, 羊土社（2003）.
4）瀬名秀明, "科学の最前線で研究者は何を見ているのか（11）", 'パンデミックは必ずやってくる（河岡義裕）', 日本経済新聞社（2004）.
5）"感染症の事典", 国立感染症研究所学友会 編, 朝倉書店（2004）.
6）"世界を脅かす感染症とどう闘うか", 別冊日経サイエンス, 日経サイエンス（2004）.
7）"ウイルス研究の現在と展望", 野本明男, 西山幸廣 編, 共立出版（2007）.

10章

1）野島 博, "先端バイオ用語集", 羊土社（2002）.
2）野島 博, "ゲノム工学の基礎", 東京化学同人（2002）.
3）山田康之, 佐野 浩, "遺伝子組み換え植物の光と影", 学会出版センター（1999）.
4）野島 博, "最新生命科学キーワードブック", 羊土社（2007）.
5）最相葉月, "青いバラ", 小学館（2001）.

11章

1) 飯島澄男,"カーボンナノチューブの挑戦",岩波書店（1999）.
2) "生体膜のエネルギー装置",吉田賢右ほか 編,共立出版（2000）.
3) 瀬名秀明,"科学の最前線で研究者は何を見ているのか（10）",'微生物に組み込まれたナノマシン（難波啓一）',日本経済新聞社（2004）.
4) 竹安邦夫,"ナノテクノロジーによる生命科学",共立出版（2004）.
5) 榊 裕之,"全図解ナノテクノロジー",かんき出版（2004）.
6) 嶋本伸雄,"ナノバイオ入門",サイエンス社（2005）.
7) 円福啓二,"ナノテクノロジーとバイオセンサー",臨床検査,2006年11月（増刊号）.

12章

1) 山内一也,三瀬勝利,"忍び寄るバイオテロ",NHK出版（2003）.
2) "温暖化危機 地球大異変 part2",別冊日経サイエンス,日経サイエンス社（2007）.
3) マーティン・リース,"今世紀で人類は終わる？",堀千恵子 訳,草思社（2007）.
4) 取材班＋江守正多,"気候大異変——地球シュミレータの警告",NHK出版（2006）.

索　引

あ

IFN →インターフェロン
IL →インターロイキン
IκB（inhibitor-kappa B）133
IgE　127, 131
IgA　127
IGF →インスリン様増殖因子
IGF-I　89, 161
IGF 遺伝子（*igf*）31, 74
IgM　127, 128, 131
IgG　121, 127, 128, 131
IgD　127
iPS 細胞→誘導多能性幹細胞
IPCC →気候変動に関する政府間パネル
アイマー（Theodor Eimer）40
青いバラ（blue rose）161, 162
アオカビ（*Penicillium notatum*）148
アカスタ片麻岩（acasta gneiss）4
アカデミカーブリーン（Akademikerbreen）9
アキリア島（Akilia island）4
悪性腫瘍（malignant tumor）102
アクチビン（activin）78, 79, 141
亜硝酸（nitrous acid）117
亜硝酸ナトリウム（sodium nitrite）117
アスベスト（asbestos）117
アセチル化（acetylation）26, 27, 31, 53
アディポネクチン（adiponectin）98
アデニン（adenine）24, 25
アデノシンデアミナーゼ欠損症（adenosine deamianase dificiency, ADA）137
アトピー性皮膚炎（atopic dermatitis）132
アナフィラキシー（anaphylaxis）123, 131
アナメンシス猿人（*Australopithecus anamensis*）16
アノマロカリス（*Anomarocaris*）10, 11
アファール猿人（*Australopithecus afarensis*）16
アプタマー（aptamer）178
アフリカヌス猿人（*Australopithecus africanus, Proconsul africanus*）16
アポ E（Apo E）93
アポトーシス（apoptosis）92
アミノアシル tRNA（aminoacyl tRNA）29
アミノアシル転移酵素（aminoacyltransferase）179, 181
アミノ酸（amino acid）3, 23, 24, 56, 179, 180
アミノブチル酸（amino butyrate）180
アミロイド前駆体タンパク質（amyloid precursor protein, APP）92

い

rRNA（ribosomal RNA）3, 29
RA →レチノイン酸
RNA（ribonucleic acid）3, 24
　──の機能と種類　35
RNA 干渉（RNA interference）31, 32, 179
RNA 工学（RNA engineering）177
RNA 創薬（RNA durg discovery）177
RNA プライマー（RNA primer）90
RNA ポリメラーゼ（RNA polymerase）28
RNA ワールド（RNA world）3
RFLP →リフリップ
アルツハイマー病（Alzheimer's disease, AD）92
　遺伝性の──　94
アルドステロン（aldosterone）59, 60
アルパー病（Alper's disease）
α ヘリックス（α helix）24, 96
アレルギー（allergy）130, 159
アレルゲン（allergen）130
アンキリンリピート（ankyrin repeat）65
アントシアニン（anthocyanin）161, 162
アンモナイト（ammonite）197

ES 細胞→胚性幹細胞
EGF →増殖因子
EGFR →増殖因子受容体
EG 細胞（胚性生殖細胞, embryonic germ cell）76
イスア（isua）4
一塩基多型（single nucleotide polymorphism, SNP）136, 176
一倍体（monoploid）71
遺伝暗号→コドン
遺伝学（genetics）30
遺伝子医療（genetic medicine）135
遺伝子組換え（gene recombination）70
遺伝子組換え作物（genetically modified organism, GMO）157, 159
遺伝子組換えペット（genetically modified pet, GMP）165
遺伝子診断（genetic diagnosis）135
遺伝子多型（genetic polymorphism）136
遺伝子ターゲッティング（gene targeting）83
遺伝子重複（gene duplication）45
遺伝子治療（gene therapy）136
遺伝子導入（gene transfer）
　植物細胞への──　157
遺伝子ドーピング（gene doping）161
遺伝子ノックイン（gene knock-in）83
遺伝子ノックダウン（gene knock-down）31, 179

遺伝子発現（gene expression）28
遺伝子マーカー（gene marker）151
遺伝性大腸腺腫症（Familial Adenomatous Polyposis, FAP）105
遺伝的早老症（genetic progeria）88
遺伝的浮動（genetic drift）43
イニシエーター（initiator）28
イマチニブ（imatinib）→クリベック
今西錦司　45
医療の個別化（personalized medicine）136
イルガーン（Yilgarn）4
イレッサ（Iressa）114, 115
インスリン（insulin）89, 98
インスリン様増殖因子（insulin-like growth factor, IGF）89, 161
インターフェロン（interferon, IFN）125, 131
インターロイキン（interleukin, IL）123, 125
インテグリン（integrin）113
イントロン（intron）30, 48, 50
インフルエンザ（influenza）147
インフルエンザウイルス（*Infruenzavirus*）147

う

ウイルス性出血熱（viral hemorrhagic fever）143
ウィワクシア（*Wiwaxia*）10, 11
ウェルナー症候群（Werner's syndrome）88
ヴェーレン（Leigh Van Valen）69
ヴェンド紀（Vendian）9
ヴェンド生物群（*Vendobionta*）9
ウォルコット（Charles D. Walcott）10
ウォレス（Alfred R. Wallace）38
ウォレン（Robin J. Warren）116
ウシ海綿状脳症（bovine spongiform encephalopathy, BSE）95
ウーズ（Carl Woese）7
宇宙太陽発電衛星（solar power satellite, SPS）194
ウミユリ（*Crinoidea*）12
ウラシル（uracil）24, 25

え

エイズ（AIDS）→後天性免疫不全症候群
AFM →原子力間顕微鏡
Alu　47, 48
液性免疫（humoral immunity）126
エキソサイトーシス（exocytosis）21
エキソン（エクソン）（exon）30, 48

エキソン・シャフリング（exon shuffling） 49
エコ燃料（ecofuel） 195
siRNA（small interfering RNA） 32, 33, 34
SEM →走査型電子顕微鏡
Shh →ソニック・ヘジホック
Sox2 78, 138
S 期 62, 108, 111
SCF（Skp1-Cdc53/cullin 1-F-box） 66
STM →走査型トンネル顕微鏡
エストラジオール（estradiol） 59, 60
SPS →宇宙太陽発電衛星
エチオピクス猿人（*Paranthropus ethiopicus*） 16
X 染色体不活性化遺伝子（X inactive-specific transcript (Xist) gene） 34
HIV →ヒト免疫不全ウイルス
Hsp90（heat shock protein） 54, 59
H19 遺伝子 31, 34, 74
AD →アルツハイマー病
エディアカラ生物群（Ediacaran fossils） 9, 197
ATP 合成酵素（ATP synthase） 171, 172
NIH →米国立衛生研究所
NFAT（nuclear factor of activated T cell） 133
NF-κB（nuclear factor-kappa B） 133
NMU →ニューロメジン U
NK 細胞→ナチュラルキラー細胞
ncRNA →非翻訳 RNA
NPY →ニューロペプチド Y
エネルギー作物（energycrop） 195
APC（adenomatous polyposis coli）遺伝子 105
エピジェネティクス（epigenetics） 31, 53
APC/C（anaphase promoting complex/cyclosome） 66
AP-1 58
FAP →遺伝性大腸腺腫症
FFI →致死性家族性不眠症
fos 58
FK506 →タクロリムス
FKBP（FK binding protein） 133, 134
F1（filial generation 1） 41
エボラ出血熱（Ebola hemorrhagic fever） 143
miRNA（micro RNA） 32, 33, 34
MRSA →メチシリン耐性黄色ブドウ球菌
mRNA（messenger RNA） 29, 32
MAS →マーカー補助選抜
MHC 分子（major histocompatibility molecule） 124, 129
MMP（matrix metalloproteinase） 113
M 期 62, 66, 67, 108, 111
M1 期（mortality stage 1） 91
M2 期（mortality stage 2） 91
Mdm2（murine double minute 2） 106
MyD88 123
エラーカタストロフ説（error catastrophe theory） 87
エルドリッジ（Niles Eldredge） 43
猿人（*Australopithecinae*） 14
エンドサイトーシス（endocytosis） 21
エンドソーム（endosome） 21
エンハンサー（enhancer） 28

お

オウムガイ（*Nautilus*） 11
大野乾 45
オクルディン（occludin） 60
Oct3/4 78, 138
オズボーン（Henry F. Osborn） 40
オゾン層（ozone layer） 12
——の破壊 186, 187, 188
オゾン層破壊物質（ozone-depleting substance） 188
オゾンホール（ozone hole） 187
オーダーメード医療（made-to order medicine） 136
オートファジー（autophagy） 21
オパビニア（*Opabinia*） 10, 11
オパーリン（Aleksandr I. Oparin） 3
オービス（*obese*） 97
オプソニン化（opsonization） 128
オルガネラ→細胞小器官
オルドビス紀（Ordovician） 11, 197
オルトフェニルフェノール（orthophenylphenol） 117
オレキシン（orexin） 98
オロリン（*Orrorin tugenesis*） 15
温室効果ガス（greenhouse effect gas） 189

か

外細胞塊（outer cell mass） 74
開始コドン（initiation codon） 29
核（nucleus） 21
核酸（nucleic acid） 24
——の基本構造 25
獲得形質の遺伝（inheritance of acquired characteristic） 39
獲得免疫（acquired immunity） 120, 121
核内受容体（nuclear receptor） 59
核膜孔（nuclear pore） 21
核融合（nuclear fusion） 1, 193
核融合発電（fusion power） 194
カジュセック（D. C. Gajdusek） 96
ガーシュビンク（J. L. Kirschvink） 8
ガソホール（gasohol） 195
カタイミルス（*Kathaymillus*） 11
カダバ猿人（*Ardipithecus kadabba*） 15
活性酸素（active oxygen） 88
果糖→フルクトース
カドヘリン（cadherin） 60, 113
カーブファール剛塊（Kaapvaal craton） 7
花粉症（pollinosis） 130, 159
可変スプライシング（alternative splicing） 49
カーボンナノチューブ（carbon nanotube, CNT） 169
がらくた DNA（junc DNA） 46
顆粒球（granulocyte） 122
カルシウムイオン（calcium ion） 57, 58, 60
カルシニューリン（calcineurin） 133, 134
ガルヒ猿人（*Australopithecus garhi*） 15
がん（癌）（cancer） 101
がん幹細胞（cancer stem cell） 102
がん原遺伝子（proto-oncogene） 104
還元分裂（reductional division） 71
幹細胞（stem cell） 75, 77
幹細胞ニッチ（stem sell niche） 76
環状 AMP → cAMP
完新世（Holocene） 16
感染性胃腸炎（infectious enterogastritis） 144
感染性脳炎（infectious encephalitis） 146
感染性肺炎（infectious pneumonia） 145, 146
カンブリア爆発（Cambrian explosion） 10, 197
ガンフリント（Gunflint） 5, 7
間葉系幹細胞（mesenchymal stem cell） 77
がん抑制遺伝子（tumor suppressor gene） 105, 107

き

偽遺伝子（pseudogene） 48
器官形成（organogenesis） 72
気管支ぜんそく（bronchial asthma） 123, 131
気候変動に関する政府間パネル（Intergovernmental Panel on Climate Change, IPCC） 190
起始（initiation） 112
擬態（mimicy, mimesis）
　昆虫の形態的な—— 53
北里柴三郎 119
基底層（basal lamina） 77
キナーゼ（kinase） 56
キナーゼ・カスケード（kinase cascade） 56, 58
キネシン（kinesin） 172, 173
ギープ（geep） 79
木村資生 42
キメラ（chimera） 83
逆スプライシング（reverse splicing） 49
ギャップ結合（gap junction） 61
キャロル（Lewis Carroll） 69
旧人（Paleoanthropinae） 16
狂牛病（mad cow disease） 95
胸腺（thymus） 121
共抑制（cosuppression） 32
恐竜（dinosaurs） 12, 197
魚類（fish, Pisces） 12
キラー T 細胞（killer T cell） 121, 125, 129, 130
筋緊張性ジストロフィー（myotonic dystrophy） 93, 95

く

グアニン（guanine） 24, 25
クヌーツソン（Alfred G. Knudson） 105, 106

索　引

クラウディナ（*Cloudina*）　9, 10
クラススイッチ（class switching）　127, 128
グランドキャニオン（Grand Canyon）　9
クリック（Francis H. C. Crick）　26
グリパニア（*Grypania spiralis*）　7
クリベック（Gleevec）　115
グリホサート（glyphosate）　158, 159
グルコース（glucose）　22
グールド（Stephen J.Gould）　43
クールー病（kuru disease）　95, 96
グレイ・グー（grey goo）　196
グレリン（ghrelin）　98
クレロックスピー（Cre recombinase / locus of crossing-over in phage P1, Cre-loxP）　84, 85
クロイツフェルト・ヤコブ病（Creutzfeldt-Jakob disease, CJD）　95
クローディン（claudin）　60
クロトー（*klotho*）　88
クロマニヨン人（*Homo sapiens*: Cro-Magnon）　16
クロモソーム→染色体
クロモメア→染色小粒
クロロフルオロカーボン（chlorofluorocarbon, CFC）　186, 188
クローン（clone）
　受精卵——　79
　体細胞——　80
　——人間　81
　——ヒツジ　80, 81
クローン動物（cloned animal）　78

け

蛍光タンパク質（fluorescent protein）　164
形質細胞（plasma cell）　121, 126
形態形成（morphogenesis）　74
形態誘導物質（morphogen）　75
Klf4　78, 138
結核菌（tubercle bacillus, *Mycobacterium tuberculosis*）　149
ゲノム（genome）　24
ゲノム刷込み（genomic imprinting）　31
ゲノムプロジェクト（genome project）　52
ゲフィチニブ（gefitinib）→イレッサ
ケモカイン（chemokine）　124
ゲルストマン・シュトロイスラー（GSS）症候群（Gerstmann-Straussler-Scheiker syndrom）　95
原核生物（procaryote, prokaryote）　7
原子間力顕微鏡（atomic force microscope, AFM）　168
原条（primitive streak）　74
原人→ホモ・エレクトス
減数分裂（meiosis）　69, 70
　——を開始させる仕組み　72
現生人類（modern men）　16
原生代（Proterozoic）　4, 9, 197

こ

コア（core）
　デンドリマーの——　170
コアセルヴェート（coacervate）　3
抗アレルギー剤（anti-allergic agent）　132
好塩基球（basophil）　122
抗がん剤（anticancer agent）　114
後期（anaphase）　62, 67
抗原（antigen）　126
抗原提示細胞（antigen presenting cell）　125
好酸球（eosinophil）　122
後成性→エピジェネティクス
抗生物質（antibiotics）
　——の効かない細菌　148
酵素（enzyme）　3, 4
構造主義（structuralism）　40
抗体（antibody）　126, 171
好中球（neutrophil）　122, 124, 132
後天性免疫不全症候群（acquired immunodeficiency syndrome, AIDS）　142, 160
抗ヒスタミン剤（antihistamic agent）　132
古細菌（*Archaea*）　7, 181
古生代（Paleozoic）　11, 197
古代DNA（ancient DNA）　155
骨髄（bone marrow）　121
骨髄系前駆細胞（myeloid precursor cell）　121
コッホ（Robert Koch）　119
コトゥイカン川（Kotuikan river）　5
コドン（codon）　29, 179, 183
コネキシン（connexin）　44, 61
コネクソン（connexon）　61
コノドント（*Conodont*）　11
コヒーシン（cohesin）　66, 67, 70, 71
コープ（Edward D. Cope）　40
コラーゲン（collagen）　140
ゴルジ体（Golgi body）　20
コルチゾール（cortisol）　59, 60
コレシストキニン（cholecystokinin）　97
コレステロール（cholesterol）　23
コロナウイルス（coronavirus）　145
ゴンドワナ超大陸（Gondwana supercontinent）　9, 197

さ

cAMP（cyclic AMP）　57
サイクリン（cyclin）　63
サイクリン依存性キナーゼ（cyclin-dependent kinase, CDK）　63
再興感染症（re-emerging infectious disease）　146
再生（regeneration）　138
再生医療（regenerative medicine）　138, 139
臍帯血（cord blood）　138
サイトカイン（cytokine）　123, 124, 132, 133

細胞（cell）　19
　——における物質輸送　21
　——の構造　20
　——の老化　90
細胞質分裂（cytokinesis）　62
細胞周期（cell cycle）　62, 108, 109, 111
細胞周期エンジン（cell cycle engine）　63
細胞小器官（organelle）　20
細胞性免疫（cellular immunity）　129
細胞接着（cell adhesion）　60
細胞接着分子→CAM
細胞膜（cytoplasmic membrane）　23
サイボーグ（cyborg）　199
SINE（サイン）　47, 51
サザンブロット法（Southern blot technique）　105, 136
サーズ（SARS）→重症急性呼吸器症候群
サーズウイルス（SARS virus）　145
Sir2（サーツー，silent information regulator2）　89, 90
サプレッサーT細胞（suppressor T cell）　121, 129, 130
サペオルニス（*Sapeornis chaoyangensis*）　13
左右軸（L/R, left-right）　74
左右非対称性（left-right asymmetry）　74
サンゴ（珊瑚）（coral）　11, 164
三重鎖（triplex）　180
三畳紀（Triassic）　12, 197
酸素（oxygen）　6
三葉虫（*Trilobita*）　12, 197

し

シアノバクテリア（cyanobacteria）　5, 6
CAM（cell adhesion molecule）　60
CAK活性化酵素（CAK activating kinase）　64
GSS症候群→ゲルストマン・ストロイスル・シャインカー症候群
CNT→カーボンナノチューブ
ジェネティクス→遺伝学
CFC→クロロフルオロカーボン
GFP→緑色蛍光タンパク質
GMO→遺伝子組換え作物
GMP→遺伝子組換えペット
c-Myc　78, 138
ジェンナー（Edward Jenner）　119
紫外線（ultraviolet rays）　117, 118, 186, 187
シグナル伝達（signal transduction）　123
　——の仕組み　55
シクロメデューサ（*Cyclomedusa*）　9, 10
CKI→CDKインヒビター
始原生殖細胞（primordial germ cell, PGC）　76
CJD→クロイツフェルト・ヤコブ病
CCK→コレシストキニン
支持細胞層（feeder layer）　77
脂質（lipid）　22
　——の構造　23
脂質二重膜（lipid bimembrane）　20
自食作用→オートファジー
G_0期　63, 102

自然選択（自然淘汰）（natural selection） 38
自然免疫（innate immunity） 120, 121, 123
始祖鳥（Archaeopteryx） 13
シダズーン（Xidazoon） 11
Gタンパク質（G protein） 56
Gタンパク質共役受容体（G protein-coupled receptor, GPCR） 56
G_2期 62
CDK→サイクリン依存性キナーゼ
CDKインヒビター（cyclin-dependent kinase inhibitor） 64
CD抗原（cluster of differentiation antigen） 121, 125, 129
シトシン（cytosine） 24, 25
GTP（guanosine 5′-triphosphate） 56, 57, 104
GDP（guanosine 5′-diphosphate） 57, 104
GPCR→Gタンパク質共役受容体
脂肪細胞（fat cell, adipocyte） 98, 99
脂肪酸（fatty acid） 23
縞状鉄鉱床（banded iron formation） 4, 5, 7
シャペロン（chaperone） 54
ジャンク（junk）DNA→がらくたDNA
種（species） 37
終期（telophase） 62, 67
終止コドン（termination codon） 29, 180, 183
重症急性呼吸器症候群（severe acute respiratory syndrome, SARS） 145
修飾（modification）
　ヒストンの── 27, 31
集団遺伝学（population genetics） 42
14-3-3タンパク質 55, 56
GU/AG規則 30
シュゴワン（Sgo1） 71
樹状細胞（dendritic cell） 122, 123
受精（fertilization） 71
　──の仕組み 73
腫瘍（tumor）
　悪性── 102
腫瘍壊死因子（tumor necrosis factor, TNF） 123
主要組織適合性複合体→MHC分子
受容体（receptor） 56
ジュラ紀（Jurassic） 12, 13
上皮細胞増殖因子受容体（epidermal growth factor receptor, EGFR） 114
小胞（vesicle） 23
小胞体（endoplasmic reticulum） 20
食細胞（貪食細胞, phagocyte） 122
ジョーゲンセン（Richard A. Jorgensen） 32
処女生殖→単為発生
ショ糖→スクロース
シーラカンス（Coelacanthia, coelacanths） 12
シリウスパセット（Sirius Passet） 11
シルル紀（Silurian） 12
G_1期 62
進化（evolution） 37
　人類の──の道すじ 15
真核生物（eucaryote, eukaryote） 7
ジーングリップ（gene grip） 181
進行（progression） 112

人工塩基対（artifical base pair） 182
新興感染症（emerging infectious disease） 142
人工多能性幹細胞→誘導多能性幹細胞（iPS細胞）
人工皮膚（artifical skin） 140
浸潤（infiltration）
　がんの── 113, 114
新生代（Cenozoic） 14
シンプソン（George Simpson） 40
新変異型クロイツフェルト・ヤコブ病（variant Creutzfeldt-Jakob disease, vCDJ） 95
じんま疹（hives） 123, 131

す

彗星衝突（impact of comets） 14, 196
水平移動（horizontal transmission）
　遺伝子の── 52
スクレイピー（scrapie） 95, 96
スクレイピー型プリオン（scrapie prion protein） 96
スクロース（sucrose） 22
ステム（stem） 33, 177
ステムループ（stemloop） 180
ステロイド（steroid） 133
ステロイドホルモン（steroid hormone） 60
ストロマトライト（stromatolite） 5
SNP（スニップ）→一塩基多型
スーパープリューム（superplume） 9, 10, 197
スピッツベルゲン島（Spitsbergen） 9
スプライシング（splicing） 30
棲み分け理論（habitat segregation theory） 45

せ

生活習慣病（lifestyle related disease） 97, 98
制限断片多型→リフリップ
精子（spermatozoan, spermatozoon） 72, 73
静止期（resting phase）→G_0期
脆弱X症候群（fragile X syndrome） 93, 94
正常型プリオン（cellular prion protein, PrP^c） 96
生殖細胞（germ cell） 69
生存競争（struggle of existence） 38
生物性無機質形成（biomineralization） 9
性ホルモン（sex hormone） 59
世界保健機構（World Health Organization, WHO） 142
石炭紀（Carboniferous） 12
石綿→アスベスト
セクレターゼ（secretase） 92, 94
世代（generation）
　デンドリマーの── 170
接触阻害（contact inhibition） 103
接着結合（adherence junction） 60, 61
背腹軸（D/V, dorsoventral） 74

セルロース（cellulose） 22
セレノシステイン（selenocysteine） 180
繊維芽細胞（fibroblast） 138, 139
前期（prophase） 62, 67
全球凍結（snowball earth） 8
前後軸（A/P, anteroposterior） 74
染色小粒（chromomere） 26
染色体（chromosome） 24, 107
　──の折りたたみ 27
　──の分離 67
　──不安定性 108, 111
前中期（prometaphase） 62, 67
セントロメア（centromere） 71
全能性（totipotent） 75
選抜アレイ（focused array） 176
繊毛（nodal cilia）
　ノードの── 75, 76

そ

双弓類（Diapsida） 14
造血幹細胞（hematopoietic stem cell） 77, 121
総合説（synthetic theory） 40
走査型電子顕微鏡（scanning electron microscope, SEM） 168
走査型トンネル顕微鏡（scanning tunneling microscope, STM） 168
桑実胚（morula） 73, 80
側板中葉胚（lateral plate mesoderm） 74
増殖因子（growth factor） 58, 59
増殖因子受容体（growth factor receptor） 58, 140
促進（promotion） 112
組織工学（tissue engineering） 78, 140
ソニック・ヘジホッグ（sonic hedgehog, Shh） 76
ソレノイド（solenoid） 26

た

ダイアベティック（diabetic） 97
第一減数分裂（meiosis I, MI） 70
体細胞分裂（somatic mitosis） 69, 70
大食症（bulimia） 98
体性幹細胞（somatic stem cell） 138, 139
代替フロン（freon-replacing refrigerant） 188
大地溝帯（great rift valley） 15
大腸菌O157（Escherichia coli O157） 145
タイトジャンクション→密着結合
第二減数分裂（meiosis II, MII） 71
太陽（sun） 1
太陽光発電（solar power） 194
第四紀（Quaternary） 16
タイリングアレイ（tiling array） 176
ダーウィニズム（Darwinism） 38
ダーウィン（Charles R. Darwin） 37
タクロリムス（tacrolimus） 133, 134
多段階発がん説（multistage theory of carcinogenesis） 112

脱リン酸化（dephosphorylation） 55, 56
多糖類（polysaccharides） 22
WRN 遺伝子 88
WHO → 世界保健機構
多分化能（pluripotency） 75
タミフル（Tamiflu） 147
単為発生（parthenogenesis） 74
単純脂質（simple lipid） 22
炭水化物（carbohydrate） 22
炭疽菌（Bacillus anthracis） 191
断続平衡（punctuated equilibrium） 43
単糖類（monosaccharides） 22
タンパク質（protein） 4, 23, 24

ち, つ

チェック（Thomas R. Cech） 3, 177
チェックポイント制御（checkpoint control） 62, 109
澄江（Chenjiian）動物群 11
地球（earth） 1
地球温暖化（global warming） 186, 189
地球環境（global environment）
　　――の破壊 186
致死性家族性不眠病（fatal familial insomnia, FFI） 95
地質時代（geologic time）
　　――と生物の変遷 2
チチュルブ（Chicxulub） 197, 198
チビチビ食い（nibbling） 98
チミン（thymine） 24, 25
チミン二量体（thymine dimer） 117, 118
チャルニオディスクス（Charniodiscus） 9, 10
中期（metaphase） 62, 67
中心体（centrosome）
　　――サイクルの異常 111
中心粒（centriole） 111
中生代（Mesozoic） 12, 197
沖積世＝完新世 16
中胚葉（mesoderm） 74
中立進化説（neutral theory of molecular evolution） 43
腸管出血性大腸菌（enterochemorrhagic Escherichia coli） 145
超大陸（supercontinent） 7
鳥類（bird, Aves） 13
ツーヒットモデル（two-hit model） 105, 106

て

TRAM（Trif-related adaptor molecule） 124
tRNA（transfer RNA） 29
TEM → 透過型電子顕微鏡
TSE → 伝播性海綿状脳症
Th 細胞（T helper cell） 125, 131
DNA（deoxyribonucleic acid） 3, 24
　　――の構造 25
DNA 暗号（DNA steganography, DNA cryptography） 183

DNA 折り紙（DNA origami） 174
DNA 鑑定（DNA identification） 151, 153
DNA チップ（DNA chip） 136, 176
TNF → 腫瘍壊死因子
DNA ポリメラーゼ（DNA polymerase） 137
DNA マイクロアレイ（DNA microarray）
　　→ DNA チップ
DNA マイクロドット（DNA microdot） 183
DNA マーカー（DNA marker） 163
DNA ワールド（DNA world） 4
TLR → Toll 様受容体
定向進化説（directed evolution） 40
T 細胞（T cell） 121, 125, 129, 132
T 細胞受容体（T cell receptor, TCR） 124
ディッキンソニア（Dickinsonia） 9, 10
デオキシリボ核酸 → DNA
適合（adaptation） 110
テストステロン（testosterone） 59, 60
デスモソーム結合（desmosome junction） 60, 61
テトラヒメナ（Tetrahymena） 91, 177
デボン紀（Devonian） 12, 197
デルフィニジン（delphinidin） 162
テロメア（telomere） 90, 91
テロメラーゼ（telomerase） 91
転移（metastasis）
　　がんの―― 113, 114
転移 RNA → tRNA
転写（transcription） 28
転写誘導（transcriptional regulation） 65
デンドリマー（dendrimer） 170
デンドロン（dendron） 170
天然痘ウイルス（variola virus） 191
伝播性海綿状脳症（transmissible spongiform encephalopathy, TSE） 95
伝令 RNA → mRNA

と

透過型電子顕微鏡（transmission electron microscope, TEM） 168
糖質（sugar） 22
ドウシャントゥオ（Doushantuo） 9
淘汰（選択）（selection） 38
糖尿病（diabetes） 98
トゥーマイ猿人（Sahelanthropus tchadensis, Toumaï） 15
ドカ食い（gorging） 98
ドーキンス（Richard Dawkins） 50
独立遺伝の法則（law of independent assortment） 41
トップダウン（top-down） 167
ドハティー（William G. Dougherty） 32
ドブジャンスキー（Theodosius Dobzhansky） 40
ド・フリース（Hugo Marie de Vries） 40
トマリア（Donald A. Tomalia） 170
トラスツズマブ（trastuzumab）
　　→ ハーセプチン
ドラッグデリバリーシステム（DDS）
　　→ 薬物輸送システム
トランスジェニックマウス（transgenic mouse） 82

トランスファー RNA → tRNA
トランスポゾン（transposon） 48
ドリー（Dolly） 80
トリインフルエンザウイルス（Avian influenza virus） 147
トリブラキディウム（Tribrachidium） 9, 10
トリプレット・リピート病（triplet repeat disease） 93
Toll 様受容体（Toll like receptor） 123, 124
ドレクスラー（K. E. Drexler） 174
ドロマイト（dolomite） 5
貪食（phagocytosis） 122, 124

な 行

NASA → 米航空宇宙局
内細胞塊（inner cell mass） 74
ナチュラルキラー細胞（natural killer cell） 121, 129
ナノ医療（nanomedicine） 174
ナノカプセル（nano capsule） 175
ナノ車両（nano car） 174
ナノスプレー（nano spray） 170
ナノ探針（nano probe） 168
ナノテクノロジー（nanotechnology） 167, 196
ナノバイオテクノロジー（nanobiotechnology） 167
ナノ爆弾（nano bomb） 173
ナノバルブ（nano valve） 173
ナノピンセット（nano forceps） 169, 173
ナノフラスコ（nano flask） 174
ナノマシン（nano machine） 171, 196
ナノモーター（nano motor） 171, 172
ナマ/ナミビア（Nama/Namibia） 9
肉腫（sarcoma） 102
西ナイル熱（West Nile fever） 144
二重らせん構造（double helix structure） 24, 25, 26
ニッチ（niche） 76
二糖類（disaccharides） 22
ニトロソアミン（nitrosamine） 117
二倍体（diploid） 71
ニパウイルス（Nipahvirus） 146
乳腺細胞（mammary gland cell） 80
ニューロペプチド Y（neuropeptide Y, NPY） 98
ニューロメジン U（neuromedin U, NMU） 97
ヌクレオシド（nucleoside） 24
ヌクレオソーム（nucleosome） 26, 27
ヌクレオチド（nucleotide） 3, 24, 25
ヌーナ（Neuna, North Europe and North America） 7
ネアンデルタール人（Homo neanderthalis） 16, 87, 137, 156
ネオ・ダーウィニズム（neo-Darwinism） 40
ネオ・ラマルキズム（neo-Ramarckism） 39, 40

ネクローシス (necrosis) 92
ネゴーニー鉄鉱層 (Negaunee Iron) 7
ノイラミニダーゼ (neuraminidase) 147
ノーダル (Nodal) 74, 75
ノックアウトマウス (knockout mouse) 83, 84
ノックダウン (knockdown) 31, 34, 179
ノード (node) 74, 75
ノロウイルス (*Norovirus*) 144

は

バイオエタノール (bioethanol) 195
バイオディーゼル (biodiesel) 195
バイオテロ (bioterrorism) 191
バイオ燃料 (biofuel) 195
バイオマス (biomass) 195
胚性幹細胞 (embryonic stem cell, ES cell) 75, 76, 83, 138, 139
胚盤胞 (blastocyst) 73, 80
胚盤胞腔 (blastocyst cavity) 74
ハイブリッド (hybrid) 140
白亜紀 (Cretaceous) 13, 197
バージェス頁岩 (Burges shale) 10
パスツール (Louis Pasteur) 119
ハーセプチン (Herceptin) 114, 115
爬虫類 (*Reptilia*) 12
HER2 (ハーツー) 114
発がん遺伝子 (oncogene) 104
発がん物質 (carcinogen) 112, 116
白血病 (leukemia) 102
発生 (development) 71, 73
発生工学 (genetic engineering) 82
ハミルトン (Wiliam D. Hamilton) 69
ハメリンプール (Hamelin Pool) 5
パラミクソウイルス (*Paramyxovirus*) 146
ハルキゲニア (*Hallucigenia*) 10, 11
バルジ (bulge) 77
バールバラ超大陸 (Vaalbara supercontinent) 7
パンゲア超大陸 (Pangea supercontinent) 12, 197
バンコマイシン耐性腸球菌 (vancomycin resistant *Enterococcus*, VRE) 148
ハンチントン舞踏病 (Huntington's chorea) 93
ハンティンチン (Huntingtin, *Htt*) 93
パンデミック (pandemic) 148
反復配列 (repeated sequence) 46, 93
パンプス (PAMPs) 123, 126

ひ

Pitx2 74, 75
PrP^C →正常型プリオン
PrP^sc →スクレーピー型プリオン
BSE →ウシ海綿状脳症
b-SECIS (bacterial selenocysteine insertion sequence) 180
PNA →ペプチド核酸

POMC →プロオピオメラノコルチン
ピカイヤ (*Pikaia*) 11
p53 106, 112
B細胞 (B cell) 121, 129
PCR (polymerase chain reaction) 137, 155, 156
PGC →始原生殖細胞
被子植物 (angiosperms) 13
微小管 (microtubule) 172, 173
ヒスタミン (histamine) 123, 131
ヒストン (histone)
――の修飾 26, 27, 31, 53
ヒストンコード (histone code) 31
ビタースプリング (Bitterspring) 9
ビッグバン (big bang) 106, 112
BTトキシン (BT toxin) 158
ヒト免疫不全ウイルス (*Human immunodeficiency virus*, HIV) 142, 143
非翻訳 RNA (noncoding RNA) 34, 53
肥満 (obesity) 97, 98
肥満細胞 (mast cell) 131
ピリミジン (pyrimidine) 25
ピルバラ地塊 (Pilbara craton) 4
ピロリ菌 →ヘリコバクター・ピロリ
P1 (parental generation) 41

ふ

ファイア (Andrew Fire) 33
ファインマン (Richard P. Feynman) 167
ファブリシウス嚢（のう） (bursa of Fabricius) 121
VRE →バンコマイシン耐性腸球菌
vCDJ →新変異型クロイツフェルト・ヤコブ病
フィーダー →支持細胞層
フイッシャー (Ronald A.Fisher) 40
フィップス (James Phipps) 119
複合脂質 (compound lipid, complex lipid) 22
副腎皮質ホルモン (adrenal cortical hormone) 59
不死化 (immortalized)
がん細胞の―― 103
細胞の―― 91
ブドウ糖 →グルコース
不飽和脂肪酸 (unsaturated fatty acid) 23
プライマー (primer) 137, 183
BRCA (ブラカ, brest cancer) 106
プラテンシマイシン (platensimycin) 148
フラーレン (fullerene) 169, 171, 175
フラロデンドリマー (fullerodendrimer) 171
プリオン (prion) 96
フリードライヒ失調症 (Friedreich disease) 93, 96
フリーラジカル (free radical) 88
プリン (purine) 25
フルクトース (fructose) 22
プルシナー (S. B. Prusiner) 96
フレオン (Freon®) 186, 188
フレミング (Alexander Fleming) 120, 148
プロオピオメラノコルチン (proopiomelano cortin) 97

プログラム説 (program theory) 87
プロテアソーム (proteasome) 66
プロトピック (protopic) 133
プロモーター (promoter) 28
フロン (freon) →フレオン
分子系統樹 (molecular phylogenetic tree) 44
分子進化学 (molecular evolution) 44
分子進化の中立説 →中立進化説
分子時計 (molecular clock) 7, 44
分子標的治療薬 (molecular targeted drug) 114
分子ペダル (molecular pedal) 173
分離の法則 (law of segregation) 41

へ

米航空宇宙局 (National Aeronautics and Space Administration, NASA) 198
米国立衛生研究所 (National Institute of Health, NIH) 136
β シート (β-sheet) 24, 96
ヘテロサイクリックアミン (heterocyclic amine) 117
ヘテロ接合性の欠失 (loss of heterozygosity) 105
ペニシリン (penicillin) 120, 148
ペプチド (peptide) 23
ペプチド核酸 (peptide nucleic acid, PNA) 180
ペプチド結合 (peptide bond) 23
ヘミデスモソーム結合 (hemidesmosome junction) 61
ヘモグロビン (hemoglobin) 24, 45, 52, 171
ヘリコバクター・ピロリ (*Helicobacter pylori*) 116
ベーリング (Emil von Behring) 119
ペルオキシソーム (peroxisome) 21
ベルチャー諸島 (Belcher islands) 5
ヘルパーT細胞 (helper T cell) 121, 125, 129, 131
ペルム紀 (Permian) 12
ベロ毒素 (Vero toxin) 145
ベンゾピレン (benzopyrene) 117
ヘンドラウイルス (*Hendravirus*) 146
べん毛タンパク質 (flagellin) 171, 172

ほ

ボイセイ猿人 (*Australopithecus boisei*) 16
ポイナー (George O. Poiner Jr.) 157
胞胚腔 (blastocoele) 74
飽和脂肪酸 (saturated fatty acid) 23
ボーゲルシュタイン (Bert Vogelstein) 112
ホスファチジルイノシトール (phosphatidylinositol) 57, 58
ホスホジエステル結合 (phosphodiester bond) 25
補体 (complement) 128, 131
ホットスポット (hotspot) 10
ボトムアップ (bottom-up) 167

哺乳類（Mammalia）　13, 14
哺乳類型爬虫類（Synapsida）　14
ホモ・エレクトゥス（Homo erectus）　16
ホモ・サピエンス（Homo sapiens）　16
ホモ・ハビリス（Homo habilis）　16
ポリー（Polly）　80
ポリペプチド（polypeptide）　23, 24
ホルモン（hormone）　59
　　抗老化——　88
翻訳（translation）　28
　　——の仕組み　29

ま 行

マイクロRNA → miRNA
マイクロサテライト（microsatellite）　46, 136, 151, 152
マイヤー（Ernst Mayr）　40
マーカー補助選抜（marker assisted selection, MAS）　163
マクロファージ（macrophage）　122, 123, 124, 129, 131, 132
マーシャル（Barry J. Marshall）　116
マスト細胞 → 肥満細胞
マリス（Kary B. Mullis）　137
慢性骨髄性白血病（chronic myeloid leukemia）　115

ミクロラプトル（Microraptor）　13
密着結合（tight junction）　60, 61
ミトコンドリア（mitochondria）　7, 20
ミトコンドリア・イブ（Mitochondrial Eve）　16
ミトコンドリアDNA（mitochondrial DNA）　16, 17, 73, 151, 153
ミニサテライト（minisatellite）　46, 136, 151, 152
ミーム（meme）　51
ミラー（Stanley L. Miller）　3
ミロクンミンギア（Myllokunmingia）　11

無脊椎動物（invertebrates）　12

冥王代（Hadean）　4
メイナード＝スミス（John Maynard Smith）　53
メタボリックシンドローム（metabolic syndrom）　98
メタロチオネイン（metallothionein）　28
メタンハイドレート（methane hydrate）　192
メチシリン耐性黄色ブドウ球（methicillin resistant Staphylococcus aureus, MRSA）　148
メチル化（methylation）　26, 27, 31, 53
メッセンジャーRNA → mRNA
メディエーター（mediator）　28
メモリーB細胞（memory B cell）　121, 126
免疫（immunity）　119

免疫記憶（immunological memory）　126
免疫グロブリン（immunoglobulin）　121, 126
　　——の遺伝子再編成　127
免疫抑制剤（immunosuppressive agent）　133
メンデル（Gregor J. Mendel）　40
メンデルの法則（Mendel's law）　41

モアワン（Moa1）　71
網膜芽細胞種（retinoblastoma, Rb）　105
モノカイン（monokine）　124
モル（Joseph Mol）　32
モントリオール議定書（Montreal Protocol）　188

や 行

薬物輸送システム（drug delivery system, DDS）　175

優性（dominant）　41
優性阻害（dominant negative）　104
誘導多能性幹細胞（induced pluripotent stem cell, iPS）　78, 138, 139
ユカタン半島（Peninsula de Yucatán）　14, 197, 198
ユビキチン（ubiquitin, Ub）　31, 66
　　——活性化酵素（Ub activating enzyme, E1）　66
　　——結合酵素（Ub conjugating enzyme, E2）　66
　　——連結酵素（Ub protein ligase, E3）　66
羊水（amniotic fluid）　140
用不用説（use and diuse theory）　39
羊膜（amniotic membrane）　140
予定外胚葉（prospective ectoderm）　78, 141

ら 行

ライニチャート（Rhynie Chert）　12
LINE（ライン）　47, 51
ラウンドアップ・レディー（Roundup ready）　158
ラジカル（radical）　88
裸子植物（gymnosperm）　12
ラス（Ras）　58, 104
ラッサ熱（Lassa fever）　143
ラホナビス（Rahonavis ostromi）　13
ラマルキズム（Ramarckism）　39
ラマルク（Jean-Baptiste Lamarck）　38
ラミダス猿人（Ardipithecus ramidus）　14
ラミン（lamin）　21, 64
卵子（ovum, egg）　72

利己的遺伝子（selfish gene）　50, 51

リコンビナーゼ（recombinase）　84
リソグラフィー（lithography）　167
リソソーム（lysosome）　21
リフリップ（restriction fragment length polymorphism, RFLP）　135
リボ核酸 → RNA
リポキシゲナーゼ（lipoxygenase）　113
リポコルチン（lipocortin）　133
リボザイム（ribozyme）　177
リボソーム（ribosome）　20, 29
リボソームRNA → rRNA
量子ドット（quantum dot）　169, 170
両性類（Amphibia）　12
緑色蛍光タンパク質（green fluorescent protein, GFP）　164
緑膿菌（Pseudomonas aeruginosa）　149
リン酸化（phosphorylation）　26, 31, 55, 56
リン脂質（phospholipid）　22, 23
リンパ球前駆細胞（lymphoid precursor cell）　121
リンパ腫（lymphoma）　102
リンホカイン（lymphokine）　124

類人猿（anthropoid）　14

霊長類（Primates）　13
レクテナ（rectenna, rectifying antenna）　195
レグヘモグロビン（leghemoglobin）　52
レジスチン（resistin）　98
レスベラトロール（resveratrol）　90
レセプター → 受容体
レチノイン酸（retinoic acid, RA）　76
劣性（recessive）　41
レトロ偽遺伝子（retro-pseudogene）　48
レトロトランスポゾン（retrotransposon）　48
レトロポゾン（retroposon）　48
レプチン（leptin）　97
レフティー（Lefty）　74, 75

ロイコトリエン（leukotriene）　131
老化（aging）
　　細胞の——　90
老人斑（senile plaque）　92
ロタウイルス（Rotavirus）　144
ローパー（Roper）　8
ロブスト型猿人（Paranthropus robustus）　16
ローレンシア大陸（Laurentia）　7

わ

ワイスマン（August Weisman）　39
ワクチン（vaccine）　119, 120, 126, 160, 192
ワトソン（James D. Watson）　26
ワラウーナ（Warrawoona）　4

索引

AD（Alzheimer's disease） 92
AFM（atomic force microscope） 168
AIDS（acquired immunodeficiency syndrome） 142, 160
APC（adenomatous polyposis coli） 105
APC/C（anaphase promoting complex/cyclosome） 66

BRCA（brest cancer） 106
BSE（bovine spongiform encephalopathy） 95
b-SECIS（bacterial selenocysteine insertion sequence） 180

CAM（cell adhesion molecule） 60
cAMP（cyclic AMP） 57
CCK（cholecystokinin） 97
CD（cluster of differentiation） 121, 125, 129
CDK（cyclin-dependent kinase） 63
CFC（chlorofluorocarbon） 186, 188
CJD（Creutzfeldt-Jakob disease） 95
CKI（cyclin-dependent kinase inhibitor） 64
CNT（carbon nanotube） 169

DDS（drug delivery system） 175
DNA（deoxyribonucleic acid） 3, 24

EG 細胞（embryonic germ cell） 76
EGFR（epidermal growth factor receptor） 58, 114, 140
ES 細胞（embryonic stem cell） 75, 76, 83, 138, 139

F1（filial generation 1） 41
FAP（Familial Adenomatous Polyposis） 105
FFI（fatal familial insomnia） 95
FKBP（FK binding protein） 133, 134

GDP（guanosine 5'-diphosphate） 57, 104
GFP（green fluorescent protein） 164
GMO（genetically modified organism） 157, 159
GMP（genetically modified pet） 165
GPCR（G protein-coupled receptor） 56
GTP（guanosine 5'-triphosphate） 56, 57, 104

HIV（*Human immunodefiiciency viru*） 142, 143
Hsp90（heat shock protein） 54, 59

IFN（interferon） 125, 131
IGF（insulin-like growth factor） 89, 161
IL（interleukin） 123, 125
IPCC（Intergovernmental Panel on Climate Change） 190
iPS 細胞（induced pluripotent stem cell） 78, 138, 139

LINE（long interspersed repetitive element） 47, 51

M1（mortality 1） 91
M2（mortality 2） 91
MAS（marker assisted selection） 163
Mdm2（murine double minute 2） 106
MHC（major histocompatibility） 124, 129
miRNA（micro RNA） 32, 33, 34
MMP（matrix metalloproteinase） 113
MRAS（methicillin resistant *Staphylococcus aureus*） 148
mRNA（messenger RNA） 29, 32

NASA（National Aeronautics and Space Administration） 198
ncRNA（noncoding RNA） 34, 53
NFAT（nuclear factor of activated T cell） 133
NF-κB（nuclear factor-kappa B） 133
NIH（National Institute of Health） 136
NMU（neuromedin U） 97
NPY（neuropeptide Y） 98

P1（parental generation） 41
PCR（polymerase chain reaction） 137, 155, 156
PGC（primordial germ cell） 76
PNA（peptide nucleic acid） 180
POMC（proopiomelano cortin） 97
PrP^c（cellular prion protein） 96
PrP^{sc}（scrapie prion protein） 96

RA（retinoic acid） 76
RFLP（restriction fragment length polymorphism） 135
RNA（ribonucleic acid） 3, 24
rRNA（ribosomal RNA） 3, 29

SARS（severe acute respiratory syndrome） 145
SCF（Skp1-Cdc53/cullin 1-F-box） 66
SEM（scanning electron microscope） 168
Shh（sonic hedgehog） 76
SINE（short interspersed repetitive element） 47, 51
Sir2（silent information regulator2） 89, 90
siRNA（small interfering RNA） 32, 33, 34
SNP（single nucleotide polymorphism） 136, 176
SPS（solar power satellite） 194
STM（scanning tunneling microscope） 168

TEM（transmission electron microscope） 168
TLR（Toll like receptor） 123, 124
TNF（tumor necrosis factor） 123
TRAM（Trif-related adaptor molecule） 124
tRNA（transfer RNA） 29
TSE（transmissible spongiform encephalopathy） 95

vCDR（variant Creutzfeldt-Jakob disease） 95
VRE（vancomycin resistant *Enterococcus*） 148

WHO（World Health Organization） 142

Xic（X inactivation center） 34

野　島　　博
　1951 年 山口県に生まれる
　1974 年 東京大学教養学部 卒
　1979 年 同理学系大学院生物化学専攻博士課程 修了
　現 大阪大学微生物病研究所 教授
　専攻 分子細胞生物学
　理 学 博 士

第 1 版 第 1 刷 2008 年 3 月 31 日発行

生命科学の基礎
──生命の不思議を探る──

Ⓒ 2008

著　者　野　島　　博
発行者　小　澤　美　奈　子
発　行　株式会社 東京化学同人
東京都文京区千石 3 丁目 36-7 (〒112-0011)
電話 03-3946-5311・FAX 03-3946-5316
URL：http://www.tkd-pbl.com/

印　刷　ショウワドウ・イープレス㈱
製　本　株式会社 松　岳　社

ISBN978-4-8079-0651-2
Printed in Japan